全国测绘地理信息类职业教育规划教材
职业教育测绘类新编技能型系列规划教材

测量数据处理及软件应用

（第2版）

主　编　郭玉珍　朱恩利
副主编　黄颀钧　张向伟　王伟峰
主　审　何　宽

本书立体化资源

黄河水利出版社
·郑州·

内 容 提 要

本书为全国测绘地理信息类职业教育规划教材、职业教育测绘类新编技能型系列规划教材，全书共分13个项目，主要内容有：北斗卫星导航定位系统、数据转换、卫星定位数学模型及MATLAB实现方法、华测GNSS处理软件CHC Geomatics Office 2、南方数据后处理软件South Geomatics Office 2、地面控制网数据处理原理、ESDPS软件应用、南方平差易PA2005软件应用、清华山维NASEW软件应用、COSA-CODAPS软件应用、CASS软件绘图、EPS三维测图软件、测量员施工放样软件。

本书可作为高职高专测绘类相关专业的教材，也可供水利水电工程、建筑工程等相关专业的教学使用，还可作为测量工程、建筑工程、水利工程技术人员的自学教材或参考书。

图书在版编目(CIP)数据

测量数据处理及软件应用/郭玉珍，朱恩利主编．—2版．—郑州：黄河水利出版社，2023.9
全国测绘地理信息类职业教育规划教材
ISBN 978-7-5509-3704-8

Ⅰ.①测…　Ⅱ.①郭…②朱…　Ⅲ.①测量-数据处理-应用软件-高等职业教育-教材　Ⅳ.①P207-39

中国国家版本馆CIP数据核字(2023)第155028号

策划编辑：陶金志　电话：0371-66025273　E-mail：838739632@qq.com

责任编辑　贾会珍　　责任校对　王单飞
封面设计　张心怡　　责任监制　常红昕
出版发行　黄河水利出版社
地址：河南省郑州市顺河路49号　邮政编码：450003
网址：www.yrcp.com　E-mail：hhslcbs@126.com
发行部电话：0371-66020550
承印单位　河南承创印务有限公司
开　　本　787 mm×1 092 mm　1/16
印　　张　16.75
字　　数　398千字
版　　次　2023年9月第2版　　印　　次　2023年9月第1次印刷

定　　价　48.00元

第2版前言

党的二十大报告擘画了全面建成社会主义现代化强国的宏伟蓝图和实践路径,为党和国家的各项事业指明了前进方向。新时代的高校肩负着为实现第二个百年奋斗目标,以中国式现代化全面推进中华民族伟大复兴培育中坚力量的重要任务。坚持以抓好"三进"工作为新的契机和切入点,始终心怀"国之大者",将党的二十大精神有机融入高校课程思政,是锻造人才底色的关键。建设高水平人才培养体系,必须抓好课程建设,将价值塑造、知识传授和能力培养融为一体,为党育人、为国育才。

本教材是在2012年出版的《测量数据处理及软件应用》的基础上修订再版的,在对测绘地理信息技术应用市场调研的基础上,与行业企业共同分析目前项目所对应需求的测绘地形图绘图、数据处理、施工数据解算的职业岗位、典型工作任务和职业能力,从知识、能力和思政3个方面确定课程的总体教学目标。全书主要以工学结合、任务驱动、情境导入为教学理念,基于工作过程,按照项目驱动、任务引领知识的思路,组织教学内容,设计学习内容、选取教学项目。

全书共分13个项目,黄河水利职业技术学院郭玉珍编写项目一、项目十三;河南测绘职业学院张向伟编写项目三、项目四;广西自然资源职业技术学院黄颀钧编写项目五、项目八;黄河水利职业技术学院朱恩利编写项目六、项目十;黄河水利职业技术学院王伟峰编写项目二、项目七;中国电建市政建设集团有限公司陈鹏飞编写项目九;黄河水利职业技术学院李新元编写项目十一、项目十二。本书由郭玉珍、朱恩利担任主编,由黄颀钧、张向伟、王伟峰担任副主编,由黄河水利职业技术学院何宽担任主审。

在本书的编写过程中,查阅和参考了大量的文献资料,在此谨向有关作者表示衷心感谢!同时对黄河水利出版社为本书的出版所做的辛勤工作表示衷心感谢!

由于作者水平所限,加之时间仓促,书中难免有疏漏和不足之处,恳请广大教师、同行专家和读者提出宝贵意见并批评指正,以利日后进一步修订完善。

编　者

2023年7月

目　录

第一篇　GNSS 数据处理

第二篇　常规数据处理

第三篇 地形地籍图绘制

第四篇 线路测量

第一篇　GNSS 数据处理

项目一　北斗卫星导航定位系统

知识目标：

➢ 掌握北斗卫星导航定位系统定位原理；

➢ 掌握北斗卫星导航定位系统的星座；

➢ 掌握北斗卫星导航定位系统的时间系统。

能力目标：

➢ 了解北斗卫星导航定位系统的应用；

➢ 掌握北斗卫星导航接收机的使用。

思政目标：

➢ 在北斗精神的鼓励下，激发学生的爱国热情，使学生具备使命感和荣誉感。

任务一　卫星导航定位系统概述

GNSS 是全球导航卫星系统(Global Navigation Satellite System)的缩写。它是所有在轨工作的卫星导航定位系统的总称。GNSS 卫星导航定位系统能向用户提供高精度、全天时、全天候的定位、导航和授时服务。

目前，GNSS 包含了美国的全球定位系统(Global Positioning System，GPS)、俄罗斯的格洛纳斯系统(Global Orbiting Navigation Satellite System，GLONASS)、欧盟的伽利略卫星导航系统(Galileo satellite navigation system，Galileo)、中国的北斗卫星导航系统[BeiDou (Compass) Navigation Satellite System]，全部建成后其可用的卫星数目达到 100 颗以上。

除此之外，还有广域增强系统(Wide Area Augmentation System，WAAS)、欧洲静地卫星导航重叠系统(European Geostationary Navigation Overlay Service，EGNOS)、星载多普勒无线电定轨定位系统(Doppler Orbitography and Radio positioning Intergrated by Satellite，DORIS)、精确距离及其变率测量系统(Precise Rand and Range Rate Equipment，PRARE)、准天顶卫星系统(Quasi-Zenith Satellite System，QZSS)、印度 GPS 辅助同步轨道增强导航系统(GPS-Aided and GEO-Augmented Navigation，GAGAN)和印度区域导航卫星系统(Indian Regional

Navigational Satellite System,IRNSS)。

一、美国GPS定位导航系统

GPS定位系统

目前市场上应用最成熟的卫星定位导航系统就是GPS全球定位系统。该系统是由美国在20世纪70年代开始研制的一种定位系统,研发时间共计20年,投入的资金达到200亿美元。GPS系统于1994年开始建成,属于新生代的卫星定位与导航系统。GPS系统利用导航卫星来完成时间和距离的测量工作,并且同时具有在海陆空全方位的、实时的定位与导航的功能。GPS系统是美国继阿波罗登月计划及航天飞机计划之后做出的第三大的航天工程。眼下,GPS系统已经与每个人的生活息息相关,人们出行离不开全球的定位与导航,GPS系统已经发展成为全球范围内最成熟并且应用最多的卫星定位导航系统了。GPS系统可以说是全球应用最多、最为实用,也是应用最为广泛的一个精密导航系统、指挥系统以及调度系统。GPS系统由三大部分组成,分别是空间系统、地面控制系统以及用户系统。其空间系统是由21颗工作卫星以及3颗备用卫星组成,均分布在距离地球表面20 200 km高的6个轨道平面之上(见图1-1),其运行周期为12小时恒星时。在地球上的任何一个地点,都能够同时观测到4颗或者4颗以上的卫星。其地面控制系统主要负责的是卫星的运行控制以及卫星的轨道测量。其用户系统主要是多种多样的GPS接收机,用途各异,通过对卫星广播信号进行监测来获取位置信息,并且其用户系统的数量可以是没有上限的。GPS系统的精确度以及稳定性都比较理想,同时美国利用GPS系统在全球范围内都获得了巨大的经济利益,这也使得许多国家都开始自主研发其自己的卫星导航系统。

图1-1 GPS卫星导航定位系统星座图

二、欧盟伽利略卫星定位系统

伽利略卫星定位系统是由欧洲自主研制的卫星定位系统,该系统的总投资达到35亿欧元,是一项独立的民用的全球定位卫星导航系统。该系统为人们提供了较高的精度以及较高的可靠性,其定位功能是完全非军方控制和管理的,能够覆盖全球进行导航和定位。伽利略卫星导航定位系统于 2008 年前投入使用,共发射了 30 颗卫星,其中 27 颗为工作卫星,另外 3 颗为备用卫星。卫星的高度为 23 616 km,其卫星位于倾斜角度为 56°的 3 个轨道平面以内。伽利略卫星定位导航系统还有两个地面控制中心系统。相比于美国的 GPS 系统,伽利略系统有以下几方面的优点:第一,伽利略系统的卫星覆盖面积可以达到 GPS 系统覆盖面积的 2 倍,因此该卫星定位导航系统所服务的人群数量更多;第二,伽利略卫星定位系统的地面定位误差小于 1 m,该系统的精确度能够达到 GPS 系统精确度的 5 倍以上。用通俗的话来讲就是:GPS 系统能够定位到街道,但是伽利略系统却能够定位到车库的大门;另外,伽利略卫星定位导航系统还能够工作于多种频段中,在民用领域内相比于 GPS 系统而言,在经济性上优势明显,并且更加透明化和开放化。

三、GLONASS 卫星导航定位系统

四大卫星导航定位系统

在 1976 年,苏联颁布法令建立 GLONASS,GLONASS 卫星星座基本上一直处于降效运行状态,只有 8 颗卫星是全功能工作的。

GLONASS 项目是苏联在 1976 年启动的项目,GLONASS 卫星导航定位系统(见图 1-2)使用 24 颗卫星实现全球定位服务,可提供高精度的三维空间和速度信息,也提供授时服务。按照设计,GLONASS 星座卫星(见图 1-2)由中轨道的 24 颗卫星组成,包括 21 颗工作星和 3 颗备份星,分布于 3 个圆形轨道面上,轨道高度 19 100 km,倾角 64.8°。与 GPS 系统不同,GLONASS 系统使用频分多址(FDMA)的方式,每颗 GLONASS 卫星广播两种信号,L_1 和 L_2 信号。具体地说,频率分别为 $L_1=1\ 602+0.562\ 5k$(MHz)和 $L_2=1\ 246+0.437\ 5k$(MHz),其中 $k=1\sim24$,为每颗卫星的频率编号,同一颗卫星满足 $L_1/L_2=9/7$。GLONASS 系统设计定位精度为在 95%的概率条件下,水平向为 100 m,垂直向为 150 m。

图 1-2　GLONASS 卫星导航定位系统星座

四、中国北斗卫星定位导航系统

2003 年 5 月 25 日,中国成功发射了第 3 颗“北斗一号”定位导航卫星,与前 2 颗“北斗

一号”工作星共同组成了一个完整的北斗卫星定位导航系统,并且能够确保全天候和全天时提供卫星导航的实时信息。北斗卫星定位导航系统的完整建立,标志着我国成为一个继美国 GPS 定位导航系统以及苏联的全球定位导航卫星系统(GLONASS)之后的世界上第三个拥有自己独立的、完善的卫星导航系统的国家。我国的“北斗一号”卫星定位导航系统是“双星快速定位导航系统”,“北斗一号”定位导航系统的特点在于:组成整个定位导航系统的卫星数量很少,只有 3 颗卫星、整体系统的用户终端的设备组成比较简单、所有的复杂程序全部集中在了地面上的处理站中。我国的“北斗一号”卫星系统是利用了地球同步卫星来进行快速的定位操作,以及简短的数字通信功能以及实时服务功能。

北斗卫星导航系统(简称北斗系统)(见图 1-3)是中国着眼于国家安全和经济社会发展需要,自主建设、独立运行的卫星导航系统,是为全球用户提供全天候、全天时、高精度的定位、导航和授时服务的国家重要空间基础设施。

北斗卫星导航系统

随着北斗系统建设和服务能力的发展,相关产品已广泛应用于交通运输、海洋渔业、水文监测、气象预报、测绘地理信息、森林防火、通信时统、电力调度、救灾减灾、应急搜救等领域,逐步渗透到人类社会生产和人们生活的方方面面,为全球经济和社会发展注入新的活力。

卫星导航系统是全球性公共资源,多系统兼容与互操作已成为发展趋势。中国始终秉持和践行“中国的北斗,世界的北斗”的发展理念,服务“一带一路”建设发展,积极推进北斗系统国际合作。与其他卫星导航系统携手,与各个国家、地区和国际组织一起,共同推进全球卫星导航事业的发展,让北斗系统更好地服务全球、造福人类。

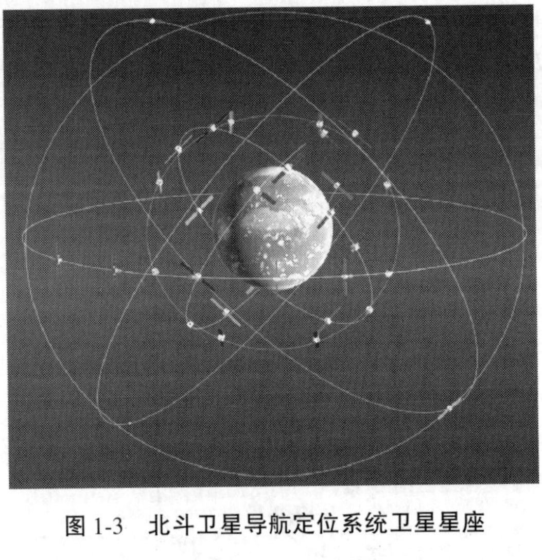

图 1-3　北斗卫星导航定位系统卫星星座

任务二　北斗卫星导航系统概述

一、发展目标与原则

中国高度重视北斗系统建设,将北斗系统列为国家科技重大专项,支撑国家创新发展战略。

（一）发展目标

建设世界一流的卫星导航系统，满足国家安全与经济社会发展需求，为全球用户提供连续、稳定、可靠的服务；发展北斗产业，服务经济社会发展和民生改善；深化国际合作，共享卫星导航发展成果，提高全球卫星导航系统的综合应用效益。

（二）发展原则

中国坚持“自主、开放、兼容、渐进”的原则建设和发展北斗系统。

（1）自主。坚持自主建设、发展和运行北斗系统，具备向全球用户独立提供卫星导航服务的能力。

（2）开放。免费提供公开的卫星导航服务，鼓励开展全方位、多层次、高水平的国际合作与交流。

（3）兼容。提倡与其他卫星导航系统开展兼容与互操作，鼓励国际合作与交流，致力于为用户提供更好的服务。

（4）渐进。分步骤推进北斗系统建设发展，持续提升北斗系统服务性能，不断推动卫星导航产业全面、协调和可持续发展。

二、持续建设和发展北斗系统

中国始终立足于国情国力，坚持自主创新、分步建设、不断完善北斗系统。

（一）实施“三步走”发展战略

第一步，建设北斗一号系统。1994 年，启动北斗一号系统工程建设；2000 年，发射 2 颗地球静止轨道卫星，建成系统并投入使用，采用有源定位体制，为中国用户提供定位、授时、广域差分和短报文通信服务；2003 年，发射第 3 颗地球静止轨道卫星，进一步增强系统性能。

第二步，建设北斗二号系统。2004 年，启动北斗二号系统工程建设；2012 年年底，完成 14 颗卫星（5 颗地球静止轨道卫星、5 颗倾斜地球同步轨道卫星和 4 颗中圆地球轨道卫星）发射组网。北斗二号系统在兼容北斗一号系统技术体制的基础上，增加无源定位体制，为亚太地区用户提供定位、测速、授时和短报文通信服务。

第三步，建设北斗三号系统。2009 年，启动北斗三号系统工程建设；2018 年年底，完成 19 颗卫星发射组网，完成基本系统建设，向全球提供服务；2020 年年底，完成 30 颗卫星发射组网，全面建成北斗三号系统。北斗三号系统继承北斗有源服务和无源服务两种技术体制，能够为全球用户提供基本导航（定位、测速、授时）、全球短报文通信、国际搜救服务，中国及周边地区用户还可享有区域短报文通信、星基增强、精密单点定位等服务。

（二）发展特色

北斗系统的建设实践，实现了在区域快速形成服务能力、逐步扩展为全球服务的发展路径，丰富了世界卫星导航事业的发展模式。

北斗系统具有以下特点：

一是空间段采用 3 种轨道卫星组成的混合星座，与其他卫星导航系统相比高轨卫星更多，抗遮挡能力强，尤其在低纬度地区性能优势更为明显。

二是提供多个频点的导航信号，能够通过多频信号组合使用等方式提高服务精度。

三是创新融合了导航与通信能力，具备基本导航、短报文通信、星基增强、国际搜救、精密单点定位等多种服务能力。

2023年5月17日10时49分,我国在西昌卫星发射中心用长征三号乙运载火箭,成功发射第五十六颗北斗导航卫星。该卫星属地球静止轨道卫星,是我国北斗三号系统工程的首颗备份卫星。入轨并完成在轨测试后,将接入北斗卫星导航系统。北斗卫星发射列表如表1-1所示。

表1-1　卫星发射时间表

发射时间	火箭	卫星编号	卫星类型
2000年10月31日	长征三号甲	北斗-1A	北斗一号
2000年12月21日	长征三号甲	北斗-1B	
2003年05月25日	长征三号甲	北斗-1C	
2007年02月03日	长征三号甲	北斗-1D	
2007年04月14日	长征三号甲	第一颗北斗导航卫星(M1)	北斗二号
2009年04月15日	长征三号丙	第二颗北斗导航卫星(G2)	
2010年01月17日		第三颗北斗导航卫星(G1)	
2010年06月02日		第四颗北斗导航卫星(G3)	
2010年08月01日	长征三号甲	第五颗北斗导航卫星(I1)	
2010年11月01日	长征三号丙	第六颗北斗导航卫星(G4)	
2010年12月18日	长征三号甲	第七颗北斗导航卫星(I2)	
2011年04月10日		第八颗北斗导航卫星(I3)	
2011年07月27日		第九颗北斗导航卫星(I4)	
2011年12月02日		第十颗北斗导航卫星(I5)	
2012年02月25日	长征三号丙	第十一颗北斗导航卫星	
2012年04月30日	长征三号乙	第十二、十三颗北斗导航系统组网卫星	
2012年09月19日	长征三号乙	第十四、十五颗北斗导航系统组网卫星	
2012年10月25日	长征三号丙	第十六颗北斗导航卫星	
2016年03月30日	长征三号甲	第二十二颗北斗导航卫星(备份星)	
2016年06月12日	长征三号丙	第二十三颗北斗导航卫星(备份星)	
2018年07月10日	长征三号甲	第三十二颗北斗导航卫星(备份星)	
2019年05月17日	长征三号丙	第四十五颗北斗导航卫星(备份星)	

续表 1-1

发射时间	火箭	卫星编号	卫星类型
2015 年 03 月 30 日	长征三号丙	第十七颗北斗导航卫星	北斗三号试验系统
2015 年 07 月 25 日	长征三号乙	第十八、十九颗北斗导航卫星	
2015 年 09 月 30 日	长征三号乙	第二十颗北斗导航卫星	
2016 年 02 月 01 日	长征三号丙	第二十一颗北斗导航卫星	
2017 年 11 月 05 日	长征三号乙	第二十四、二十五颗北斗导航卫星	北斗三号
2018 年 01 月 12 日	长征三号乙	第二十六、二十七颗北斗导航卫星	
2018 年 02 月 12 日	长征三号乙	第二十八、二十九颗北斗导航卫星	
2018 年 03 月 30 日	长征三号乙	第三十、三十一颗北斗导航卫星	
2018 年 07 月 29 日	长征三号乙	第三十三、三十四颗北斗导航卫星	
2018 年 08 月 25 日	长征三号乙	第三十五、三十六颗北斗导航卫星	
2018 年 09 月 19 日	长征三号乙	第三十七、三十八颗北斗导航卫星	
2018 年 10 月 15 日	长征三号乙	第三十九、四十颗北斗导航卫星	
2018 年 11 月 01 日	长征三号乙	第四十一颗北斗导航卫星	
2018 年 11 月 19 日	长征三号乙	第四十二、四十三颗北斗导航卫星	
2019 年 04 月 20 日	长征三号乙	第四十四颗北斗导航卫星	
2019 年 06 月 25 日	长征三号乙	第四十六颗北斗导航卫星	
2019 年 09 月 23 日	长征三号乙	第四十七、四十八颗北斗导航卫星	
2019 年 11 月 05 日	长征三号乙	第四十九颗北斗导航卫星	
2019 年 11 月 23 日	长征三号乙	第五十、五十一颗北斗导航卫星	
2019 年 12 月 16 日	长征三号乙	第五十二、五十三颗北斗导航卫星	
2020 年 03 月 09 日	长征三号乙	第五十四颗北斗导航卫星	
2020 年 06 月 23 日	长征三号乙	第五十五颗北斗导航卫星	
2023 年 05 月 17 日	长征三号乙	第五十六颗北斗导航卫星	北斗三号备份卫星

任务三　北斗卫星导航定位系统建设进展

2018 年年底，北斗三号基本系统建成并提供全球服务，包括“一带一路”国家和地区在内的世界各地均可享受到北斗系统服务。

一、工程建设

(一)空间段实现全球组网

当前，北斗一号系统已退役；北斗二号系统 15 颗卫星连续稳定运行；北斗三号系统正式组网前,发射了5颗北斗三号试验卫星,开展在轨试验验证,研制了更高性能的星载铷原子钟(天稳定度达到 10^{-14} 量级)和氢原子钟(天稳定度达到 10^{-15} 量级),进一步提高了卫星性能与寿命;成功发射了19颗组网卫星(其中,18颗中圆地球轨道卫星已提供服务,1颗地球静止轨道卫星处于在轨测试状态),构建了稳定可靠的星间链路,基本系统星座部署圆满完成。北斗三号系统星座构成见图1-4。

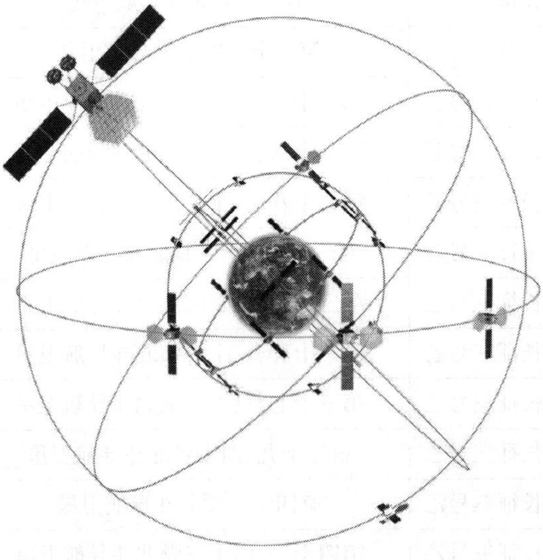

图1-4 北斗三号系统星座构成示意

(二)地面段实施了升级改造

北斗三号系统建立了高精度时间和空间基准,增加了星间链路运行管理设施,实现了基于星地和星间链路联合观测的卫星轨道和钟差测定业务处理,具备定位、测速、授时等全球基本导航服务能力;同时,开展了短报文通信、星基增强、国际搜救、精密单点定位等服务的地面设施建设。

二、系统运行

(1)健全稳定运行责任体系。完善北斗系统空间段、地面段、用户段多方联动的常态化机制,完善卫星自主健康管理和故障处置能力,不断提高大型星座系统的运行管理保障能力,推动系统稳定运行工作向智能化发展。

(2)实现系统服务平稳接续。北斗三号系统向前兼容北斗二号系统,能够向用户提供连续、稳定、可靠的服务。

(3)创新风险防控管理措施。采用卫星在轨、地面备份策略,避免和降低卫星突发在轨故障对系统服务性能的影响;采用地面设施的冗余设计,着力消除薄弱环节,增强系统可靠性。

(4)保持高精度时空基准,推动与其他卫星导航系统时间坐标框架的互操作。北斗系统时间基准(北斗时),溯源于协调世界时,采用国际单位制(SI)秒为基本单位连续累计,不闰秒,起始历元为2006年1月1日协调世界时(UTC)00时00分00秒。北斗时通过中国科学院国家授时中心保持的UTC(NTSC)与国际UTC建立联系,与UTC的偏差保持在50 ns以内(模1秒),北斗时与UTC之间的跳秒信息在导航电文中发播。北斗系统采用北斗坐标系(BDCS),坐标系定义符合国际地球自转服务组织(IERS)规范,采用2000国家大地坐标系(CGCS2000)的参考椭球参数,对准于最新的国际地球参考框架(ITRF),每年更新一次。

(5)建设全球连续监测评估系统。统筹国内外资源,建成监测评估站网和各类中心,实时监测评估包括北斗系统在内的各大卫星导航系统星座状态、信号精度、信号质量和系统服务性能等,向用户提供原始数据、基础产品和监测评估信息服务,为用户应用提供参考。

三、服务性能

2018年5月底,北斗系统可提供全球服务,在轨工作卫星共33颗,包含15颗北斗二号卫星和18颗北斗三号卫星,具体为5颗地球静止轨道卫星、7颗倾斜地球同步轨道卫星和21颗中圆地球轨道卫星。

2019年4月20日22时41分,我国在西昌卫星发射中心用长征三号乙运载火箭,成功发射第四十四颗北斗导航卫星。此次发射是2019年度北斗导航卫星首次发射,拉开了2019年北斗高密度组网序幕。

这颗卫星是北斗三号系统第二十颗组网卫星,也是北斗三号系统首颗倾斜地球同步轨道卫星,经过一系列在轨测试后,该卫星与此前发射的18颗中圆地球轨道卫星和1颗地球同步轨道卫星进行组网,这种包括三种不同类型轨道卫星的混合星座设计是北斗系统独有的、国际首创的,将有效增加亚太地区卫星可见数,为亚太地区提供更优质服务。

北斗系统当前基本导航服务性能指标如下所示:

服务区域:全球;

定位精度:水平10 m、高程10 m(95%);

测速精度:0.2 m/s(95%);

授时精度:20 ns(95%);

服务可用性:优于95%。

其中,在亚太地区,定位精度水平5 m、高程5 m(95%)。

北斗系统将持续提升服务性能,扩展服务功能,增强连续稳定运行能力。2020年年底,北斗二号系统发射1颗地球静止轨道备份卫星,北斗三号系统还将发射6颗中圆地球轨道卫星、3颗倾斜地球同步轨道卫星和2颗地球静止轨道卫星,进一步提升全球基本导航和区域短报文通信服务能力,并实现全球短报文通信、星基增强、国际搜救、精密单点定位等服务能力。

2023年5月17日10时49分,我国在西昌卫星发射中心用长征三号乙运载火箭,成功发射第五十六颗北斗导航卫星。该卫星属地球静止轨道卫星,是我国北斗三号系统工程的首颗备份卫星。入轨并完成在轨测试后,接入北斗卫星导航系统。此次发射是北斗三号系统工程高密度组网之后,时隔3年的首发任务。

北斗系统计划通过各类卫星提供如下服务类型。

(1)基本导航服务。为全球用户提供服务,空间信号精度将优于0.5 m;全球定位精度将优于10 m,测速精度优于0.2 m/s,授时精度优于20 ns;亚太地区定位精度将优于5 m,测速精度优于0.1 m/s,授时精度优于10 ns,整体性能大幅提升。

(2)短报文通信服务。中国及周边地区短报文通信服务,服务容量提高10倍,用户机发射功率降低到原来的 1/10,单次通信能力 1 000 汉字(14 000 Bit);全球短报文通信服务,单次通信能力 40 汉字(560 Bit)。

(3)星基增强服务。按照国际民航组织标准,服务中国及周边地区用户,支持单频及双频多星座两种增强服务模式,满足国际民航组织相关性能要求。

(4)国际搜救服务。按照国际海事组织及国际搜索和救援卫星系统标准,服务全球用户。与其他卫星导航系统共同组成全球中轨搜救系统,同时提供反向链路,极大地提升搜救效率和能力。

(5)精密单点定位服务。服务中国及周边地区用户,具备动态分米级、静态厘米级的精密定位服务能力。

四、应用与产业化

中国积极培育北斗系统的应用开发,打造由基础产品、应用终端、应用系统和运营服务构成的产业链,持续加强北斗产业保障、推进和创新体系建设,不断改善产业环境,扩大应用规模,实现融合发展,提升卫星导航产业的经济效益和社会效益。

(一)基础产品及设施

北斗基础产品已实现自主可控,国产北斗芯片、模块等关键技术全面突破,性能指标与国际同类产品相当。多款北斗芯片实现规模化应用,工艺水平达到 28 nm。截至 2018 年 11 月,国产北斗导航型芯片、模块等基础产品销量已突破 7 000 万片,国产高精度板卡和天线销量分别占国内市场 30%和 90%的市场份额。

建设北斗地基增强系统。截至 2018 年 12 月,在中国范围内已建成 2 300 余个北斗地基增强系统基准站,在交通运输、地震预报、气象测报、国土测绘、国土资源、科学研究与教育等多个领域为用户提供基本服务,提供米级、分米级、厘米级的定位导航和后处理毫米级的精密定位服务。

(二)行业及区域应用

北斗系统提供服务以来,已在交通运输、农林渔业、水文监测、气象测报、通信时统、电力调度、救灾减灾、公共安全等领域得到广泛应用,融入国家核心基础设施,产生了显著的经济效益和社会效益。

1. 交通运输方面

北斗系统广泛应用于重点运输过程监控、公路基础设施安全监控、港口高精度实时定位调度监控等领域。截至 2018 年 12 月,国内超过 600 万辆营运车辆、3 万辆邮政和快递车辆,36 个中心城市约 8 万辆公交车、3 200 余座内河导航设施、2 900 余座海上导航设施已应用北斗系统,建成全球最大的营运车辆动态监管系统,有效提升了监控管理效率和道路运输安全水平。据统计,2011~2017 年,中国道路运输重特大事故发生起数和死亡失踪人数均下降 50%。

2. 农林渔业方面

基于北斗的农机作业监管平台实现农机远程管理与精准作业,服务农机设备超过 5 万台,精细农业产量提高 5%,农机油耗节约 10%。定位与短报文通信功能在森林防火等应用中发挥了突出作用。为渔业管理部门提供船位监控、紧急救援、信息发布、渔船出入港管理等服务,全国 7 万余只渔船和执法船安装北斗终端,累计救助 1 万余人。

3. 水文监测方面

成功应用于多山地域水文测报信息的实时传输，提高灾情预报的准确性，为制订防洪抗旱调度方案提供重要支持。

4. 气象测报方面

研制一系列气象测报型北斗终端设备，形成系统应用解决方案，提高了国内高空气象探空系统的观测精度、自动化水平和应急观测能力。

5. 通信时统方面

突破光纤拉远等关键技术，研制出一体化卫星授时系统，开展北斗双向授时应用。

6. 电力调度方面

开展基于北斗的电力时间同步应用，为电力事故分析、电力预警系统、保护系统等高精度时间应用创造了条件。

7. 救灾减灾方面

基于北斗系统的导航、定位、短报文通信功能，提供实时救灾指挥调度、应急通信、灾情信息快速上报与共享等服务，显著提高了灾害应急救援的快速反应能力和决策能力。

8. 公共安全方面

全国 40 余万部警用终端联入警用位置服务平台。北斗系统在亚太经济合作组织会议、二十国集团峰会等重大活动安保中发挥了重要作用。

（三）大众应用

北斗系统大众服务发展前景广阔。基于北斗的导航服务已被电子商务、移动智能终端制造、位置服务等厂商采用，广泛进入中国大众消费、共享经济和民生领域，深刻改变着人们的生产生活方式。

1. 电子商务领域

国内多家电子商务企业的物流货车及配送员应用北斗车载终端和手环，实现了车、人、货信息的实时调度。

2. 智能手机应用领域

国内外主流芯片厂商均推出兼容北斗的通导一体化芯片。2018 年前 3 季度，在中国市场销售的智能手机约有 470 款具有定位功能，其中支持北斗定位的有 298 款，北斗定位支持率达到 63%以上。

3. 智能穿戴领域

多款支持北斗系统的手表、手环等智能穿戴设备，以及学生卡、老人卡等特殊人群关爱产品不断涌现，得到广泛应用。

（四）政策保障与产业发展

中国政府高度重视并全面推进国家卫星导航法治建设，积极推进《中华人民共和国卫星导航条例》立法进程，促进卫星导航产业发展。

1. 国家层面政策规划先后部署

2013 年，发布《国家卫星导航产业中长期发展规划》，从国家层面对卫星导航产业长期发展进行总体部署，提供国家宏观政策指导。2016 年，发布《中国北斗卫星导航系统》政府白皮书，宣示北斗发展理念与政策主张。

2. 行业领域及区域应用指导性文件相继出台

国家发展和改革委员会、科学技术部、工业和信息化部、农业农村部、交通运输部、公安部等主管部门,以及国内 30 多个省(自治区、直辖市)和地区出台了一系列推动北斗系统应用的政策文件和具体举措。

卫星导航是中国战略性新兴产业发展的重要领域,国家将进一步推动北斗与移动通信、云计算、物联网和大数据等技术的融合发展,促进卫星导航产业与高端制造业、先进软件业、综合数据业和现代服务业的融合发展,持续推进北斗应用与产业化发展,服务国家现代化建设和百姓日常生活,为全球科技、经济和社会发展做出贡献。

五、北斗三号的特性

(一)万物互联的时空基准

北斗三号系统星座通过在星座上配置高精度、高稳定性的时频系统,作为时空基准的基础设施,可为全球用户提供全天候、全天时、高精度的基本 PNT 服务,具有统一、精确、易用、廉价的独特优势,实现了地面、海面、航空、低轨航天器用户的时间基准和空间基准的建立与维持,起到了统一时空基准下获取用户或物体时间信息和位置信息服务的重要作用,是信息社会万物互联和万物智能的基础。

北斗三号系统是航天科学技术和时空基准要求的完美结合,利用空间分布的多颗卫星组成星座,在统一时间和坐标系中通过地面站对卫星位置与轨道精确测量,将卫星作为标准位置与时间的导航台站,以播发无线电导航信号为载体,将时空基准信息广泛传递给覆盖范围内的无线用户。据统计,当今信息化社会中 80%以上的信息数据都与位置、时间相关。北斗系统与移动通信、大数据、人工智能等技术的融合,必将为万物互联的智能时代带来巨大的支撑和推进作用。

(二)世界一流的空间基础设施

利用全球分布的多个地面监测站组成的国际全球连续监测评估系统(iGMAS)的监测数据进行评估,结果表明:2020 年北斗三号系统的平均空间信号精度(SISRE)为 0.47 m,优于 GPS 系统和 GLONASS 系统(见表 1-2),且其独立提供的导航信号服务性能已经达到国际先进水平。

表 1-2 四大全球卫星导航系统的空间信号精度

GNSS	空间信号测距误差(Signal-In-Space Rang Error, SISRE)(95%)	
	性能标准/m	评估结果/m
BDS-3	≤1.0	0.47
GPS	≤7.8	0.51
GLONASS	≤18.0	3.70
Galileo	≤2.0	0.27

2020 年系统测试结果表明:北斗三号系统所有频点信号水平定位精度均优于 4 m,其中平稳过渡信号 B1I 水平定位精度为 3 m(见图 1-5),新体制信号 B1C 水平定位精度优于 2 m(见图 1-6)。

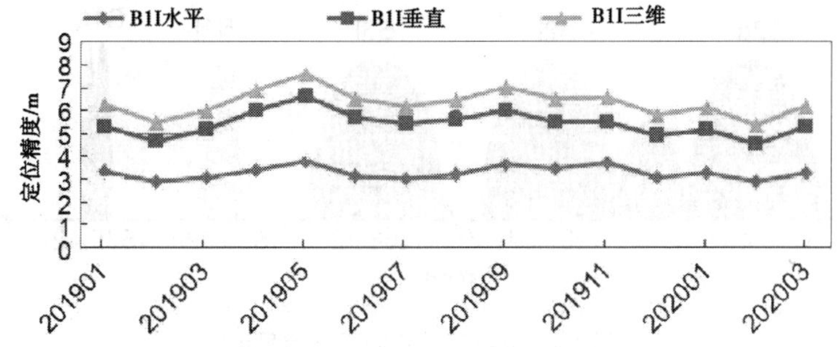

图 1-5　北斗三号系统平稳过渡信号 B1I 定位精度

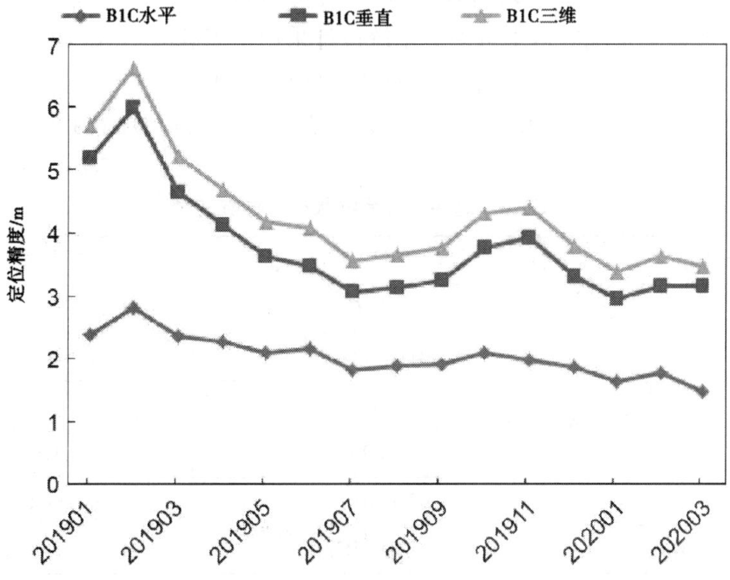

图 1-6　北斗三号系统新体制信号 B1C 定位精度

北斗三号系统工程高度重视国际合作和国际化发展,在有限频率资源下,星上采用多种技术对导航信号体制进行改进和优化;在 B1 频点上设计播发专用导航信号,实现了与美国 GPS、俄罗斯 GLONASS 等其他卫星导航系统的兼容与互操作,使全球用户可以享用多个卫星导航系统联合提供的优质服务,进一步提升用户体验,为世界卫星导航系统的融合发展做出了重要贡献。测试结果表明:相较于使用某个单一全球卫星导航系统提供导航定位服务,用户联合使用北斗、GPS、GLONASS 和 Galileo 四个系统,服务定位性能将提升 50%以上。

(三)主要技术突破

1. 导航信号创新性设计

导航信号是全球卫星导航系统设计与服务性能承载的核心。基于 GPS、GLONASS 等系统的早期设计建设,北斗导航卫星系统主要选择了卫星导航的信号频率及带宽,因此其可用的导航信号频率资源极为有限。北斗三号系统的信号体制设计坚持自主创新、兼容操作的要求,以服务用户的性能提升、平稳过渡、功能综合为目标,创新性地提出了新型三频的导航信号体制(见图 1-7)。

北斗三号系统在播发新型全球导航信号的同时,播发了北斗二号系统 B1I、B3I 等平稳过渡信号(见表 1-3),保证了北斗二号系统用户终端的继续使用。在北斗导航卫星系统 B1 信号频点和 B2 信号频点上,分别设计了正交复用二进制偏移载波(QMBOC)、非对称恒包

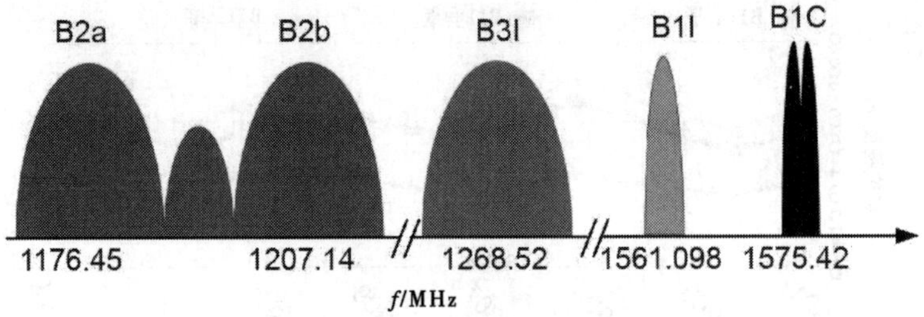

图 1-7　北斗三号系统导航信号示意

络二进制偏移载波(ACE-BOC)调制方式,在实现与其他全球卫星导航系统导航信号兼容互操作的同时,保证了系统的自主可控。系统设计采用了多载波信号恒包络复合技术,具有信号频域稀疏、时域恒包络等特点,有效地利用无线电射频信号非连续频谱资源,提高了导航信号的测距精度和抗干扰能力。北斗三号系统卫星的导航信号结构灵活,用户接收方式多样。

表 1-3　北斗三号系统服务与导航信号

服务类型	信号	广播星历卫星
RNSS open service 导航定位授时(RNSS)开放服务	B1C	IGSO/MEO
	B1I(BDS-2)	MEO/GEO/IGSO
	B2a	IGSO/MEO
	B2b	IGSO/MEO
	B3I(BDS-2)	MEO/GEO/IGSO
星基增强(SBAS)	B1C,B2a	GEO
精密单点定位(PPP)	B2b	GEO
导航定位授时(RNSS)授权服务	B1A	IGSO/MEO
	B3A	MEO/GEO/IGSO
	B3Q(BDS-2)	MEO/GEO/IGSO
星基增强(SBAS)授权服务	B1A	GEO
短报文服务	B2b	IGSO/MEO

2. 星间链路跨越式发展

国外的 GPS、Galileo 等全球卫星导航系统均依靠在全球范围内布设一定数量地面站的方式,实现其在全球范围内良好的服务性能。针对北斗卫星导航系统建设面临的不在全球布站、中圆地球轨道卫星观测弧段短等问题,北斗三号系统创新性地提出了“国内地面站+星间链路”(domestic ground stations plus inter-satellite links)的技术方案,利用星间链路持续进行全星座星间精密测量并提供数据传输,实现全星座精密定轨与时间同步,构建全球卫星导航系统,保证全球系统导航业务运行,确保全球系统服务性能指标的均匀性。

通过在北斗三号系统卫星上配置无线电测量通信设备,实现了所有卫星之间的伪距测量与双向通信,从而达到提高星座精密定轨与时间同步精度、支持全天候境外卫星在轨管理的目标。基于星间链路的北斗三号星座系统，具有显著的信息网络属性（见图 1-8）。

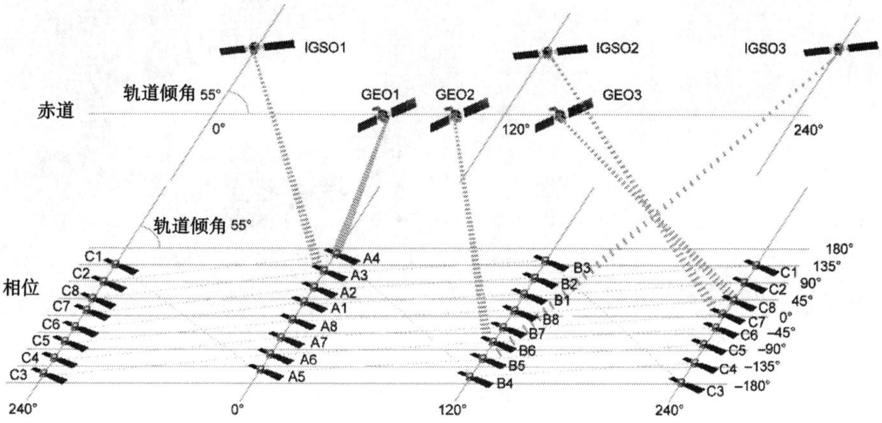

图 1-8　北斗三号系统星间链路示意

北斗三号系统星间链路采用 Ka 频段相控阵技术、时分半双工体制。按照混合星座中各个轨道上每颗卫星的在轨工作状态，星上综合信息控制单元按照一定的网络路由规划、建链策略，控制卫星上相控阵链路的信号波束指向，建立周期变化的星间链路，从而完成不同卫星相互间的精密测距和数据传输。北斗三号系统星间链路具备更高的测距精度、更优的数据传输能力和更强的抗干扰能力，在全球卫星导航系统中处于领先水平。北斗三号系统在轨测试结果表明：相对仅利用星地测量数据，在利用星间链路数据后，北斗三号系统的中圆地球轨道卫星的轨道预报精度从 0.4 m 提升到 0.15 m，钟差预报误差从 3 ns 减小到 1 ns，导航星座实现了“一站式管理”。

3. 星载原子钟持续升级

星载原子钟是导航卫星发播高性能导航信号的核心产品，用于产生星上高精度时间频率基准信号，其性能指标直接决定了卫星导航系统的 PNT 服务精度。北斗三号系统卫星设计研制了新一代国产化的铷原子钟［见图 1-9(a)］，产品具有高集成、高性能、高可靠的特点，能够满足卫星平台高集成的承载条件，其天稳定度性能进入 10^{-14} 量级，达到国际先进水平。

北斗三号系统卫星同时配置了氢原子钟［见图 1-9(b)］，进一步提升了卫星导航系统的定位、授时精度和星座自主运行能力，实现了更优的频率稳定度、频率准确度及日漂移率。氢原子钟的天稳定度性能进入 10^{-15} 量级。

北斗三号系统星座充分发挥了各类原子钟的特点，利用混合钟组配置实现了高性能、高可靠的星载时频系统，实现了时频系统时频信号的无缝切换，显著提升了北斗三号卫星的时频性能和服务精度。

4. 短报文通信能力拓展

短报文通信与位置报告功能是北斗三号系统导航通信融合设计思想的最佳体现。北斗三号系统卫星在继承北斗二号系统区域有源技术体制的基础上进一步提升了其服务能力。北斗三号系统的区域短报文服务与位置报告功能实现了其在中国及周边地区信号体制的平稳过渡，可保证北斗二号系统用户继续使用，并且通过优化卫星天线设计，将转发器通道和天线波束数量增加至 6 路等措施（见图 1-10），提高卫星的辐射信号功率，进而大幅提升服

(a)星载铷原子钟　　(b)星载氢原子钟

图 1-9　北斗三号系统的星载原子钟

务能力。

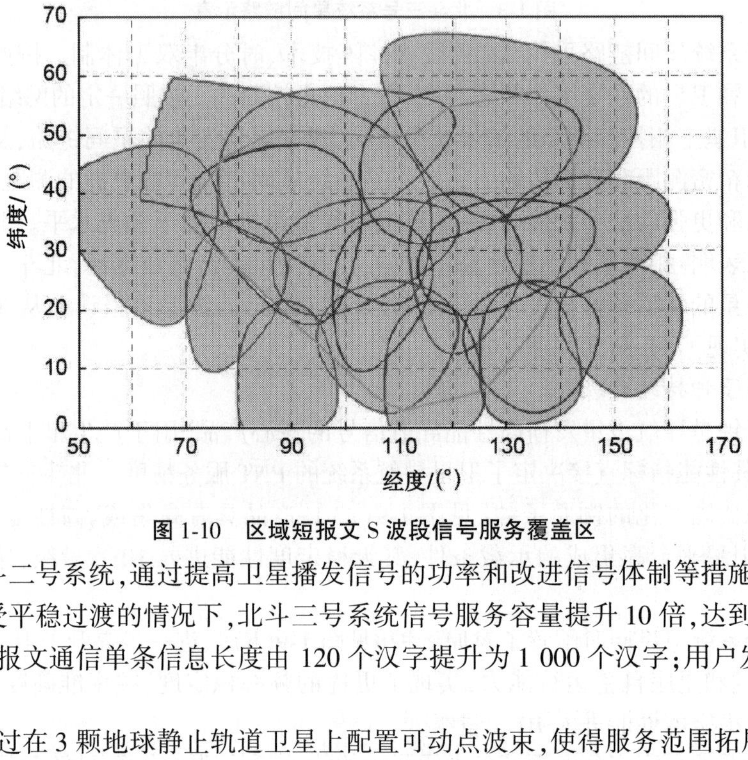

图 1-10　区域短报文 S 波段信号服务覆盖区

相比北斗二号系统,通过提高卫星播发信号的功率和改进信号体制等措施,在保证原有用户使用感受平稳过渡的情况下,北斗三号系统信号服务容量提升 10 倍,达到每小时 1 000 万次以上;短报文通信单条信息长度由 120 个汉字提升为 1 000 个汉字;用户发射功率降至 1/10。

同时,通过在 3 颗地球静止轨道卫星上配置可动点波束,使得服务范围拓展到印度洋和太平洋。另外,基于中圆地球轨道卫星“全球覆盖,星间互联”的特点,北斗三号系统通过在中圆地球轨道卫星上配置基于处理和转发体制的报文通信接收机,将短报文通信服务能力拓展到全球,实现在全球范围以 15°仰角双重覆盖、以 30°仰角单重覆盖,向全球用户提供报文通信、位置报告、应急搜救等业务(见图 1-11)。

5. 卫星实现自主可控与组批研制

导航卫星的高密度批量生产能力是实现北斗三号系统快速组网的重要保障。北斗三号系统卫星研制项目组自主开发了国内首个全桁架式卫星平台(见图 1-12),解决了中圆地球轨道卫星直接入轨一箭多星发射的难题,满足了快速组网的任务需求。该卫星平台在卫星

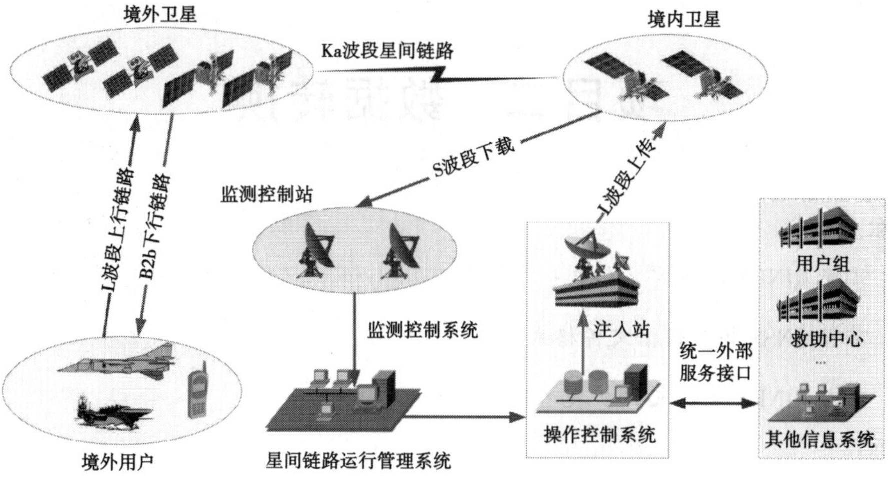

图 1-11　北斗三号系统全球短报文服务示意

承载效率、载荷平台重量比、功率质量比等方面达到了国际先进水平。

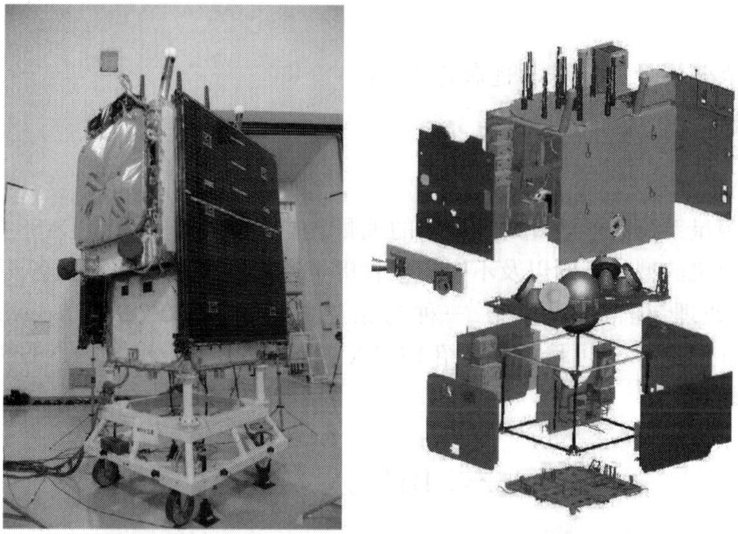

(a)中圆地球轨道卫星　(b)卫星结构爆炸图

图 1-12　北斗三号系统中圆地球轨道卫星示意

按照工程建设和组批研制项目群管理要求,北斗三号系统卫星研制项目组提出了资源动态配置、研制流程再造、批产技术状态控制、质量控制、集成测试等方面的新措施和新方法,实现了每年 12 颗整星并行总装和测试的研制能力,有力支撑了北斗三号系统在 3 年内完成 30 颗卫星的高密度发射组网。北斗三号系统组网工程 2020 年提前半年完成建设,创造了全球卫星导航星座组网的“中国速度”。

北斗三号系统卫星在设计初期,就明确提出了国产化与自主可控的要求,建立了北斗导航卫星器部件产品国产化研制、验证和应用的一体化体系。卫星总体和单机产品研制单位秉承原始创新、自主发展理念,突破了星载原子钟、行波管放大器、大功率微波开关等关键核心技术,实现了星载产品 100%国产化和核心器部件的自主可控。

项目二　数据转换

知识目标:

- 掌握 RINEX 数据定义格式;
- 掌握 GNSS 导航数据文件格式;
- 掌握 RINEX 数据文件扩展名命名规则。

能力目标:

- 能利用软件读取导航数据;
- 能利用商用软件进行数据格式的转换。

思政目标:

- 培养学生求真务实、开拓进取的精神;
- 培养学生举一反三的创新能力。

全球导航卫星系统数据处理时所采用的观测数据来自野外观测的 GNSS 接收机。由于卫星系统和接收机的型号不同以及不同的接收机生产商设计的数据格式各不相同,为了方便后续的数据处理,国际上设计了一种与接收机无关的 RINEX(Receiver Independent Exchange Format)格式。本项目主要介绍 RINEX 数据文件格式及其他 GNSS 观测数据与该格式如何进行转换。

任务一　RINEX 数据格式

1989 年,瑞士伯尔尼大学天文研究所为用于 EUREF 计划,提出了 RINEX 格式草案。1989 年 3 月,在美国新墨西哥州举行的第五届国际卫星定位大地测量学术讨论会上,成立了 GPS 交换格式的专题研究机构,讨论了各种数据交换格式的差异。经过讨论决定,形成了 RINEX (版本 1.0)数据交换格式。RINEX 是一种在数据处理中普遍采用的标准数据格式。该格式采用文本文件形式存储数据,数据记录格式与接收机的制造厂商和具体型号无关。

通常的 RINEX 文件包括 4 种类型的 ASCII 码文件,它保证了不同计算机系统之间很容易地进行数据交换。这 4 种类型的文件分别是观测数据(Observation data,简写 OBS),为接收机记录的伪距、相位观测值;导航数据(Navavigation data,简写 NAV)记录卫星实时发布的广播星历;气象数据(Meterological data,简写 MET)记录气象仪器观测的温度、压力、湿度状况;GLONASS 导航文件,由于 GLONASS 导航数据与 GPS 导航数据之间存在差异,因此专门定义了 GLONASS 导航数据文件格式。每个文件都由一个字头块(HEADER SECTION)和一个包含实际数据的主体部分(DATA SECTION)组成。

一、RINEX 文件名

RINEX 为纯 ASCII 码文本文件，其文件名的命名方式为 ssssdddf. yyt。各字母含义见表 2-1。

表 2-1　RINEX 文件名及含义

<table>
<tr><th>字母</th><th colspan="2">含义</th><th>备注</th></tr>
<tr><td>ssss</td><td colspan="2">以 4 个字母表示的测站名</td><td></td></tr>
<tr><td>ddd</td><td colspan="2">第一个观测历元的年积日</td><td>(如 1 月 1 日为 001)</td></tr>
<tr><td>f</td><td colspan="2">一天内文件的序号数</td><td></td></tr>
<tr><td>yy</td><td colspan="2">以两位数表示的年份</td><td>80~99 表示 1980~1999 年
00~76 表示 2000~2076 年</td></tr>
<tr><td rowspan="4">t</td><td rowspan="4">文件类型</td><td>O 为观测数据文件</td><td rowspan="4"></td></tr>
<tr><td>N 为导航数据文件</td></tr>
<tr><td>M 为地面气象数据文件</td></tr>
<tr><td>G 为 GLONASS 导航数据文件</td></tr>
</table>

在 RINEX2.0 以后版本中不仅包含 GPS 观测数据，还包含有 GLONASS 或其他卫星系统的观测数据，因此定义“snn”来区分不同卫星系统的卫星。其中 s 表示卫星系统标识符，如为 G 或空白则表示 GPS、C 表示北斗(BeiDou)、R 表示 GLONASS、T 表示 Transit、M 表示 Mixed GPS/GLONASS。nn 对于 GPS 系统表示伪随机噪声码，GLONASS 系统表示历书号，Transit 系统表示 2 位的运载卫星号。

二、观测数据文件

(一)观测数据文件的头部分说明

观测数据文件的头部分说明见表 2-2。

表 2-2　观测数据文件的头部分说明

头记录标识(61~80 列)	说明	格式
RINEX VERSION /TYPE	-格式版本(2) -文件类型(“O”观测数据) -卫星系统：空格或“G”：GPS “C”：北斗(BeiDou) “R”：GLONASS “T”：Transit “M”：Mixed GPS/GLONASS	I6,14X, A1,19X, A1,19X

续表 2-2

头记录标识(61~80列)	说明	格式
PGM / RUN BY / DATE	-生成当前文件的程序名称 -生成当前文件的机构名称 -文件生成时间	A20, A20, A20
* COMMENT	注释行	A60
MARKER NAME	天线标记点(测站)名称	A60
* MARKER NUMBER	天线标记点(测站)编号	A20
OBSERVER / AGENCY	观测者姓名/机构	A20,A40
REC #/ TYPE / VERS	接收机编号、型号和版本 (版本:如接收机内置软件的版本)	3A20
ANT# / TYPE	天线编号和类型	2A20
APPROX POSITION XYZ	标记点(测站)的近似坐标(WGS-84)	3F14.4
ANTENNA:ΔH/E/N	-天线高 H:天线相对于标记点的高度 -天线中心相对于标记点向东偏 E 天线中心相对于标记点向北偏 N [均以米(m)为单位]	3F14.4
WAVELENGTH FACT L1/2	- L_1 和 L_2 的波长因子 1:整周模糊度 2:半周模糊度 (平方型) L_2 的波长因子为0时:单频接收机 -观测数据文件中的卫星数,对观测数据文件中的卫星,波长因子有效 0或空格:对所有不包含在观测数据文件中的卫星,采用默认波长因子 PRNs(卫星编号)列表必要时重复记录	2I6, I6, 7(3X,A1,I2)

续表 2-2

头记录标识(61~80 列)	说明	格式
# / TYPES OF OBSERV	-存储在文件中的不同观测类型的数量 -观测类型 如果超过 9 种观测类型:采用续行处理 在本标准中定义了以下观测类型: L_1、L_2:L_1 和 L_2 的相位观测值 C_1:L_1 的 C/A 码伪距观测值 P_1、P_2:L_1、L_2 的 P 码伪距观测值 D_1、D_2:L_1、L_2 的多普勒频率 T_1、T_2:Transit 卫星在 150 MHz(T_1)和 400 MHz (T_2)频段上的积分多普勒观测值 在 AS 下,观测值被转换为“L_2”或“P_2”,并用失锁指示标识的第二位进行标示 单位:米 相位:整周 伪距观测量:米(m) 多普勒:赫兹(Hz) 积分多普勒观测值:周 本记录中观测类型的顺序必须与观测记录中观测值的顺序相对应	I6, 9(4X,A2) 6X,9(4X,A2)
* INTERVAL	观测间隔(s)	I6
TIME OF FIRST OBS	-第一条观测记录的时间: 年(4 位数字),月,日,时,分,秒	5I6,F12.6,
TIME OF FIRST OBS	-时间系统:GPS (GPS 时间系统) GLO (GLONASS 时间系统) 混合 GPS/GLONASS 文件必须给出时间系统 缺省值:纯 GPS 文件,时间系统为 GPS 纯 GLONASS 文件,时间系统为 GLO	6X,A3
* TIME OF LAST OBS	-最后观测记录的时间: 年(4 位数字),月,日,时,分,秒 -时间系统:GPS (GPS 时间系统) GLO (GLONASS 时间系统) 混合 GPS/GLONASS 文件必须给出时间系统 缺省值:纯 GPS 文件,时间系统为 GPS 纯 GLONASS 文件,时间系统为 GLO	5I6,F12.6, 6X,A3
* LEAP SECONDS	自 1980 年 1 月 6 日以来的跳秒数 在混合 GPS/GLONASS 文件中,推荐给出此数值	I6
* # OF SATELLITES	卫星数(这些卫星的观测值记录在本文件中)	I6

续表 2-2

头记录标识(61~80 列)	说明	格式
* PRN / # OF OBS	PRN (卫星编号),在“# / TYPES OF OBSERV”记录中给出的每一种观测类型的观测值数量。如果超过 9 种观测类型,采用续行方式解决。在观测数据文件中出现的每一个卫星都将重复这条记录	3X,A1,I2,9I6 6X,9I6
END OF HEADER	头部分的最后一条记录	60X

注:标有“ * ”的记录是可选的。

(二)观测数据文件数据记录部分

观测数据文件的数据记录部分说明见表 2-3。

表 2-3　观测数据文件的数据记录部分说明

观测记录	说明	格式
EPOCH/SAT or EVENT FLAG EPOCH/SAT or EVENT FLAG	- 历元: 年(2 位数字),月,日,时,分,秒 - 历元标志　0: 正常 1: 当前历元与前一历元间电源故障 >1: 事件标志 - 当前历元中的卫星数 - 当前历元中的 PRNs (卫星编号) 列表 - 接收机钟差(秒,可选项) 如果超过 12 颗卫星,则做续行处理 如果有事件标志记录 (历元标志大于 1):则 - 事件标志: 2:开始移动天线 3:安置在新点位 (上一动态定位数据结束) (接下来至少有 MARKER NAME 记录) 4:紧接着是头部分的记录 5:外部事件(该历元具有某种重要意义,事件与观测记录时间标记处于同一时间系统下) 6:周跳记录,接着为探测到的和修复后的周跳值(采用与观测值记录相同的格式;利用周跳替代观测值;LLI 和信号强度为空) -“卫星数”此时指紧跟着的记录数(事件标志为 2 和 5 时,卫星数应为 0)	5I3,F11.7, I3 I3, 12(A1,I2), F12.9 32X, 12(A1,I2)

续表 2-3

观测记录	说明	格式
OBSERVATIONS	- 观测值 - LLI - 信号强度 对每一个观测类型的观测值都将在记录中予以重复(顺序与头部分中所给定的顺序相同) 如果超过了 5 种观测类型 (80 char),则在下一个记录中继续 重复记录在 EPOCH/SAT 记录中给出的每一颗卫星的上述数据观测值: 相位:以周(cycle)为单位 码:以米(m)为单位 缺失的观测值用 0.0 或空格表示 失锁指示标识(LLI),其值域为 0~7 0 或空格:正常或未知 Bit 0 置位:先前与当前观测值之间失锁,可能发生周跳 Bit 1 置位:采用在"WAVELENGTH FACT L1/L2"记录中定义的该卫星的另一个波长因子,仅对当前历元有效 Bit 2 置位:AS 下的观测值(可能受到增强的噪声影响)Bits 0 和 1 仅对相位有效。 信号强度设计为 1~9 个级别: 1:信号强度最小 5:从此级别开始信噪比良好 9:信号强度最大 0 或空格:未知,不考虑	m(F14.3,I1,I1)

三、GPS 导航数据文件

GPS 导航电文在导航电文中包含卫星轨道根数、卫星钟参数等。卫星星历取自卫星广播导航电文,它是卫星位置计算的基础数据。

卫星广播导航电文每小时更新一次,所以每一次观测只要不超过 1 h 只需记录一组广播导航电文。

(一)导航电文内容说明

导航电文中的参数说明见表 2-4。

表 2-4　导航电文参数

参数	说明	单位
T_{oc}	卫星钟参考时刻	s
A_0	钟差	s
A_1	钟漂	s/s
A_2	钟漂率	s/s^2
IODC	时钟数据龄期	s
T_{oe}^*	星历参考时刻	s
A	卫星轨道长半轴	m
E	卫星轨道扁率	无量纲
i_0	TOE 时刻的卫星轨道倾角	rad
Ω	升交点赤经	rad
Ω_0	TOE 时刻的卫星轨道升交点赤经	rad
ω	近地点幅角	rad
M_0	TOE 时刻的卫星轨道平近点角	rad
Δn	平近地点角速度改正值	rad/s
$\dot{\Omega}$	升交点赤经变化率	rad/s
$\dot{I}$	轨道倾角修正量	rad/s
C_{us}, C_{uc}	升交点距的正弦和余弦振动改正系数	rad
C_{is}, C_{ic}	轨道倾角正弦和余弦振动改正系数	rad
C_{rs}, C_{rc}	轨道半轴正弦和余弦振动改正系数	m
IODE	星历数据龄期	s
T_{GD}	单频接收机信号延迟改正参数	s
WN	GPS 周数	无量纲

注：* 从星期日午夜 0 时开始。

(二)导航数据文件头部分

导航数据文件头部分说明见表 2-5。

表 2-5　导航数据文件头部分说明

头记录标识(61~80 列)	说明	格式
RINEX VERSION / TYPE	-格式版本 (2) -文件类型 (“N”导航数据)	I6,14X, A1,19X
PGM / RUN BY / DATE	-生成当前文件的程序名称 -生成当前文件的机构名称 -文件生成时间	A20, A20, A20
* COMMENT	注释行	A60
* IONα	历书中的电离层参数 $A_0 \sim A_3$	2X,4D12.4
* IONβ	历书中的电离层参数 B0~B3	2X, 4D12.4
* ΔUTC:A_0,A_1,T,W	计算 UTC 时间的历书参数 A_0,A_1:多项式系数 T:UTC 数据的参考时间 W:UTC 参考周数	3X,2D19.12, 2I9
* LEA PSECONDS	跳秒	I6
END OF HEADER	头部分的最后一条记录	60X

注：标有“ * ”的记录为可选项。

(三)导航数据文件的数据记录

导航数据文件的数据记录说明见表 2-6。

表 2-6 导航数据文件的数据记录说明

观测记录	说明	格式
PRN / EPOCH / SV CLK	- PRN(卫星编号) - 历元: 年(2 位数字),月,日,时,分,秒 - 卫星时钟偏差,s - 卫星时钟漂移,s/s - 卫星时钟漂移率,s/s^2	I2, 5I3, F5. 1, 3D19. 12
BROADCAST ORBIT - 1	- IODE - C_{rs},m - Δn,rad/s - M_0,rad	3X,4D19. 12
BROADCAST ORBIT - 2	- C_{uc},rad - e - C_{us},rad -$\sqrt{A}$,sqrt(m)	3X,4D19. 12
BROADCAST ORBIT - 3	-T_{oe},GPS 周积秒 - C_{ic},rad - Ω,rad - C_{is},rad	3X,4D19. 12
BROADCAST ORBIT - 4	- i_0,rad - C_{rc},m -ω,rad -$\dot{\Omega}$,rad/s	3X,4D19. 12
BROADCAST ORBIT - 5	- $\dot{I}$,rad/s - L_2 上的编码 - GPS 周数(伴随 TOE) - L_2 P 码标志	3X,4D19. 12
BROADCAST ORBIT - 6	- 卫星轨道精度,m - 卫星健康状况 (仅 MSB) - T_{GD},s - IODC	3X,4D19. 12
BROADCAST ORBIT - 7	- 电文传输时间 (GPS 周积秒,例如在 HOW 中从 Z 计数获得) - 备用 - 备用 - 备用	3X,4D19. 12

四、气象数据文件

(一)气象数据文件头部分

气象数据文件头部分说明见表 2-7。

表 2-7　气象数据文件头部分说明

头记录标识(61~80列)	说明	格式
RINEX VERSION / TYPE	- 格式版本(2) - 文件类型("M"气象数据)	I6,14X, A1,39X
PGM / RUN BY / DATE	- 生成当前文件的程序名称 - 生成当前文件的机构名称 - 文件生成时间	A20, A20, A20
* COMMENT	注释行	A60
MARKER NAME	测站名(应与相应的观测数据文件中的测站名相同)	A60
* MARKER NUMBER	测站编号 (应与相应的观测数据文件中的测站编号相同)	A20
# / TYPES OF OBSERV	- 存储在文件中的不同观测类型的数量 - 观测类型,RINEX 版本 2 中定义了以下的气象观测类型:	I6, 9(4X,A2)
# / TYPES OF OBSERV	PR:大气压,kPa TD:大气干分量温度,℃ HR:相对湿度(%) ZW:湿分量天顶延迟,mm 此记录中观测类型的顺序必须与数据记录中观测值的顺序一致,如果观测类型多于 9 种,则按照[6X,9(4X,A2)]的格式续行处理	
MET SENSOR MOD/TYPE	气象传感器描述 - 模式(厂商) - 传感器类型 - 精度(与观测值单位相同) - 观测类型 对于#/TYPES OF OBSERV 记录中的每一观测类型都将重复本条记录	 A20, A20,6X, F7.1,4X, A2,1X
MET SENSOR POS XYZH	气象传感器的近似坐标 - 地心坐标(X,Y,Z),如果未知,X、Y、Z 为 0(ITRF 或 WGS-84) - 椭球高 H,H 应相对于 ITRF 或 WGS-84 坐标系统 - 观测类型 气压计必须给出本条记录,建议其他传感器也给出本记录	 3F14.4, 1F14.4, 1X,A2,1X
END OF HEADER	头部分的最后一条记录	60X

注:标有"*"的记录为可选项。

(二)气象数据文件数据部分

气象数据文件数据部分说明见表 2-8。

表 2-8　气象数据文件数据记录说明

观测记录	说明	格式
EPOCH / MET	-历元(与观测数据文件中的时间系统一致) 年(2 位数字),月,日,时,分,秒 - 气象数据的顺序必须与头部分中给定的数据类型的顺序相同。超过 8 个气象数据类型时,续行处理	6I3, mF7.1, 4X,10F7.1,3X

五、RINEX 数据文件示例

(一)观测数据文件示例

观测数据文件示例见表 2-9。

表 2-9　观测数据文件示例

```
----|---1|0---|---2|0---|---3|0---|---4|0---|---5|0---|---6|0---|---7|0---|---8|
     2              OBSERVATION DATA    M (MIXED)           RINEX VERSION / TYPE
BLANK OR G = GPS,  R = GLONASS,  T = TRANSIT,  M = MIXED    COMMENT
XXRINEXO V9.9       AIUB                22-APR-93 12:43     PGM / RUN BY / DATE
EXAMPLE OF A MIXED RINEX FILE                               COMMENT
A 9080                                                      MARKER NAME
9080.1.34                                                   MARKER NUMBER
BILL SMITH          ABC INSTITUTE                           OBSERVER / AGENCY
X1234A123           XX                  ZZZ                 REC # / TYPE / VERS
234                 YY                                      ANT # / TYPE
  4375274.       587466.       4589095.                     APPROX POSITION XYZ
         .9030          .0000          .0000                ANTENNA: DELTA H/E/N
     1     1                                                WAVELENGTH FACT L1/2
     1     2     6   G14   G15   G16   G17   G18   G19      WAVELENGTH FACT L1/2
     4    P1    L1    L2    P2                              # / TYPES OF OBSERV
    18                                                      INTERVAL
  1990     3    24    13    10   36.000000                  TIME OF FIRST OBS
                                                            END OF HEADER
 90  3 24 13 10 36.0000000  0  3G12G 9G 6                            -.123456789
  23629347.915            .300 8         -.353    23629364.158
  20891534.648           -.120 9         -.358    20891541.292
  20607600.189           -.430 9          .394    20607605.848
 90  3 24 13 10 50.0000000  4  4
     1     2     2   G 9   G12                              WAVELENGTH FACT L1/2
```

续表 2-9

```
 *** WAVELENGTH FACTOR CHANGED FOR 2 SATELLITES ***        COMMENT
     NOW 8 SATELLITES HAVE WL FACT 1 AND 2!                COMMENT
                                                           COMMENT
90  3 24 13 10 54.0000000  0  5G12G 9G 6R21R22                        -.123456789
 23619095.450      -53875.632 8    -41981.375    23619112.008
 20886075.667      -28688.027 9    -22354.535    20886082.101
 20611072.689       18247.789 9     14219.770    20611078.410
 21345678.576       12345.567 5
 22123456.789       23456.789 5
90  3 24 13 11  0.0000000  2
                                  4  1
          *** FROM NOW ON KINEMATIC DATA! ***              COMMENT
90  3 24 13 11 48.0000000  0  4G16G12G 9G 6                           -.123456789
      21110991.756       16119.980 7     12560.510   21110998.441
      23588424.398     -215050.557 6   -167571.734   23588439.570
      20869878.790     -113803.187 8    -88677.926   20869884.938
      20621643.727       73797.462 7     57505.177   20621649.276
                                  3  4
  A 9080                                                   MARKER NAME
 9080.1.34                                                 MARKER NUMBER
  .9030          .0000          .0000                      ANTENNA: DELTA H/E/N
  -- THIS IS THE START OF A NEW SITE   CYCLE SLIPS THAT HAVE BEEN APPLIED TO
                                   COMMENT
         THE OBSERVATIONS                                  COMMENT
90  3 24 13 14 48.0000000  0  4G16G12G 9G 6                          -.123456234
      21128884.159      110143.144 7     85825.18545  21128890.7764
      23487131.045     -318463.297 7   -248152.72824  23487146.149
      20817844.743     -387242.571 6   -301747.22925  20817851.322
      20658519.895      267583.678 17   208507.26234  20658525.869
                                  4  4
          ***   SATELLITE G 9   THIS EPOCH ON WLFACT 1 (L2)  COMMENT
          *** G 6 LOST LOCK AND THIS EPOCH ON WLFACT 2 (L2)  COMMENT
             (OPPOSITE TO PREVIOUS SETTINGS)                COMMENT

----|---1|0---|---2|0---|---3|0---|---4|0---|---5|0---|---6|0---|---7|0---|---8|
```

(二)导航数据文件示例

导航数据文件示例见表 2-10。

表 2-10　导航数据文件示例

```
----|---1|0---|---2|0---|---3|0---|---4|0---|---5|0---|---6|0---|---7|0---|---8|
     2              N: GPS NAV DATA                         RINEX VERSION / TYPE
XXRINEXN V2.0       AIUB                12-SEP-90 15:22     PGM / RUN BY / DATE
EXAMPLE OF VERSION 2 FORMAT                                 COMMENT
     .1676D-07   .2235D-07  -.1192D-06  -.1192D-06          ION ALPHA
     .1208D+06   .1310D+06  -.1310D+06  -.1966D+06          ION BETA
     .133179128170D-06  .107469588780D-12   552960       39 DELTA-UTC: A0,A1,T,W
     6                                                      LEAP SECONDS
                                                            END OF HEADER
 6 90  8  2 17 51 44.0 -.839701388031D-03 -.165982783074D-10  .000000000000D+00
     .910000000000D+02  .934062500000D+02  .116040547840D-08  .162092304801D+00
     .484101474285D-05  .626740418375D-02  .652112066746D-05  .515365489006D+04
    .409904000000D+06 -.242143869400D-07  .329237003460D+00 -.596046447754D-07
     .111541663136D+01  .326593750000D+03  .206958726335D+01 -.638312302555D-08
     .307155651409D-09  .000000000000D+00  .551000000000D+03  .000000000000D+00
     .307155651409D-09  .000000000000D+00  .551000000000D+03  .000000000000D+00
     .000000000000D+00  .000000000000D+00  .000000000000D+00  .910000000000D+02
     .406800000000D+06
13 90  8  2 19  0  0.0  .490025617182D-03  .204636307899D-11  .000000000000D+00
     .133000000000D+03 -.963125000000D+02  .146970407622D-08  .292961152146D+01
    -.498816370964D-05  .200239347760D-02  .928156077862D-05  .515328476143D+04
     .414000000000D+06 -.279396772385D-07  .243031939942D+01 -.558793544769D-07
     .110192796930D+01  .271187500000D+03 -.232757915425D+01 -.619632953057D-08
    -.785747015231D-11  .000000000000D+00  .551000000000D+03  .000000000000D+00
     .000000000000D+00  .000000000000D+00  .000000000000D+00  .389000000000D+03
     .410400000000D+06

----|---1|0---|---2|0---|---3|0---|---4|0---|---5|0---|---6|0---|---7|0---|---8|
```

(三)气象数据文件

气象数据文件示例见表 2-11。

表 2-11　气象数据文件示例

```
----|---1|0---|---2|0---|---3|0---|---4|0---|---5|0---|---6|0---|---7|0---|---8|

     2              METEOROLOGICAL DATA                     RINEX VERSION / TYPE
XXRINEXM V9.9       AIUB                3-APR-96 00:10      PGM / RUN BY / DATE
EXAMPLE OF A MET DATA FILE                                  COMMENT
A 9080                                                      MARKER NAME
     3    PR    TD    HR                                    # / TYPES OF OBSERV
PAROSCIENTIFIC      740-16B                       0.2    PR SENSOR MOD/TYPE/ACC
HAENNI                                            0.1    TD SENSOR MOD/TYPE/ACC
ROTRONIC            I-240W                        5.0    HR SENSOR MOD/TYPE/ACC
        0.0           0.0           0.0     1234.5678 PR SENSOR POS XYZ/H
                                                            END OF HEADER
 96  4  1  0  0 15  987.1   10.6   89.5
 96  4  1  0  0 30  987.2   10.9   90.0
 96  4  1  0  0 45  987.1   11.6   89.0
----|---1|0---|---2|0---|---3|0---|---4|0---|---5|0---|---6|0---|---7|0---|---8|
```

任务二　使用 MATLAB 读取 GPS 数据

MATLAB 代表 MATrix+LABoratory,它是由美国新墨西哥大学 Cleve Mloer 博士构思开发的。最初采用 FORTRAN 语言编写,20 世纪 80 年代后出现的 MATLAB 第 2 版,全部采用 C 语言编写。

MATLAB 是一种高性能的技术计算语言。它具有强大的数值计算和工程运算功能、符号计算功能及强大的科学数据可视化能力。目前 MATLAB 可以进行数学计算、算法开发、数据采集;建模、仿真、原型;数据分析、开发和可视化;科学和工程图形应用程序的开发,包括图形用户界面的创建。利用 MATLAB 处理 GNSS 数据简单易行,结果精确,程度可移植性好,可以大大提高计算效率。

一、读取导航数据文件

使用 MATLAB 读取导航数据文件的步骤是先打开数据文件,然后开始读取文件内的数据。一般情况下,当读取指定的字符串(“END　OF　HEADER”)时,开始读取有效数据,即星历数据。读取星历数据可存储在数组中,以便数据计算使用。数据读取完毕后关闭数据文件。

(一)打开导航数据文件

打开所要读取的文件使用的函数是 fopen,例如打开一个存储在“g:/matlab/GH04097I.

11N”路径下的文件。具体代码如下：

```
fid=fopen('g:/matlab/GH04097I.11N');
if fid==-1;
  error('Cannot open this file!')
end
```

(二)获取星历数据开始位置

读取文件,利用 findstr 及判断语句逐行查找字符串“END OF HEADER”获取星历数据开始位置。具体代码如下：

```
while 1
  f = fgetl(fid);
  if findstr(f,'END OF HEADER'),
  break;
  end
end
```

(三)读取星历数据

在 MATLAB 中可以将数据存放到结构体数组内,结构体数组的创建可以采用 struct 函数,具体代码如下：

```
EphPar=struct('satID',NaN,'year',NaN,'month',NaN,'day',NaN,'hour',NaN,
'minute',NaN, 'second',NaN, 'clockbias',NaN, 'clockdrift',NaN,'clockdriftrate' NaN,'
IODE',NaN,'Crs',NaN,'Delta_n',NaN,'M0',NaN,'Cuc',NaN,'e',NaN,'Cus',NaN,'sqrt_A',
NaN,'TOE',NaN,'Cic',NaN,'OMEGA',NaN,'Cis',NaN,'i0',NaN,'Crc',NaN,'omega',NaN,'
IDOT',NaN,'code_12',NaN,'gps_week',NaN,'12_p_data',NaN,'sv_accuracy',NaN,'sv_
health',NaN,'TGD',NaN,'IODC',NaN,'trans_time_message',NaN,'spare1',NaN,'spare2',
NaN,'spare3',NaN)
```

读取星历参数存放在 EphPar 数组内,变量名命名要求简洁,便于理解。具体代码如下：

```
i=1;
while 1
f=fgetl(fid);%读取一行数据
if f==-1, break ,end
EphPar(i).satID=str2num(f(1:2)); %读取卫星号
EphPar(i).year=str2num(f(4:5));%读取年份
EphPar(i).month=str2num(f(7:8));%读取月
EphPar(i).day=str2num(f(10:11));%读取日
EphPar(i).hour=str2num(f(13:14));%读取小时
EphPar(i).minute=str2num(f(16:17));%读取分钟
EphPar(i).second=str2num(f(18:21));%读取秒
EphPar(i).clockbias = str2num(f(23:41)); %卫星时钟偏差
EphPar(i).clockdrift = str2num(f(42:60));%卫星时钟漂移
EphPar(i).clockdriftrate= str2num(f(61:79));%卫星时漂移率
```

```
f=fgetl(fid); %读取一行数据
EphPar(i).IODE   = str2num(f(4:22));
EphPar(i).Crs   = str2num(f(23:41));
EphPar(i).Delta_n = str2num(f(42:60));
EphPar(i).M0 = str2num(f(61:79));
f=fgetl(fid); %读取一行数据
EphPar(i).Cuc = str2num(f(4:22));
EphPar(i).e = str2num(f(23:41));
EphPar(i).Cus = str2num(f(42:60));
EphPar(i).sqrt_A = str2num(f(61:79));
f=fgetl(fid); %读取一行数据
EphPar(i).TOE = str2num(f(4:22));
EphPar(i).Cic= str2num(f(23:41));
EphPar(i).OMEGA = str2num(f(42:60));
EphPar(i).CIS = str2num(f(61:79));
f=fgetl(fid); %读取一行数据
EphPar(i).i0= str2num(f(4:22));
EphPar(i).Crc = str2num(f(23:41));
EphPar(i).omega = str2num(f(42:60));
EphPar(i).OMEGA_DOT= str2num(f(61:79));
f=fgetl(fid); %读取一行数据
EphPar(i).IDOT = str2num(f(4:22));
EphPar(i).code_l2= str2num(f(23:41));
EphPar(i).gps_week = str2num(f(42:60));
EphPar(i).l2_p_data = str2num(f(61:79));
f=fgetl(fid); %读取一行数据
sv_accuracy= str2num(f(4:22));
sv_health = str2num(f(23:41));
TGD= str2num(f(42:60));
IODC = str2num(f(61:79));
f=fgetl(fid); %读取一行数据
EphPar(i).trans_time_message = str2num(f(4:22));%电文传输时间,GPS周积秒
EphPar(i).spare1 = str2num(f(23:41));
EphPar(i).spare2 = str2num(f(42:60));
EphPar(i).spare3 = str2num(f(61:79));
i=i+1;
end
```

（四）关闭文件

关闭文件 fid2=fclose(fid)。

二、读取观测数据文件

使用 MATLAB 读取观测数据文件的步骤与读取导航数据文件基本相同，都是先打开数据文件，然后开始读取文件内的数据。一般情况下，观测数据头文件部分要记录观测点的概略坐标。头文件与数据记录部分同样是以字符串（“END OF HEADER”）为分隔。读取星历数据可存储在数组中。数据读取完毕后关闭数据文件。

（一）打开导航数据文件

打开所要读取的文件使用的函数是 fopen，例如打开一个存储在“g:/matlab/GH04097I.11O”路径下的文件。具体代码如下：

```
fid=fopen('g:/matlab/GH04097I.11O');
if fid==-1;
  error('Cannot open this file!')
end
```

（二）读取数据文件的头部分

```
while 1
f=fgetl(fid);%读取第一行数据
if (findstr(f,' RINEX VERSION /TYPE ')~=0)%查找版本、类型
version=str(f(6:9)); %读取 Rinex 文件版本
type=str(f(41:42);%读取 Rinex 文件类型
end
if (findstr(f,' MARKER NAME ')~=0)%读取点名
pointname=str2num(f(1:4));%获取点名
end
if (findstr(f,' REC # / TYPE / VERS ')~=0)
recive=str(f(1:4));%读取接收机编号
rectype=str(f(21:33));%读取接收机型号
recvers=srt(f(41:44))%读取接收机版本
end
if (findstr(f,' APPROX POSITION XYZ ')~=0)
ax=str2num(f(1:14));%读取接收机所在位置的近似 X 坐标(WGS-84)
ay=str2num(f(17:28));%读取接收机所在位置的近似 Y 坐标(WGS-84)
az=str2num(f(31:42));%读取接收机所在位置的近似 Z 坐标(WGS-84)
end
if (findstr(f,' ANTENNA:ΔH/E/N ')~=0)
dh=str2num(f(9:14)) ;%天线高
E=str2num(f(23:28)) ;%天线中心相对于标记点向东偏 E
N=str2num(f(37:42)) ;%天线中心相对于标记点向北偏 N
end
if (findstr(f,' WAVELENGTH FACT L1/2')~=0)
```

```
factL1=str2num(f(6)) ;%读取 L1 波长因子
factL2=str2num(f(12)) ;%读取 L2 波长因子
end
if (findstr(f,'# / TYPES OF OBSERV ')~=0)
obstypenum=str2num(f(6));读取存储文件中的不同观测类型的数量
for i=1:obstypenum%使编号对应为 0-L1;1-L2;2-C1;3-P1;4-P2;5-D1;6-D2
            i=11+(i-1)*6;
            if (f(i:i+1)=='L1')
                type(i)=0;
            elseif (f(i:i+1)=='L2')
                type(i)=1;
            elseif (f(i:i+1)=='C1')
                type(i)=2;
            elseif (f(i:i+1)=='P1')
                type(i)=3;
            elseif (f(i:i+1)=='P2')
                type(i)=4;
            elseif (f(i:i+1)=='D1')%多普勒频率
                type(i)=5;
            elseif (f(i:i+1)=='D2')
                type(i)=6;
            end
    end
end
if (findstr(f,' * INTERVAL ')~=0)
interval=str2num(f(5:10));%观测间隔
end
if (findstr(f,' TIME OF FIRST OBS ')~=0)
fyear=str2num(f(3:6)); %开始观测时间
fmon=str2num(f(11:12));
fday=str2num(f(17:18));
fhour=str2num(f(23:24));
fmin=str2num(f(29:30));
fsec=str2num(f(34:42));
end
if (findstr(f,' TIME OF LAST OBS ')~=0)
lyear=str2num(f(3:6)); %最后观测时间
lmon=str2num(f(11:12));
lday=str2num(f(17:18));
```

```
lhour=str2num(f(23:24));
lmin=str2num(f(29:30));
lsec=str2num(f(34:42));
end
if (findstr(f,'END OF HEADER ')~=0)
break;
end
```

(三)读取数据记录部分

```
Obsnum=1;%定义观测历元数
while 1
f=fgetl(fid);
if f==-1, break ,end
time1(1)=str2num(f(2:3));%年
time1(2)=str2num(f(5:6)); %月
time1(3)=str2num(f(8:9)); %日
time1(4)=str2num(f(11:12)); %小时
time1(5)=str2num(f(14:15)); %分
time1(6)=str2num(f(17:26)); %秒
Obstyps(obsnum).time=gpstime(time1);
Flag=str2num(f(29));%历元标志
if Flag! =0,break, end
satnum=str2num(f(31:32); %观测卫星数
for i=1: Obstyps (obsnum).satnum
        j=31+i*3;
        Obstyps (Obsnum).satpn(i)=str2num(f(j:j+1));
        for i=1: Obstyps (Obsnum).satnum
            f=fgets(fid);
            f1=fgets(fid);
            if isspace(f(1:14))
              Obstyps(Obsnum).dataL1(i)=0;
            else
              Obstyps(Obsnum).dataL1(i)=str2num(f(1:14));
            end
            if isspace(f(17:30))
              Obstyps(Obsnum).dataL2(i)=0;
            else
              Obstyps(Obsnum).dataL2(i)=str2num(f(17:30));
            end
            if isspace(f(33:46))
```

```
        Obstyps(Obsnum).dataC1(i)=0;
    else
        Obstyps(Obsnum).dataC1(i)=str2num(f(33:46));
    end
    if isspace(f(49:62))
        Obstyps(Obsnum).dataP1(i)=0;
    else
        Obstyps(Obsnum).dataP1(i)=str2num(f(49:62));
    end
    if isspace(f(65:78))
        Obstyps(Obsnum).dataP2(i)=0;
    else
        Obstyps(Obsnum).dataP2(i)=str2num(f(65:78));
    end
    if isspace(f(1:14))
        Obstyps(Obsnum).dataD1(i)=0;
    else
        Obstyps(Obsnum).dataD1(i)=str2num(f1(1:14));
    end
    if isspace(line1(17:30))
        Obstyps(Obsnum).dataD2(i)=0;
    else
        Obstyps(Obsnum).dataD2(i)=str2num(f1(17:30));
    end
end
```

(四)关闭文件

关闭文件 fid2=fclose(fid)。

项目三　卫星定位数学模型及 MATLAB 实现方法

知识目标：

- ➢ 掌握卫星定位系统时间表示方法；
- ➢ 掌握卫星位置计算方法；
- ➢ 掌握卫星星历的参数。

能力目标：

- ➢ 能利用软件计算卫星位置；
- ➢ 能利用软件进行时间转换。

思政目标：

- ➢ 培养学生热爱专业、仔细认真的工作态度。

任务一　GPS 时间和星期推算

一、卫星定位系统的时间表示方法

(1)通用时间表示方法,年、月、日、时、分、秒。

(2)儒略日(JULIAN DAY):是指从-4712 年 1 月 1 日(公元前 4713 年 1 月 1 日)正午开始的天数。由 J. J. Scaliger 在 1583 年提出。它的特点是连续,利于数学表达,但是不直观。

(3)新儒略日(Modified Julian Day,MJD):从儒略日中减去 2 400 000.5 天来得到,给出的是从 1858 年 11 月 17 日子夜开始的天数。特点是数值比儒略日小。

(4)年积日(Day Of Year,DOY):从当年 1 月 1 日开始的天数。

(5)GPS 时(GPS Time):以 1980 年 1 月 6 日子夜为起点,用周数和周内秒数来表示,为 GPS 系统内部计时法。

(6)GPS 周(GPS Week)是 GPS 系统内部所采用的时间系统。时间零点是 1980 年 1 月 5 日夜晚与 1980 年 1 月 6 日凌晨之间 0 点。最大时间单位是周(一周:604 800 s)。每 1 024 周(7 168 天)为一循环周期。第一个 GPS 周循环点为 1999 年 8 月 22 日 0 时 0 分 0 秒。即从这一刻起,周数重新从 0 开始算起。星期记数规则是:Sunday 为 0,Monday 为 1,以此类推,依次记作 0~6,GPS 周记数(GPS Week Number)为“GPS 周 星期记数”。

表示方法:从 1980 年 1 月 6 日 0 时开始起算的周数加上周内时间的秒数(从每周周六/周日之夜开始起算的秒数,例如,1980 年 1 月 6 日 0 时 0 分 0 秒的 GPS 周:第 0 周,第 0 秒。

2004年5月1日10时5分15秒的GPS周:第1 268周,第554 715秒,GPS周记数(GPS Week Number)为第1 268周,第554 715秒。

二、世界时转换成GPS时

MATLAB支持函数定义,所以时间转换可以定义成函数来完成。下面代码定义的时间转换函数名为getgpstime。函数的参数为年、月、日、小时、分、秒。时间函数返回的参数有GPS周,GPS周内日期,GPS秒,年积日,GPS日。具体代码如下所示。

```
function gps=getgpstime(t)
year=t(1);month=t(2);day=t(3);
hour=t(4);minute=t(5);second=t(6)
  year=year+2000;%年只有两位。
  totalday=360;%1981年1月6日以后1981年有360天。
  dimth=[31 28 31 30 31 30 31 31 30 31 30 31];%每一个月有多少天。
  if month==1
    yday=day;
  else
    yday=0;
  for i=1:month-1
    yday=yday+dimth(i);
    if month==2
      if mod(year,4)==0&mod(year,100)~=0|mod(year,400)==0 %判定是否是闰年
        yday=yday+1;
      end
    end
  end
end
yday=yday+day; %年积日
for i=1982:year-1
    totalday=totalday+365;
    if mod(year,4)==0&mod(year,100)~=0|mod(year,400)==0 %判定是否是闰年
        totalday=totalday+1;
    end
end
totalday=totalday+yday;%加上当年的年积日。获取从1981年1月6日以来的GPS天数。
weeknumber=fix(totalday/7);%GPS周
weekrest=totalday-weeknumber*7;%GPS周内日期
```

gpssecond = hour * 3600+minute * 60+second+weekrest * 86400；%GPS 秒

gps = [weeknumber weekrest gpssecond yday totalday]；%本函数返回参数

图 3-1 是在相关网站网页上查询 2012 年 5 月 27 日星期日这一天，年积日是 148，GPS 周是第 1 690 周，GPS 周星期记数是 16 900，也即第 1 690 星期的第 0 天。

图 3-1　GNSS 星期查询图

任务二　测算 GPS 卫星位置

一、卫星坐标计算公式

卫星运行的平均角速度和观测时刻卫星的平均角速度：

$$n_0 = \sqrt{GM/a^3} \tag{3-1}$$

$$n = n_0 + \Delta n \tag{3-2}$$

导航电文提供的轨道参数是相应于参考时刻 t_{oe} 时的数值，为了求得观测时刻 t 的参数，需求出此时刻相对于参考时刻 t_{oe} 的时间差：

$$t_k = t - t_{oe} \tag{3-3}$$

在 GPS 时间系统中，时间是从一周的开始（星期日子夜）连续以秒计算的，所以计算归化时间 t_k 时应顾及一个星期（604 800 s）的开始或结束，亦即当 t_k>302 400 s 时，t_k 应减去

604 800 s;当 t_k<-302 400 s 时,t_k 应加上 604 800 s。

计算观测瞬间的卫星平近点角 M_k。因为导航电文中已经给出参考时刻 t_{oe} 的平近点角 M_0,所以

$$M_k = M_0 + nt_k \tag{3-4}$$

根据导航电文中给出的偏心率 e 和上面计算的平近点角 M_k,计算偏近点角 E_k。

$$E_k = M_k + e\sin E_k \tag{3-5}$$

上述开普勒方程仍按前述的迭代法计算,即先令 $E_k = M_k$,代入式(3-5)。通常只需两次迭代计算即可求得偏近点角 E_k。然后计算出真近点角 V_k:

$$V_k = \arctan\frac{\sqrt{1-e^2}\sin E_k}{\cos E_k - e} \tag{3-6}$$

根据计算出的真近点角 V_k 和导航电文提供的近地点角距 ω,按下式计算升交距角 u_0:

$$u_0 = V_k + \omega \tag{3-7}$$

在卫星导航电文中,给出了 6 个卫星轨道摄动的修正参数。根据这些参数,计算出轨道参数 δ 的修正量:

$$\left.\begin{aligned} &\text{升交距角修正量} \quad && \delta_u = C_{us}\sin 2u_0 + C_{uc}\cos 2u_0 \\ &\text{地心距离修正量} \quad && \delta_r = C_{rs}\sin 2u_0 + C_{rc}\cos 2u_0 \\ &\text{轨道倾角修正量} \quad && \delta_i = C_{is}\sin 2u_0 + C_{ic}\cos 2u_0 \end{aligned}\right\} \tag{3-8}$$

经过摄动改正的升交距角 u_k、卫星的地心距离 r_k、轨道倾角 i_k 则为

$$\left.\begin{aligned} u_k &= u_0 + \delta_u \\ r_k &= a(1 - e\cos E_k) + \delta_r \\ i_k &= i_0 + \delta_i + \dot{i}t_k \end{aligned}\right\} \tag{3-9}$$

计算卫星的轨道平面直角坐标:

$$\left.\begin{aligned} x_k &= r_k\cos u_k \\ y_k &= r_k\sin u_k \end{aligned}\right\} \tag{3-10}$$

为了计算卫星在地心空间直角坐标系中的位置,必须知道卫星升交点在观测时刻 t 的精度 Ω_k。假若观测时刻 t 的升交点赤经为 Ω(升交点与春分点所对应的地心夹角),观测时刻 t 时的春分点格林尼治恒星时为 GAST,此时的升交点经度应为

$$\Omega_k = \Omega - \text{GAST} \tag{3-11}$$

如果参考时刻 t_{oe} 的升交点赤经为 Ω_{oe},其变率为 $\dot{\Omega}$,则观测时刻 ρ 时的升交点赤经为

$$\Omega = \Omega_{oe} + \dot{\Omega}(t - t_0) \tag{3-12}$$

GAST 将随地球自转而不断增加,其增值速率即为地球自转的速率 ω_e。设一个星期开始(星期日子夜)时刻的格林尼治恒星时为 GAST(t_0),则

$$\text{GAST} = \text{GAST}(t_0) + \omega_e t \tag{3-13}$$

式中 ω_e 取 7. 292 115 67×10^{-5} rad/s。

导航电文提供的不是 t_{oe} 时的升交点赤经 Ω_{oe},而是始于格林尼治起始子午线到升交点的准经度 Ω_0,它们之间的关系是

$$\Omega_{oe} = \text{GAST}(t_0) + \Omega_0 \tag{3-14}$$

升交点的经度为

$$\Omega_k = \Omega_0 + (\dot{\Omega} - \omega_e)(t - t_0) - \omega_e t \tag{3-15}$$

由式(3-9)可求出卫星在其轨道平面直角坐标系中的坐标,在该坐标系统中卫星的空间位置可表示为

$$\left.\begin{aligned} x_k &= r_k \cos u_k \\ y_k &= r_k \sin u_k \\ z_k &= 0 \end{aligned}\right\} \tag{3-16}$$

此时 z 轴过地心指向轨道平面的垂直方向。

这样,轨道直角坐标系(x,y,z)与地心直角坐标系(X,Y,Z)具有相同的原点 ,其差别仅是坐标轴的定向不同。为了使两坐标系取得一致,可将坐标系(x,y,z)做如下旋转:①绕 x 轴方向顺转角度 i_k,使轨道平面与赤道平面重合,z 轴与 Z 轴相重合;②绕 z 轴顺转角度 Ω_k,使 x、y 轴与 X、Y 轴同时重合。

这一过程用旋转矩阵表示如下:

$$\begin{bmatrix} X_k \\ Y_k \\ Z_k \end{bmatrix} = R_3(-\Omega_k)R_1(-i_k)\begin{bmatrix} x_k \\ y_k \\ z_k \end{bmatrix} = \begin{bmatrix} \cos\Omega_k & -\sin\Omega_k\cos i_k & \sin\Omega_k\sin i_k \\ \sin\Omega_k & \cos\Omega_k\cos i_k & -\cos\Omega_k\sin i_k \\ 0 & \sin i_k & \cos i_k \end{bmatrix}\begin{bmatrix} x_k \\ y_k \\ z_k \end{bmatrix}$$

$$= \begin{bmatrix} \cos\Omega_k x_k - \sin\Omega_k \cos i_k y_k \\ \sin\Omega_k x_k + \cos\Omega_k \cos i_k y_k \\ \sin i_k y_k \end{bmatrix} \tag{3-17}$$

二、使用 MATLAB 软件实现卫星位置计算

```
a=26562000;%卫星到质心的距离
GM=3.986005*10^14;%地球引力常数
T=2*pi*a^(3/2)/GM^0.5; %卫星运行周期
h=fix(T/3600); %小时
m=fix((T/3600-h)*60);%分
s=((T/3600-h)*60-m)*6;%秒
Y=h+m/100+s/1000;
n0=2*pi/T
n=n0+dn
if tk>302400
tk=tk-604800;
   end
   if tk<-302400
         tk=tk+604800;
   end
Mk=M0+n*tk
Ek=Mk;
```

```
for i= 1:2
        Ek=Mk+e * sin(Ek);
end
Vk=atan(((1-e * e)^0.5) * sin(Ek)/(cos(Ek)-e))%真近点角
  u0=Vk+omig; %升交距角
detu=Cus * sin(2 * u0)+Cuc * cos(2 * u0)%升交距角修正量
detr=Crs * sin(2 * u0)+Crc * cos(2 * u0)%地心距离修正量
deti=Cis * sin(2 * u0)+Cic * cos(2 * u0) %轨道倾角修正量
uk=u0+detu
rk=a * (1-e * cos(Ek))+detr
ik=i0+deti+I * tk
xk=rk * cos(uk)
yk=rk * sin(uk)
zk=0;
GAST=GAST+omige * t;
Omigoe=GAST+omigo
t=0;
Omigk=Omig0+(Omig-Omige) * tk-Omige * toe
R=[cos(Omigk) -sin(Omigk) * cos(ik) sin(Omigk) * sin(ik); sin(Omigk)
cos(Omigk) * cos(ik)-cos(Omigk) * sin(ik); 0 sin(ik) cos(ik)];
x=[xk ;yk; zk];
X=R * x
```

利用表 3-1 列出的 4 颗卫星的星历,计算由星历计算观测时刻 $t=129\ 600$ s 卫星的坐标,结果如表 3-2 所示。

表 3-1　GPS 卫星广播星历及伪距观测值

参数	PRN06	PRN10	PRN16	PRN21
t_{oe}	$1.295\ 840\times10^{5}$	$1.296\ 0\times10^{5}$	$1.296\ 0\times10^{5}$	$1.295\ 840\times10^{5}$
$\sqrt{a}/m^{1/2}$	$5.153\ 618\times10^{3}$	$5.153\ 730\times10^{3}$	$5.153\ 541\times10^{3}$	$5.153\ 681\times10^{3}$
e	$5.747\ 278\times10^{-3}$	$7.258\ 582\times10^{-3}$	$3.506\ 405\times10^{-3}$	$1.179\ 106\times10^{-3}$
M_0/rad	$-2.941\ 505\times10^{0}$	$4.044\ 839\times10^{-1}$	$1.808\ 249\times10^{0}$	$3.122\ 437\times10^{0}$
ω/rad	$-1.770\ 83\times10^{0}$	$4.344\ 642\times10^{-1}$	$-7.600\ 810\times10^{-1}$	$-2.904\ 128\times10^{0}$
i_0/rad	$9.332\ 837\times10^{-1}$	$9.713\ 110\times10^{-1}$	$9.624\ 682\times10^{-1}$	$9.416\ 507\times10^{-1}$
l_0/rad	$2.123\ 898\times10^{0}$	$-2.006\ 987\times10^{0}$	$1.122\ 991\times10^{0}$	$-3.042\ 819\times10^{0}$
Δn/(rad/s)	$5.243\ 075\times10^{-9}$	$4.442\ 685\times10^{-9}$	$4.937\ 348\times10^{-9}$	$4.445\ 542\times10^{-9}$
$\dot{i}$/rad	$-6.853\ 856\times10^{-10}$	$2.521\ 533\times10^{-10}$	$2.367\ 955\times10^{-10}$	$-4.035\ 882\times10^{-11}$

续表 3-1

参数	PRN06	PRN10	PRN16	PRN21
Ω_0/rad	$-8.116\ 052\times10^{-9}$	$-8.495\ 353\times10^{-9}$	$8.054\ 621\times10^{-9}$	$-7.757\ 823\times10^{-9}$
C_{uc}/rad	$-1.184\ 642\times10^{-6}$	$4.714\ 354\ 0\times10^{-6}$	$9.499\ 490\ 0\times10^{-7}$	$6.897\ 374\times10^{-6}$
C_{us}/rad	$7.672\ 235\times10^{-6}$	$-1.825\ 392\times10^{-7}$	$5.437\ 061\times10^{-6}$	$1.069\ 344\times10^{-5}$
C_{rc}/m	$2.146\ 562\times10^{2}$	$3.868\ 750\times10^{2}$	$2.709\ 062\times10^{2}$	$1.630\ 625\times10^{2}$
C_{rs}/m	$-2.140\ 625\times10^{1}$	$8.978\ 125\times10^{1}$	$1.515\ 625\times10^{1}$	$1.329\ 375\times10^{2}$
C_{ic}/rad	$2.980\ 232\times10^{-8}$	$3.725\ 290\times10^{-9}$	$6.332\ 993\times10^{-8}$	$-1.080\ 334\times10^{-7}$
C_{is}/rad	$-1.117\ 587\times10^{-8}$	$8.940\ 696\times10^{-8}$	$-2.421\ 438\times10^{-8}$	$-8.009\ 374\times10^{-8}$
R	20 509 078.908	23 568 574.070	23 733 776.587	22 106 790.995

表 3-2　卫星在 WGS-84 下的坐标

坐标	PRN06	PRN10	PRN16	PRN21
X/m	13 736 749.019 741 0	-2 156 464.014 125 8	5 780 040.699 204 6	25 628 198.247 448 7
Y/m	8 001 485.736 346 1	20 642 907.597 937 9	-17 694 953.976 795 6	5 308 035.315 301 0
Z/m	21 462 886.878 401 6	16 289 053.550 591 1	18 974 539.869 286 9	4 706 566.250 645 7

任务三　单点定位

根据 GNSS 定位原理,要想获取接收机位置坐标,未知数有 X、Y、Z,但是由于 GNSS 接收机上都安装原子钟是不现实的,解决这一问题的办法,就是把接收机的钟差 v_{t_b} 也当作一个未知数来处理,为此就要求至少要同时测定 4 颗卫星的伪距,以便同时解出 4 个未知数:X,Y,Z,v_{t_b}。伪距定位法的数学模型为

$$\begin{aligned}&[(x_i-X)^2+(y_i-Y)^2+(z_i-Z)^2]^{\frac{1}{2}}-cv_{t_b}\\&=\tilde{\rho}_i+(\delta\rho_i)_{\mathrm{ion}}+(\delta\rho_i)_{\mathrm{trop}}-v_{t_{a_i}}\qquad(i=1,2,3,4\cdots)\end{aligned}\tag{3-18}$$

式中各符号的脚注 i 表示观测的 4 颗(或以上)卫星的序号;第 i 颗卫星发射信号瞬间的钟差 $v_{t_{a_i}}$ 可以根据卫星导航电文中的时钟改正参数计算出来。

当方程式(3-18)的个数大于 4 时,可用最小二乘法求解测站坐标和接收机时钟改正数的最或是值。

为了方便起见,我们先讨论只观测 4 颗卫星情况下的伪距定位计算。

在式(3-18)中,若令

$$\rho_i'=\tilde{\rho}_i+(\delta\rho_i)_{\mathrm{ion}}+(\delta\rho_i)_{\mathrm{trop}}-cv_{t_{a_i}}\tag{3-19}$$

再令 $cv_{t_b}=B$,有

$$\rho_i'=[(x_i-X)^2+(y_i-Y)^2+(z_i-Z)^2]^{\frac{1}{2}}-B\tag{3-20}$$

假设测站的初始坐标向量及其改正数向量分别为

$$\begin{aligned} X_0 &= (X_0 \quad Y_0 \quad Z_0 \quad B_0)^{\mathrm{T}} \\ \mathrm{d}X &= (\mathrm{d}X \quad \mathrm{d}Y \quad \mathrm{d}Z \quad \mathrm{d}B)^{\mathrm{T}} \end{aligned} \tag{3-21}$$

同时考虑到测站至卫星 i 的方向余弦

$$\left.\begin{aligned} \left(\frac{\partial \rho_i'}{\partial X}\right)_0 &= -\frac{1}{\rho_{i0}}(x_i - X_0) = -l_i \\ \left(\frac{\partial \rho_i'}{\partial Y}\right)_0 &= -\frac{1}{\rho_{i0}}(y_i - Y_0) = -m_i \\ \left(\frac{\partial \rho_i'}{\partial Z}\right)_0 &= -\frac{1}{\rho_{i0}}(z_i - Z_0) = -n_i \\ \left(\frac{\partial \rho_i'}{\partial B}\right)_0 &= -1 \end{aligned}\right\} \tag{3-22}$$

式中　$\rho_{i0} = [(x_i - X_0)^2 + (y_i - Y_0)^2 + (z_i - Z_0)^2]^{\frac{1}{2}}$。

于是式(3-22)的线性化形式可以写为

$$\begin{bmatrix} \rho_1' \\ \rho_2' \\ \rho_3' \\ \rho_4' \end{bmatrix} = \begin{bmatrix} \rho_{10}' \\ \rho_{20}' \\ \rho_{30}' \\ \rho_{40}' \end{bmatrix} - \begin{bmatrix} l_1 & m_1 & n_1 & 1 \\ l_2 & m_2 & n_2 & 1 \\ l_3 & m_3 & n_3 & 1 \\ l_4 & m_4 & n_4 & 1 \end{bmatrix} \begin{bmatrix} \mathrm{d}X \\ \mathrm{d}Y \\ \mathrm{d}Z \\ \mathrm{d}B \end{bmatrix} \tag{3-23}$$

或者写为:

$$A\mathrm{d}X + L = 0 \tag{3-24}$$

式中　$A = \begin{bmatrix} l_1 & m_1 & n_1 & 1 \\ l_2 & m_2 & n_2 & 1 \\ l_3 & m_3 & n_3 & 1 \\ l_4 & m_4 & n_4 & 1 \end{bmatrix}$;

$L = (L_1 \quad L_2 \quad L_3 \quad L_4)^{\mathrm{T}}$;

$L_i = \rho_i' - \rho_{i0}'$。

则可得坐标改正数的向量解

$$\mathrm{d}X = -A^{-1}L \tag{3-25}$$

上述公式仅针对观察 4 颗卫星情况下的求解。此时没有多余观测量,未知数的解算是唯一的。当同步观测的卫星数多于 4 个,例如 n 个时,则需要通过最小二乘法求解。此时可将式写成误差方程式的形式

$$V_u = A_u \mathrm{d}X + L_u \tag{3-26}$$

式中　$V_u = (v_1 \quad v_2 \quad \cdots \quad v_n)^{\mathrm{T}}$;

$A_u = \begin{bmatrix} l_1 & m_1 & n_1 & 1 \\ l_2 & m_2 & n_2 & 1 \\ \vdots & \vdots & \vdots & \vdots \\ l_n & m_n & n_n & 1 \end{bmatrix}$;

$L_u = (L_1 \quad L_2 \quad \cdots \quad L_n)^{\mathrm{T}}$。

根据最小二乘原理求解得

$$dX = -(A_u^{\mathrm{T}}A_u)^{-1}(A_u^{\mathrm{T}}L_u) \tag{3-27}$$

测站未知数中误差

$$m_x = \sigma_0\sqrt{q_{ii}} \tag{3-28}$$

式中　σ_0——伪距测量中误差；

q_{ii}——权系数阵 Q_x 中的主对角线元素，按下式计算

$$Q_x = (A_u^{\mathrm{T}}A_u)^{-1} \tag{3-29}$$

式(3-28)适合于计算机进行迭代计算。即给出测站坐标初始值，进行第一次迭代计算，利用所求改正数修正坐标初始值，继续进行迭代计算。因迭代过程收敛较快，一般迭代 2~3 次便可获得满意结果。

下面介绍使用 MATLAB 进行单点定位的函数。函数名定义为 sinpos，输入参数有两个：一个是卫星坐标，这里以 4 颗卫星为例；另外一个参数是卫星至接收机的伪距值。函数返回 3 个参数值，第一个是解的数量；第二个是接收机位置坐标，单位为米；第三个参数是用户接收机钟差改正数。

```
function [snum,rec,recbias] = sinpos(sv,rou)
[nrow,ncol] = size(sv);
if (nrow ~= 4) | (ncol ~= 3)
   error('Error ');
end
[nrow,ncol] = size(rou);
if (nrow ~= 4) | (ncol ~= 1)
   error('Error 2 ');
end
for k = 1:4
   tempa = sv(k,1:3);
   alpha(k) = 0.5 * ( tempa * tempa' - rou(k) * rou(k) );
end
b = [ones(4,1) alpha'];
a = [sv rou];
x = a\b;
snum = 0;
c0 = x(1:3,1)' * x(1:3,1) - x(4,1) * x(4,1);
c1 = x(1:3,1)' * x(1:3,2) - x(4,1) * x(4,2) - 1. ;
c2 = x(1:3,2)' * x(1:3,2) - x(4,2) * x(4,2);
tem p= c1 * c1 - c0 * c2;
if tem p< 0.
   return
end
```

```
temp= sqrt(temp);
lambda1 = (- c1 + temp) / c0;
rec1 = lambda1 * x(1:3,1) + x(1:3,2);
recbias1 = - lambda1 * x(4,1) - x(4,2);
temp1 = rec1 - sv(1,1:3)';
distance1 = sqrt(temp1' * temp1) - rou(1);
if abs(distance1) < 100.
  snum = snum + 1;
  rec = rec1;
  recbias = recbias1;
end

lambda2 = (- c1 - temp) / c0;
rec2 = lambda2 * x(1:3,1) + x(1:3,2);
recbias2 = - lambda2 * x(4,1) - x(4,2);
temp2 = rec2 - sv(1,1:3)';
distance2 = sqrt(temp2' * temp2) - rou(1);
if abs(distance2) < 100.
  snum = snum + 1;
  if snum == 1
    rec = rec2;
    recbias = recbias2;
  else if snum == 2
    rec = [rec1 rec2];
    recbias = [recbias1 recbias2];
  end
end
if snum == 0
  rec = zeros(3,1);
  recbias = 0. ;
end
```

任务四　几何图形强度

GPS 定位的精度除了取决于等效距离误差 σ_0,还取决于空间后方交会的几何图形强度。

在系数阵 Q_x 中,若顾及各权系数元素,该式又可写为

$$Q_x = \begin{bmatrix} q_{11} & q_{12} & q_{13} & q_{14} \\ q_{21} & q_{22} & q_{23} & q_{24} \\ q_{31} & q_{32} & q_{33} & q_{34} \\ q_{41} & q_{42} & q_{43} & q_{44} \end{bmatrix} \tag{3-30}$$

显然,GPS 星座与测站所构成的几何图形不同,权系数的数值亦不同,此时即使相同精度的观测值所求得的点位精度也不会相同。为此需要研究卫星星座几何图形与定位精度的关系。通常用图形强度因子 DOP(Dilution Of Precision)来表示几何图形强度,其定义是

$$m_x = \text{DOP} \cdot \sigma_0 \tag{3-31}$$

式中　σ_0——等效距离的标准差;

m_x——某定位元素的标准差;

DOP——权系数阵中主对角线元素的函数。

图形强度因子是一个直接影响定位精度,但又独立于观测值和其他误差之外的一个量。其值恒大于 1,最大值可达 10,其大小随时间和测站位置而变化。在 GPS 测量中,希望 DOP 值越小越好。

在实际工作中,常根据不同的要求采用不同的评价模型和相应的图形强度因子。

(1)平面位置图形强度因子 HDOP(Horizontal DOP)及其相应的平面位置精度:

$$\left.\begin{aligned} \text{HDOP} &= \sqrt{q_{11} + q_{22}} \\ m_H &= \text{HDOP} \cdot \sigma_0 \end{aligned}\right\} \tag{3-32}$$

(2)高程图形强度因子 VDOP(Vertical DOP)及其相应的高程精度:

$$\left.\begin{aligned} \text{VDOP} &= \sqrt{q_{33}} \\ m_V &= \text{VDOP} \cdot \sigma_0 \end{aligned}\right\} \tag{3-33}$$

(3)空间位置的图形强度因子 PDOP(Position DOP)及其相应的三维定位精度:

$$\left.\begin{aligned} \text{PDOP} &= \sqrt{q_{11} + q_{22} + q_{33}} \\ m_P &= \text{PDOP} \cdot \sigma_0 \end{aligned}\right\} \tag{3-34}$$

(4)接收机钟差图形强度因子 TDOP(Time DOP)及其钟差精度:

$$\left.\begin{aligned} \text{TDOP} &= \sqrt{q_{44}} \\ m_T &= \text{TDOP} \cdot \sigma_0 \end{aligned}\right\} \tag{3-35}$$

(5)几何图形强度因子 GDOP(Geometric DOP)及其三维坐标和时间误差的综合影响:

$$\left.\begin{aligned} \text{GDOP} &= \sqrt{q_{11} + q_{22} + q_{33} + q_{44}} \\ m_G &= \text{GDOP} \cdot \sigma_0 \end{aligned}\right\} \tag{3-36}$$

分析表明,如果由测站与 4 颗卫星构成一个六面体时,图形强度因子 GDOP 与该六面体体积成反比。如图 3-2 所示,意味着所测卫星在空间分布越大,六面体的体积越大,GDOP 值越小,图形越坚强,定位精度越高。

使用 MATLAB 计算图形强度因子代码。

```
function gdops = dop(g)
[nrow,ncol] = size(g);
```

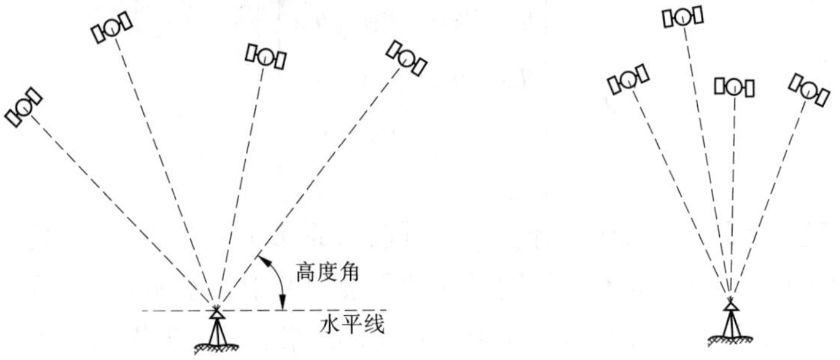

(a)GDOP较小，图形强度好　　　　(b)GDOP较大，图形强度差

图 3-2　卫星的分布与 GDOP

```
unitvec = ones(nrow,1);
h = [g unitvec];                          % form the matrix H
hinv = inv(h);
gdop= hinv * hinv';
gdops(1) = sqrt(gdop(1,1) + gdop(2,2) + gdop(3,3) + gdop(4,4));   % GDOP
mg=gdops(1) * zwc; %zwc 是伪距测量中误差,mg 为几何图形强度精度
gdops(2) = sqrt(gdop(1,1) + gdop(2,2) + gdop(3,3));              % PDOP
mp=gdops(2) * zwc; %三维定位精度
gdops(3) = sqrt(gdop(1,1) + gdop(2,2));                          % HDOP
mh=gdops(3) * zwc; %平面位置精度
gdops(4) = sqrt(gdop(3,3));                                      % VDOP
mv=gdops(4) * zwc; %高程精度
gdops(5) = sqrt(gdop(4,4));                                      % TDOP
mt=gdops(5) * zwc; %钟差精度
```

任务五　坐标系统转换

GPS 定位系统采用的是 WGS-84 大地坐标系,属于协议地心坐标系,而实用的测量成果是属于某一国家坐标系或地方坐标系,为参心坐标系。由于两者的原点位置与坐标轴的指向不同,存在着平移和旋转的关系,因此必须解决 GPS 定位成果的坐标转换问题。

一、空间直角坐标与大地坐标的转换

地球上某一点的三维空间位置可用空间直角坐标(x,y,z)表示,也可用大地坐标(B,L,H)表示。在同一坐标系中,两者之间的转换公式如下:

(1)由大地坐标(B,L,H)转变为空间直角坐标(x,y,z)

$$\left.\begin{aligned} x &= (N+H)\cos B\cos L \\ y &= (N+H)\cos B\sin L \\ z &= [N(1-e^2)+H]\sin B \end{aligned}\right\} \tag{3-37}$$

式中　N——该点的卯酉圈曲率半径，其大小为：

$$N = \frac{a}{\sqrt{1 - e^2 \sin^2 B}} \tag{3-38}$$

式中　a——椭球长半轴；

e——第一偏心率，$e = \sqrt{\frac{a^2 - b^2}{a^2}}$，$b$ 为椭球短半轴。

(2)由空间直角坐标(x, y, z)转换为大地坐标(B, L, H)。

$$\left.\begin{aligned} B &= \arctan\left[\frac{1}{\sqrt{x^2 + y^2}}\left(Z + \frac{ce^2 \tan B}{\sqrt{1 + e'^2 + \tan B}}\right)\right] \\ L &= \arctan(y/x) \\ H &= \frac{\sqrt{x^2 + y^2}}{\cos B} - N \end{aligned}\right\} \tag{3-39}$$

式中　$c = a^2/b$；

$e'^2 = \frac{e^2}{1 - e^2}$。

显然，求 B 时应用迭代法较好，为减少迭代次数，按下述方法求得 B 的初值 B_0，则只需迭代两次即可满足精度要求。

$$\left.\begin{aligned} B_0 &= \varphi + \Delta B \\ \varphi &= \arcsin(z/R) \\ R &= \sqrt{x^2 + y^2 + z^2} \\ \Delta B &= A\sin 2\varphi(1 + 2A\cos 2\varphi) \\ A &= ae^2/(2R\sqrt{1 - e^2 \sin^2 \varphi}) \end{aligned}\right\} \tag{3-40}$$

二、坐标转换代码

这里仅介绍度分秒与弧度的相互转换。

(一)度分秒转换为弧度值

```
function rad = dmstorad(deg,min,sec)
pi180 = pi / 180. ;%matlab 软件对 π 进行定义使用 pi 表示
temp = abs(deg);
rad = pi180 * (temp + min / 60. + sec / 3600. );
if deg < 0.
    rad = - rad;
end
```

(二)弧度转换为度分秒

```
function  [deg,min,sec] = radtodms(rad)
temp = 180. * abs(rad) / pi;
```

```
deg = fix(temp);
temp = 60. * (temp - deg);
min = fix(temp);
sec = 60. * (temp - min);
if rad < 0.
   deg = - deg;
end
```

(三)大地坐标转换为直角坐标

```
function   x=zj2dd(dadi) %大地坐标转换成直角坐标
a=6378137;%定义椭球参数
b=6356752.3141;
fai=dadi(1);
fai=fai*pi/180;
lamda=dadi(2);
lamda=lamda*pi/180;
h=dadi(3);
N=a^2/sqrt(a^2*cos(fai)*cos(fai)+b*b*sin(fai)*sin(fai));
X=(N+h)*cos(fai)*cos(lamda);
Y=(N+h)*cos(fai)*sin(lamda);
Z=(b*b*N/a/a+h)*sin(fai);
x=[X Y Z];
```

(四)直角坐标转为大地坐标

直角坐标转换为大地坐标可以有两种方法:一种是近似方法;另外一是种迭代方法。首先介绍近似方法。

```
function   XyztoLBHj(X)
a=6378137;
b=6356752.3141;
X(1)=4210520.621;
X(2)=1128205.6;
X(3)=4643227.496;
p=(X(1)^2+X(2)^2)^0.5
theta=atan(X(3)*a/(p*b));
e2=(a^2-b^2)/a^2
ep2=(a^2-b^2)/b^2 ;
fai=atan((X(3)+ep2*b*sin(theta)^3)/(p-ep2^2*a*cos(theta)^3));
lamda=atan(X(2)/X(1));
N=a/sqrt(1-e2*sin(fai)*sin(fai))
```

```
fai=fai * 180/pi;
fai=fix(fai)+1;
h=p/cos(fai * pi/180)-N;
dadi(1)=fai;
dadi(2)=lamda * 180/pi;
dadi(3)=h
```

下面的程序是使用迭代方法转换直角坐标到大地坐标。

```
Function  XyztoLBHd (X,Y,Z)
p=(X^2+Y^2)^0.5;
e2=(a * a-b * b)/a * a;
fai0=atan(Z/(p * (1-e2)));
N0=a * a/(a * a * cos(fai0)^0.5+b * b * sin(fai0)^0.5)^0.5;
h=p/cos(fai0)-N0;
fai=atan(Z/(p * (1-e2 * N0/(N0+h))));
while ( abs(fai-fai0)>0.000000001)
  fai0=fai;
N0=a * a/(a * a * cos(fai0)^0.5+b * b * sin(fai0)^0.5)^0.5;
h=p/cos(fai0)-N0;
fai=atan(Z/(p * (1-e2 * N0/(N0+h))));
end
lamda=atan(Y/X);
dadi(1)=fai;
dadi(2)=lamda;
dadi(3)=h;
```

项目四　华测 GNSS 处理软件
CHC Geomatics Office 2

知识目标：

- 掌握 CGO 软件使用方法；
- 掌握基线定义；
- 掌握平差处理方法。

能力目标：

- 能利用软件进行基线解算；
- 能利用软件进行平差计算。

思政目标：

- 培养学生热爱专业、仔细认真的工作态度。

CGO(CHC Geomatics Office)软件是华测公司完全自主研发的第二代全功能后处理软件。其具有以下主要功能：

(1)道路数据编辑-新增锥坡数据编辑、边坡模板复制功能。

(2)道路编辑-图形检核加入边坡的特征点设计数据显示。

(3)道路-数字施工-可以方便获取支线在主线上的交汇里程。

(4)综合性的数据处理软件涉及的行业、产品多。

(5)支持伽利略解算、满足更大范围用户需要。

(6)支持动静态转换。CGO 软件功能见图 4-1。静态数据处理流程见图 4-2。

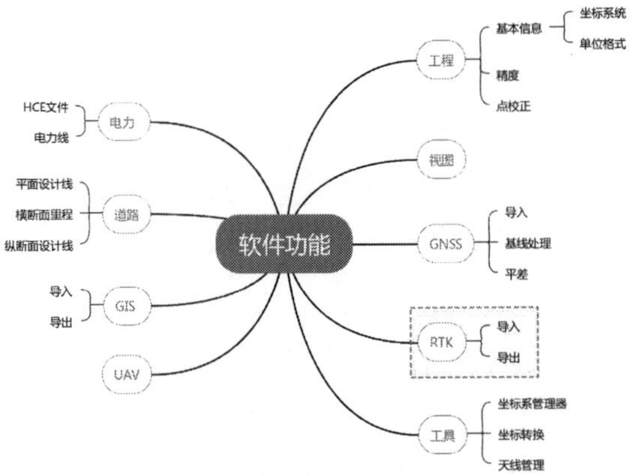

图 4-1　CGO 软件功能图

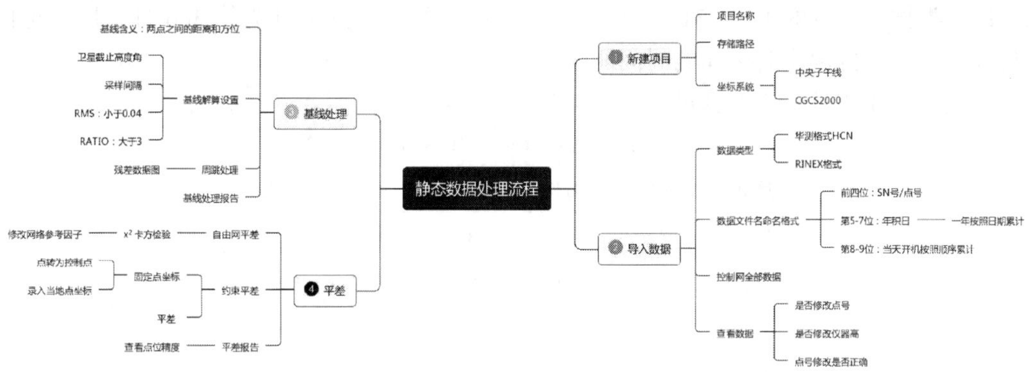

图 4-2　静态数据处理流程

任务一　静态数据介绍

静态测量是利用测量型 GNSS 接收机进行定位测量的一种。主要用于建立各种的控制网。进行静态测量时,认为 GNSS 接收机的天线在整个观测过程中的位置是静止的,在数据处理时,将接收机天线的位置作为一个不随时间改变而改变的量,通过接收到的卫星数据的变化来求待定点的坐标。在测量中,GNSS 静态测量的具体观测模式是多台接收机在不同的测站上进行静止同步观测,时间由几十分钟到几十小时不等。

一、静态数据文件

外业观测过程中需要记录测站观测信息,记录表如表 4-1 所示。在静态模式下接收机自动存储数据文件。

表 4-1　测站观测数据记录表

测段	仪器型号	点号	开机时间	关机时间	仪器高/m
0	1005889	H033	9:45	10:45	1.610
1	1005889	H052	11:00	12:00	1.630

GNSS 接收机仪器内部存储数据文件规则:

(1)接收机在静态模式下开机、关机一次自动记录一个文件。

(2)文件扩展名:华测格式为“.HCN”;RINEX 数据文件为“.21O”。

(3)文件名分为三部分,第一部分为仪器型号、第二部分为年积日、第三部分为序号。

(4)例如“1005889318B.HCN”

文件中:1005889 为仪器型号;

318 为年积日;

B 为当日开机的序号。

CGO 静态测量文件

注:年积日是仅在一年中使用的连续计算日期的方法,是从当年 1 月 1 日起开始计算的天数。例如,每年的 1 月 1 日为第 001,2 月 1 日为第

032,以此类推。平年的 12 月 31 日为第 365 日,闰年的 12 月 31 日为第 366 日。用它可以简便地求出一年内两个时刻间的时间间隔。

案例中的年积日 318 推算过程如图 4-3 所示。

观测时间为 2021 年 11 月 14 日

月份	天数	月份	天数	月份	天数
1 月	31	5 月	31	9 月	30
2 月	28	6 月	30	10 月	31
3 月	31	7 月	31	11 月	14
4 月	30	8 月	31		
	120		123		75
总计	318				

图 4-3　年积日 318 推算过程

二、数据文件下载后修改文件名

(1)安装 CGO 软件。

(2)双击数据文件,弹出【HCN Data Manager】对话框,根据测站记录观测数据,修改点名和天线高(见图 4-4)。观测文件内容见图 4-5。

图 4-4　修改点名和天线高

三、数据导入流程

数据导入流程见图 4-6。

数据导入具体配置如下所述。

(一)时间系统

时间系统包含四大时间体系:GPSW、GPST、UTC、当地时间。

如果选择当地时间,用户可以在时区设置中选择“选择时区:8 小时”。

观测文件内容	
HUACENAV COLLECTED DATA FILE	文件头
ver 60.00	版本
ReceiverID:1005889	接收机 ID
Date:2021/11/14	观测时间
Model:CHC I80	接收机类型
AntHigh:2.000	天线高
AntType:CHCI80	天线类型
MeasuredTo:2	观测到
X:-2158134.9271	点概略坐标
Y:4776339.9444	
Z:3622416.4514	
MARKER NAME:1005889	点名
MARKER NUMBER:1005889	点符号
REC #:1005889	接收机
REC TYPE:CHC I80	接收机类型
REC VERS:1.3.46	接收机版本
ANT #:1005889	天线型号
ANT TYPE:CHCI80	天线类型
INTERVAL:1.000000	采样间隔
TIME OF FIRST OBS:2021/11/14/1/10/26.0000	开始观测时间
LEAP SECONDS:0	

图 4-5　观测文件内容

(二)高级

高级选项,主要包括基线生成规则、同名测站处理规则和同步/异步环搜索规则。

1. 基线生成规则

“静态基线最小观测时长”:静态处理中要求的最小同步时间;

“动态基线最小观测时长”:动态处理(PPK)中要求的最小同步时间;

“基线最大长度”:基线长度若超过该值,则不组成基线。

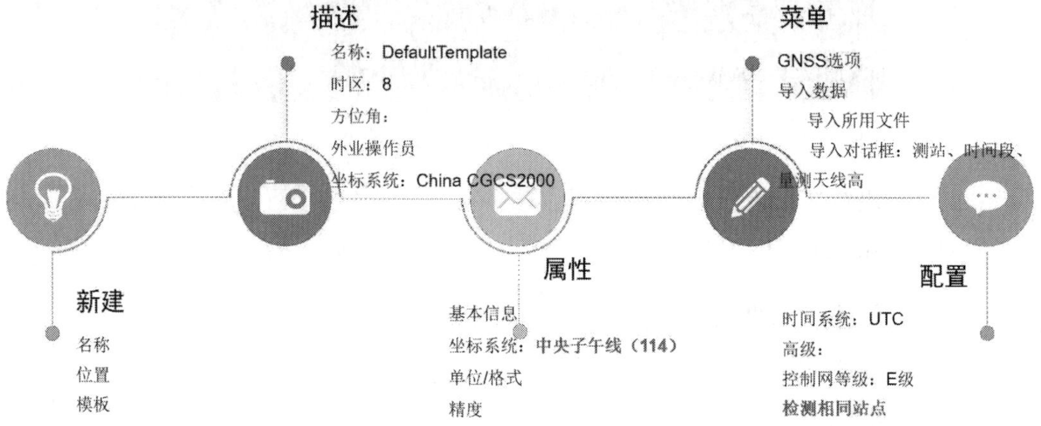

图 4-6　数据导入流程

2. 同名测站处理规则

“点位距离阈值”:两个同名点,若之间距离超过该阈值,则会提醒操作员,是否需要合并同名点。

3. 同步/异步环搜索规则

“最小同步时长”:组成闭合时同步观测时间。

CGO 静态数据导入

(三)控制网等级

用户可以根据项目需要,设置不同控制网的一些限差,默认为 E 级-2009。

软件包含的控制网等级有:

❖AA 级-2001、A 级-2001、B 级-2001、C 级-2001、D 级-2001、E 级-2001;

❖B 级-2009、C 级-2009、D 级-2009、E 级-2009;

❖城市二等-2001、城市三等-2001、城市四等-2001、城市一级-2001、城市二级-2001;

❖公路二等-2007、公路三等-2007、公路四等-2007、公路一级-2001、公路二级-2001;

❖铁路规范特等-2008、铁路规范一等-2008、铁路规范二等-2008、铁路规范三等-2008、铁路规范四等-2008、铁路规范五等-2008;

❖高速铁路规范一等-2009、高速铁路规范二等-2009、高速铁路规范三等-2009、高速铁路规范四等-2009、高速铁路规范五等-2009;

❖上海工建规范二等-2013、上海工建规范三等-2013、上海工建规范四等-2013、上海工建规范一级-2013、上海工建规范二级-2013、上海工建规范三级-2013、上海工建规范图根-2013。

(四)导入

1. 观测数据格式

CGOffice 所支持的数据类型列举如下:

❖上海华测格式 HCN 文件(*.HCN);

❖V2.00 -V3.02 版本 RINEX 文件(*.?? O, *.OBS);

❖NOVATEL OEM4/V/6 主板文件(*.NOV);

❖TRIMBLE BD950/BD970 主板文件(*.BD9);

❖压缩 Rinex 文件(*.?? D);

❖星历文件(*.?? N; *.?? G; *.?? C; *.?? L; *.? P);

❖HRC 文件(*.HRC);

2. 文件导入

数据导入完毕后,弹出检查数据对话框。通过数据检查框,可以对【测站 ID】(即点名)、【量测天线高】、【天线厂商】、【天线类型】、【测量方法】、【接收机 S/N】进行设置,也可以通过勾选框设置观测文件是否使用。

导入数据文件后,系统将自动形成网图、观测文件列表、基线(重复基线,基线残差)列表、测站列表、闭合环列表等页面信息。

3. 检测相同站点

导入 GNSS 数据后,需要对数据进行必要的检查。点击导入中的【检测相同站点】,进行同名异站的检查。

任务二　基线解算

一、基线处理流程

GNSS 基线向量是利用 2 台或 2 台以上 GNSS 接收机所采集的同步观测数据形成的差分观测值,通过参数估计的方法所计算出的两接收机间的三维坐标差。与常规地面测量中所测定的基线边长不同,基线向量是既具有长度特性又具有方向特性的矢量,而基线边长则是仅具有长度特性的标量。基线向量主要采用空间直角坐标的坐标差的形式。

基线解算流程见图 4-7,基线解算配置见图 4-8。

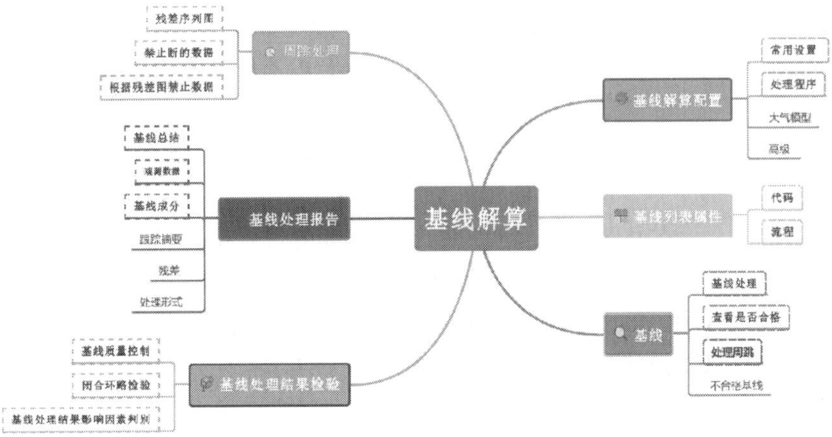

图 4-7　基线解算流程

二、基线解算完成后判断基线解算是否合格

使用默认值 RMS 值大于 0.04 且 RATIO 值小于 1.8 时,标记为基线解算不合格;用户可以自行配置两个数值。解算不合格的基线,在网图中以黄色显示。

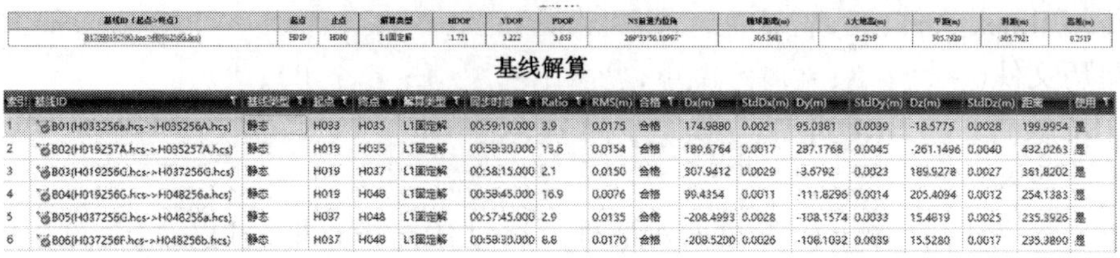

基线解算

索引	基线ID	基线类型	起点	终点	解算类型	同步时间	Ratio	RMS(m)	合格	Dx(m)	StdDx(m)	Dy(m)	StdDy(m)	Dz(m)	StdDz(m)	距离	使用
1	B01(H033256a.hcs->H035256A.hcs)	静态	H033	H035	L1固定解	00:59:10.000	3.9	0.0175	合格	174.9880	0.0021	95.0381	0.0039	-18.5775	0.0028	199.9954	是
2	B02(H019257A.hcs->H035257A.hcs)	静态	H019	H035	L1固定解	00:58:30.000	13.6	0.0154	合格	189.6764	0.0017	287.1768	0.0045	-261.1496	0.0040	432.0263	是
3	B03(H019256G.hcs->H037256G.hcs)	静态	H019	H037	L1固定解	00:58:15.000	2.1	0.0150	合格	307.9412	0.0029	-3.6792	0.0023	189.9278	0.0027	361.8202	是
4	B04(H019256G.hcs->H048256a.hcs)	静态	H019	H048	L1固定解	00:58:45.000	16.9	0.0076	合格	99.4354	0.0011	-111.8296	0.0014	205.4094	0.0012	254.1383	是
5	B05(H037256G.hcs->H048256a.hcs)	静态	H037	H048	L1固定解	00:57:45.000	2.9	0.0135	合格	-208.4993	0.0028	-108.1574	0.0033	15.4619	0.0025	235.3926	是
6	B06(H037256F.hcs->H048256b.hcs)	静态	H037	H048	L1固定解	00:58:30.000	8.8	0.0170	合格	-208.5200	0.0026	-108.1032	0.0039	15.5280	0.0017	235.3890	是

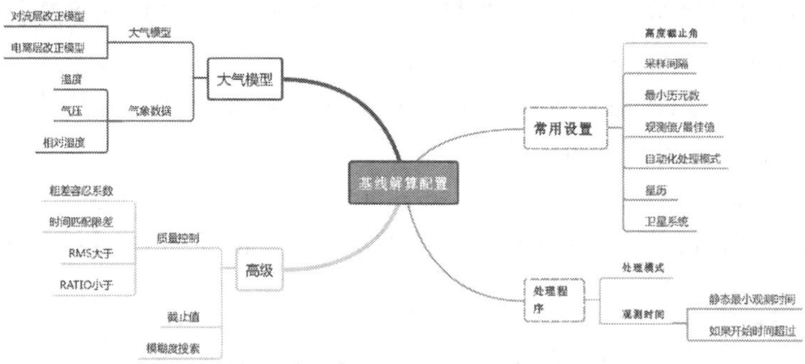

图 4-8　基线解算配置

(一)观测值残差的 RMS

CGO 解算基线

$$\text{RMS} = \sqrt{\frac{V^{\mathrm{T}}V}{n}} \tag{4-1}$$

式中　V——观测值的残差;

n——观测值的总数。

由 RMS 的定义可知,从整体上看,RMS 的大小与残差的大小有着直接的关系,而残差的大小与“观测值”和“计算值”均有关系,而“计算值”的精度与“观测值”的质量和观测长期保持的质量等因素有关。RMS 是一个内符合精度指标,RMS 小,内符合精度高;RMS 大,内符合精度差。RMS 与结果质量是有一定关系的,结果质量不好时,RMS 会较大,但反过来却不一定成立。在测量中,RMS 的大小不能最终确定成果的质量,可作为参考。

(二)Ratio 值

$$\text{Ratio} = \sigma_{次最小} / \sigma_{最小} \tag{4-2}$$

式中　$\sigma_{最小}$、$\sigma_{次最小}$——在基线解算时确定相对模糊度的过程中,由备选模糊度组所得至最小单位权方差和次最小单位权方差。

Ratio 大于等于 1.0。Ratio 值反映了所确定出的整周模糊度参数的可靠性,这一指标取决于多种因素,既与观测值的质量有关,也与观测条件的好坏有关。观测条件指的是卫星星座的几何图形和支行轨迹。

三、不合格基线处理

不合格基线处理方法有以下几种,见图 4-9。

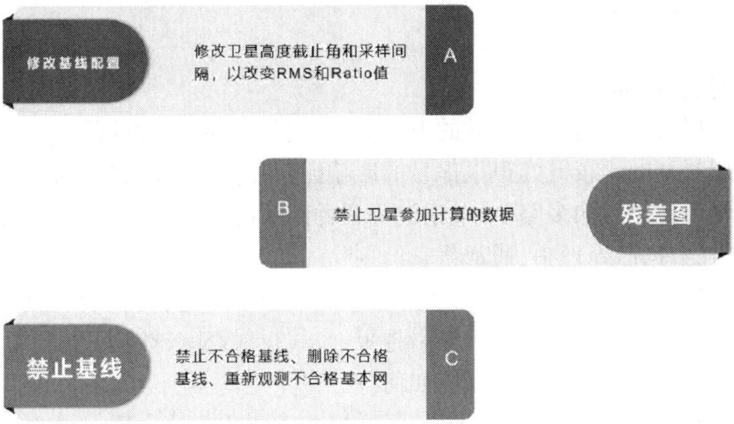

图 4-9　不合格基线处理方法

(一)改变历元间隔

❖采集高质量的载波相位观测值是解决周跳问题的根本途径,适当增加采集密度是诊断和修复周跳的重要措施;

❖对基线同步观测时间较短,可缩小历元间隔,让更多的数据参与计算;

❖若基线同步观测时间长,可增加历元间隔,减少质量差的数据参与计算;

❖若数据周跳较多,可增加历元间隔,使解算时跳过中断的数据继续解算;

❖根据点位环视图有障碍,可增大高度截止角、减少历元间隔。

(二)改变高度截止角

❖同步观测时间较长,观测卫星较多,GDOP 较小;

❖根据点位环视图有障碍,增加高度截止角解算;

❖若同步观测时间短,软件默认解算条件下观测;

❖卫星不足,GDOP 较大,点位环视条件好时可降低高度截止角解算。

卫星高度截止角见图 4-10。

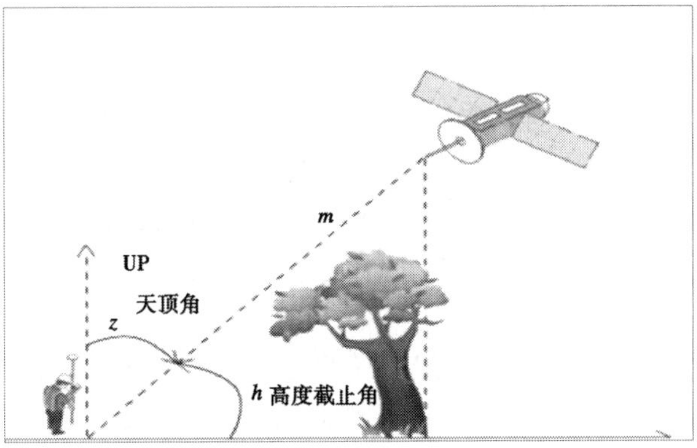

图 4-10　卫星高度截止角

四、基线解算配置

(一)高度截止角(度)

高度截止角用来限制高度比较低的卫星数据,使其不参与基线解算。

由于大气层对高度比较低的卫星信号的影响比较复杂,难以用模型进行改正,又由于高度比较低的信号容易受到如多路径、电磁波等各种因素的影响,因此它们的信号质量通常也比较低。所以,在数据后处理中,通常将它们剔除。

如单从大气层折射的角度来看,对于短距离的观测,可以降低高度截止角;而对于长距离的观测,应该加大高度截止角,因为距离越短,大气折射影响越能相互抵消。当然,高度截止角的设置还要视观测站点周围的环境如何。

在野外观测时,应根据卫星分布状况降低高度截止角,以采集尽量多的数据,方便后处理。

软件默认的高度截止角为 20°。

(二)数据采样间隔(秒)

采样间隔就是所谓历元间隔,就是在基线处理时,软件从原始观测数据中抽取数据的间隔。

比如,两台仪器在做静态观测时,设置为每 5 s 采集一组数据,但在内业处理时,这么高密度的观测数据通常并不能显著提高基线的精度,反而会大大增加基线处理的时间。因此,为提高基线处理的速度,用户可适当增大数据处理的采样间隔。

那么,多大的采样间隔合适呢?通常认为,对于短边,且观测时间较短时,可适当缩小采样间隔;而对于长边,可适当增大采样间隔。比如,对于 2 km 以内的静态基线,而观测时间又在 20 min 以内时,我们可设置采样间隔为 5 s。当基线较长时,通常可增大采样间隔,可达到 60 s 或 120 s。

那么,为什么还需要在野外观测时,设置比较小的采样间隔呢?这是因为当遇到不太好的数据时,由于观测数据具有一定的随机性以及软件本身的功能所限,通过修改历元间隔后重新处理基线,往往能改善处理结果。

软件默认的采样间隔是 60 s。

由于在观测过程中,接收机必须观测到连续的载波相位,如一段数据连续出现周跳,则这一段数据的质量通常是很差的,常常影响基线处理的质量,通常应该将其剔除。因此,在基线处理过程中,软件会将观测连续历元数不超过最小历元数的数据段剔除。

软件要求最小历元数大于或等于 2,默认值为 5。

(三)观测值/最佳值

可选择用不同的组合观测值来进行基线解算,比如宽巷组合 Lw、窄巷组合 Ln 等。采用自动模式时,软件会根据基线长度自动选择观测值类型,一般当基线<10 km 采用 L_1 或者 L_1+L_2 观测值进行解算,基线≥10 km 采用 Lc 消电离层组合观测值进行解算,其中 10 km 阈值可通过高级选项设置参数调整。

(四)自动化处理模式

可选模式包括:普通、增强。表示数据质量剔除程度。“增强”对质量较差的基线能较好地进行自动化剔除,处理精度较高。软件默认是“增强”。

(五)星历选择

可选模式包括:广播星历、精密星历;一般长距离基线采用精密星历可提高基线解算精度,短基线采用广播星历即可满足要求。

使用广播星历时,基线长度默认设置小于 200 km;使用精密星历时,基线长度默认设置小于 2 000 km。

(六)卫星系统

设置最下面有 4 个选择框,分别对应 GPS、GLONASS、BDS、GALILEO。这里指的是参与解算的卫星种类。卫星接收机可以接收多种卫星的信号,随之而来的,为了得到更好的解算成果,后处理软件也需要能够解算多种卫星定位系统的卫星信息。

CGO 有多个选项,并且是可以随意选择的,意味着可以任意选择一个、两个或者全部来进行解算,比如用三星接收机所接收的数据,可以在 CGO 上选择各种方式来进行处理,但是如果是单星或者双星接收机,则缺少的那种卫星即使勾选上也是无效的。

(七)处理程序

一般情况下,按照默认值不需要更改其设置。

1. 处理模式

处理模式包括自动、静态、PPK 模式、DGPS。

2. 观测时间设置

静态最小观测时间(min):就是导入的基线的最小观测时间不能小于此观测的时间。默认值为 10 min。如果开始时间超过 120 min,则分开处理时段。

在一般情况下,不需要更改对流层电离层设置。中长基线可根据实际情况进行设置以提高解算精度。

3. 对流层改正模型

对流层改正模型有如下几种:Hopfiled 模型、Improved Hopfiled 模型、Saastamoinen 模型、Hopfiled 模型、Niell 模型、Black 模型、Goad_Goodman 模型、NewBrunswick 模型和不改正。

4. 电离层改正模型

电离层改正模型分为 Klobuchar 模型和不改正。

5. 气象数据

温度(摄氏度):软件默认的温度是 18 ℃。

气压(毫巴):软件默认的气压是 1 013. 25 mbar。

相对湿度(%):软件默认的湿度是 50%。

6. 质量控制

在数据处理的过程中,常常要将一些不合格的数据当作粗差剔除。当观测值偏离模型值超过(粗差容忍系数×RMS)时,就认为这组观测值为粗差。

可见,粗差容忍系数太大或者太小都会影响观测数据剔除的标准。通常情况下,不需要修改这个参数。

7. RMS 值与 RATIO 值

使用默认值 RMS 值大于 0. 04 且 RATIO 值小于 1. 8 时,标记为基线解算不合格;用户可以自行配置两个数值。

8. 截止值

使用广播星历时,基线长度默认设置小于 200 km;使用精密星历时,基线长度默认设置小于 2 000 km。当基线长度大于某个阈值时,使用 Lc 组合。

9. 模糊度搜索方式

模糊度搜索方式包括标准搜索法和 LAMBDA 法两种。

五、结果检验

基线解算后,可以通过 RATIO、RMS 等质量指标来衡量基线解算的质量。

(一)基线质量控制

1. RATIO

RATIO 即整周模糊度分解后,次最小 RMS 与最小 RMS 的比值,即

$$\mathrm{RATIO} = \frac{\mathrm{RMS}_{\mathrm{sec}}}{\mathrm{RMS}_{\mathrm{min}}} \tag{4-3}$$

RATIO 反映了所确定出的整周未知数参数的可靠性,这一指标取决于多种因素,既与观测值的质量有关,也与观测条件的好坏有关。

RATIO 是反映基线质量好坏的关键值,在通常情况下,要求 RATIO 值大于 1.8。

2. RMS

RMS 即均方根误差(Root Mean Square),即

$$\mathrm{RMS} = \sqrt{\frac{V^{\mathrm{T}}PV}{n-f}} \tag{4-4}$$

式中 V——观测值的残差;

P——观测值的权;

n-f——观测值的总数减去未知数个数。

RMS 表明了观测值的质量。RMS 越小,观测值质量越好;反之,表明观测值质量越差。它不受观测条件(如卫星分布好坏)的影响。

依照数理统计的理论,观测值误差落在 1.96 倍 RMS 的范围内的概率是 95%。

(二)闭合环路检验

1. 闭合差的定义

闭合环路检验是检测基线质量的有利方法。

闭合环可分为同步环、异步环和重复基线。

闭合环的闭合差在理论上应为 0,在实际测量中,允许偏离一定的值,闭合环的限差请参见有关文献。

闭合环的闭合差有以下几类:

(1)分量闭合差,即

$$\left.\begin{aligned} \varepsilon_{\Delta X} &= \sum \Delta X \\ \varepsilon_{\Delta Y} &= \sum \Delta Y \\ \varepsilon_{\Delta Z} &= \sum \Delta Z \end{aligned}\right\} \tag{4-5}$$

(2)全长相对闭合差,即

$$\varepsilon = \frac{\sqrt{\varepsilon_{\Delta X}^2 + \varepsilon_{\Delta Y}^2 + \varepsilon_{\Delta Z}^2}}{\sum S} \tag{4-6}$$

式中　$\sum S$——环长。

2. 同步环、异步环和重复基线

1）同步环

同步环闭合差是由同步观测基线所组成的闭合环的闭合差。

由于同步观测基线间具有一定的内在联系，从而使得同步环闭合差在理论上应总是为 0 的。如果同步环闭合差超限，则说明组成同步环的基线中至少存在一条基线向量是错误的。但反过来，如果同步环闭合差没有超限，只能认为静态基线在质量上，绝大部分情况下是合格的，还不能说明组成同步环的所有基线在质量上绝对合格。

2）异步环

不是完全由同步观测基线所组成的闭合环称为异步环。异步环的闭合差称为异步环闭合差。当异步环闭合差满足限差要求时，表明组成异步环的基线向量的质量是合格的。当异步环闭合差不满足限差要求时，表明组成异步环的基线向量中至少有一条基线向量的质量不合格。要确定出哪些基线向量的质量不合格可以通过多个相邻的异步环或重复基线来进行。

3）重复基线

不同观测时段对相同的两个测站间的观测结果就是所谓的重复基线。这些观测结果之间的差异就是重复基线较差。

4）如何检验闭合差

闭合环与重复基线的检验是根据【项目属性】→【控制网等级】的设置来进行的。根据不同的限差设置，检验的内容和限差阈值均不相同。检验的结果显示在工作区重复基线和闭合环列表中，具体见图 4-11。

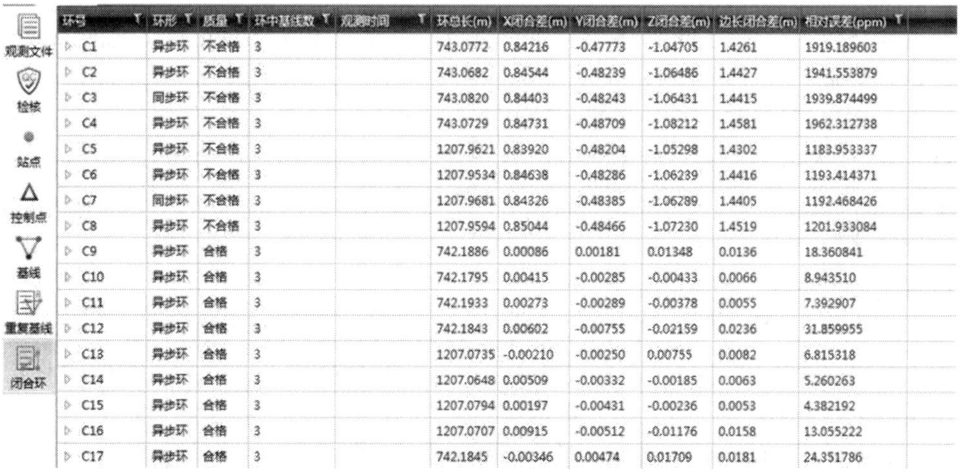

环号	环形	质量	环中基线数	观测时间	环总长(m)	X闭合差(m)	Y闭合差(m)	Z闭合差(m)	边长闭合差(m)	相对误差(ppm)
C1	异步环	不合格	3		743.0772	0.84216	-0.47773	-1.04705	1.4261	1919.189603
C2	异步环	不合格	3		743.0682	0.84544	-0.48239	-1.06486	1.4427	1941.553879
C3	同步环	不合格	3		743.0820	0.84403	-0.48243	-1.06431	1.4415	1939.874499
C4	异步环	不合格	3		743.0729	0.84731	-0.48709	-1.08212	1.4581	1962.312738
C5	异步环	不合格	3		1207.9621	0.83920	-0.48204	-1.05298	1.4302	1183.953337
C6	异步环	不合格	3		1207.9534	0.84638	-0.48286	-1.06239	1.4416	1193.414371
C7	同步环	不合格	3		1207.9681	0.84326	-0.48385	-1.06289	1.4405	1192.468426
C8	异步环	不合格	3		1207.9594	0.85044	-0.48466	-1.07230	1.4519	1201.933084
C9	异步环	合格	3		742.1886	0.00086	0.00181	0.01348	0.0136	18.360841
C10	异步环	合格	3		742.1795	0.00415	-0.00285	-0.00433	0.0066	8.943510
C11	异步环	合格	3		742.1933	0.00273	-0.00289	-0.00378	0.0055	7.392907
C12	异步环	合格	3		742.1843	0.00602	-0.00755	-0.02159	0.0236	31.859955
C13	异步环	合格	3		1207.0735	-0.00210	-0.00250	0.00755	0.0082	6.815318
C14	异步环	合格	3		1207.0648	0.00509	-0.00332	-0.00185	0.0063	5.260263
C15	异步环	合格	3		1207.0794	0.00197	-0.00431	-0.00236	0.0053	4.382192
C16	异步环	合格	3		1207.0707	0.00915	-0.00512	-0.01176	0.0158	13.055222
C17	异步环	合格	3		742.1845	-0.00346	0.00474	0.01709	0.0181	24.351786

图 4-11　重复基线和闭合环列表图

图 4-11 中，默认自动搜索深度为 3，即自动搜索由 3 条基线构成的闭合环。

对于检验不合格的闭合环和重复基线，应该从以下几个方面进行分析和再处理：

(1)确定项目属性中控制网等级的设置是否正确,是否可以降低限差的要求。

(2)对组成闭合环和重复基线的基线进行编辑,重新进行解算直到通过检验,具体编辑的手段包括:根据基线残差图删除部分基线观测数据、调整采样间隔等。

(3)对于个别解算质量过差的基线,可以采取禁用或者删除。

构成闭合环的基线应满足如下几个条件:

(1)环中每一条基线均被使用;

(2)环中每一条基线均被解算;

(3)环中基线组的同步时间应不小于设定的最小同步观测时间;

(4)应满足闭合环配置中的精度控制要求。

如果对基线进行了解算处理,闭合环列表的闭合环信息同步更新;但如果设置某条基线不参与解算,可点击【基线处理】→【搜索闭合环】,在闭合环列表中,被禁用的基线及其参与构成的闭合环显示为灰色。

(三)基线处理结果影响因素判别

CGO 基线处理结果影响因素判别

1. 影响基线解算结果的因素

(1)基线解算时所设定的起点坐标不准确。起点坐标不准确会导致基线出现尺度和方向上的偏差。

(2)卫星的观测时间太短导致这些卫星的整周未知数无法准确确定。当卫星的观测时间太短时会导致与该颗卫星有关的整周未知数无法准确确定。而对于基线解算来讲,对于参与计算的卫星,如果与其相关的整周未知数没有准确确定,就将影响整个基线处理结果。

(3)整个观测时段里有个别时间段里周跳太多,致使周跳修复不完善。

(4)在观测时段内多路径效应比较严重,观测值的改正数普遍较大。

(5)影响对流层或电离层折射影响过大。

(6)电磁波影响太大。

(7)接收机本身出现了问题,致使数据质量太差,比如接收机的测相精度的降低,接收机的时钟不准确等。

2. 影响 GNSS 基线解算结果因素的判别

对于影响 GNSS 基线解算结果的因素,有些是较容易判别的,如卫星观测时间太短、周跳太多、多路径效应严重、对流层或电离层折射影响过大等,但对另外一些因素却不好判断了,如起点坐标不准确等。

1)基线起点坐标不准确的判别

对于由起点坐标不准确对基线解算质量所造成的影响,目前还没有较容易的方法来加以判别。因此,在实际工作中只有尽量提高起点坐标的准确度,以避免这种情况的发生。

2)卫星观测时间短的判别

关于卫星观测时间太短这类问题的判断比较简单,只要查看观测数据的记录文件中有关对于每个卫星的观测数据的数量就可以了。华测 GNSS 后处理软件还输出了卫星的可见性图,这就更直观了。

3)周跳太多的判别

对于卫星观测值中周跳太多的情况,可以从基线解算后所获得的观测值残差上来分析。

目前大部分的基线处理软件一般采用双差观测值,当在某测站对某颗卫星的观测值中含有未修复的周跳时,与此相关的所有双差观测值的残差都会出现显著的整数倍的增大。

4)多路径效应严重、对流层或电离层折射影响过大的判别

对于多路径效应、对流层或电离层折射影响的判别,也是通过观测值残差来进行的。不过与整周跳变不同的是,当多路径效应严重、对流层或电离层折射影响过大时,观测值残差不是像周跳未修复那样出现整数倍的增大,而只是出现非整数倍的增大。一般不超过 1 周,但却又明显地大于正常观测值的残差。

(四)基线解算问题应对措施

CGO 基线解算问题应对措施

1. 基线起点坐标不准确的应对方法

要解决基线起点坐标不准确的问题,可以在进行基线解算时使用坐标准确度较高的点作为基线解算的起点。较为准确的起点坐标可以通过进行较长时间的单点定位或通过与 WGS-84 坐标较准确的点联测得到,也可以采用在进行整网的基线解算时所有基线起点的坐标均由一个点坐标衍生而来,使得基线结果均具有某一系统偏差然后在 GNSS 网平差处理时引入系统参数的方法加以解决。

2. 卫星观测时间短的应对方法

若某颗卫星的观测时间太短,则可以删除该卫星的观测数据,不让它们参加基线解算,这样可以保证基线解算结果的质量。

3. 周跳太多的应对方法

若多颗卫星在相同的时间段内经常发生周跳,则可采用删除周跳严重的时间段的方法来尝试改善基线解算结果的质量。若只是个别卫星经常发生周跳,则可采用删除经常发生周跳的卫星的观测值的方法来尝试改善基线解算结果的质量。

4. 多路径效应严重的应对方法

由于多路径效应往往造成观测值残差较大,因此可以通过缩小编辑因子的方法来剔除残差较大的观测值,另外也可以采用删除多路径效应严重的时间段或卫星的方法。

5. 对流层或电离层折射影响过大的应对方法

对于对流层或电离层折射影响过大的问题,可以采用下列方法:

(1)提高高度截止角,剔除易受对流层或电离层影响的低高度角观测数据,但这种方法具有一定的盲目性,因为高度角低的信号不一定受对流层或电离层的影响就大。

(2)分别采用模型对流层和电离层延迟进行改正。

如果观测值是双频观测值,则可以使用消除了电离层折射影响的观测值来进行基线解算。

6. 基线精化处理的有力工具——残差图

在基线解算时,经常要判断影响基线解算结果质量的因素,或需要确定哪颗卫星或哪段时间的观测值质量上有问题,残差图对于完成这些工作非常有用。所谓残差图就是根据观测值的残差绘制的一种图表。选择【上一个】、【下一个】可见各个双差组合的残差。残差图中 G 表示 GPS 卫星、R 表示 GLONASS 卫星、C 表示北斗系统卫星。具体见图 4-12。

7. 重复处理一条基线

在基线测量中,有时发现基线处理不合格的情况。当判明了影响基线质量的原因后,可

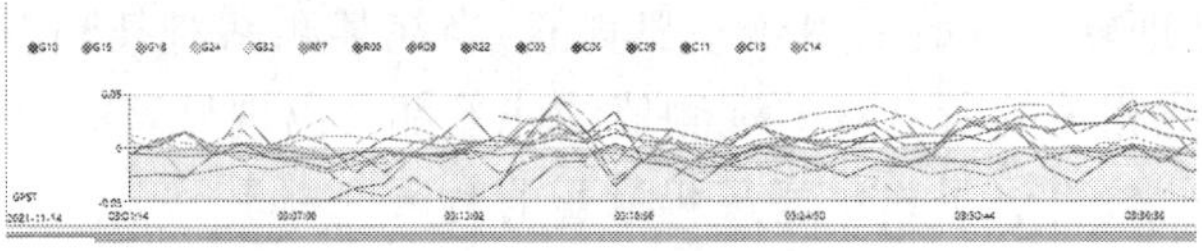

图 4-12　残差图

以通过修改基线处理设置或编辑基线时段来重复处理一条基线。

打开基线数据观测数据页面,参考基线残差图,在卫星相位跟踪图中,拖动鼠标,可以选择被删除的数据。虚线框中的数据将被屏蔽,不参与软件处理。选中虚线框点击鼠标右键,可以“恢复被删除的数据”。编辑卫星相位跟踪数据,点击页面右上方【解算】,可以对编辑过的基线进行重新解算,见图 4-13。

基线解算表

△ 北坐标(m)	5.8637	NS 前进方位角	269° 33′ 50.10997″	△ X(m)	277.8275
△ 东坐标(m)	-305.7358	椭球距离(m)	305.5681	△ Y(m)	127.2032
△ 高程(m)	0.2519	△ 大地高(m)	0.2519	△ Z(m)	-1.7694

C41 环报告

名称	值
环类型	异步环
质量检验	合格

C41(H019,H037,H080)

环组合(m)	环长度(m)	Δ水平(m)	Δ垂直(m)	PPM
B03(H019256G.hcs->H037256G.hcs)-B14(H037256F.hcs->H080256F.hcs)-B21(H019257A.hcs->H080257G.hcs)	901.4434	0.0052	0.0169	19.8035

环中基线 ID	解算类型	椭球距离(m)	开始时间(GPST)	结束时间(GPST)
B03(H019256G.hcs->H037256G.hcs)	L1 固定解	361.8202	2012-06-12 06:47:15	2012-06-12 07:45:30
B14(H037256F.hcs->H080256F.hcs)	L1 固定解	234.0541	2012-06-12 05:32:00	2012-06-12 06:30:30
B21(H019257A.hcs->H080257G.hcs)	L1 固定解	305.5691	2012-06-13 00:40:00	2012-06-13 01:39:30

图 4-13　C41 环报告

任务三　平差处理

一、平差步骤

软件平差步骤包括:自由网平差,约束平差,高程拟合等一系列平差功能。一般而言,平差的基本步骤可分为如下几个方面:

(1)前期的准备工作,用户在网平差之前,需要进行坐标系的设置、加载控制点信息和基线处理。

(2)网平差的实际进行,软件自动完成。

(3)对处理结果的质量分析与控制,需要用户参与。

平差流程见图 4-14。

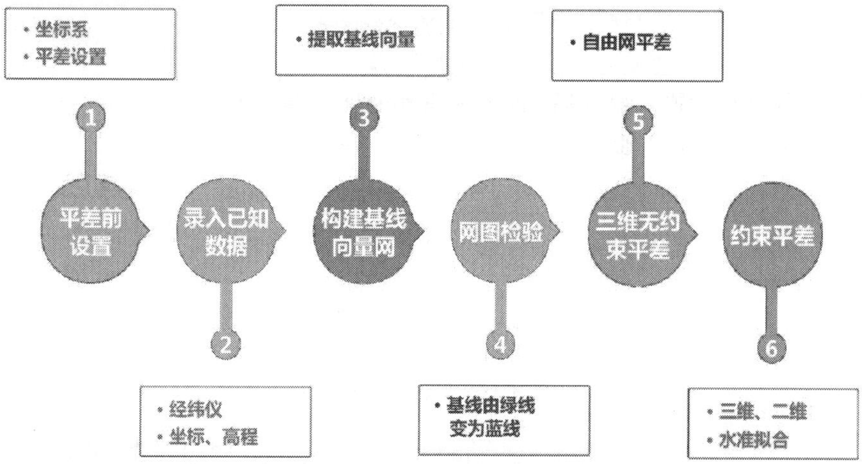

图 4-14　平差流程

二、平差准备

(一)坐标系的设置

进行网平差设置之前,应检查坐标系的设置是否正确。在通常情况下,国内用户选择的坐标系椭球为 1954 年北京坐标系,用户需要专门设置中央子午线、x 和 y 方向的加常数等。

可选择【工程】→【属性】→【坐标系统】进行更改。

(二)坐标系管理

选择左侧坐标系分组中具体某个分组,可以查看选择分组的具体坐标系列表,在坐标系列表中选择具体的坐标系,可以查看该坐标系的详细参数。选中想要应用的坐标系后,点击【选择】按钮,即可选择该坐标系作为工程坐标系。

坐标系可以新建,选择分组中的【Custom】分组,再点击【新建】按钮 ,即可创建自定义坐标系。

(三)输入已知点

(1)可通过站点右键【转换为控制点】,在控制点界面的属性窗口,输入已知点坐标和约束类型。

(2)在控制点界面,右键【新建控制点】。

(3)在控制点界面,右键【导入控制点】,见图 4-15。

三、网平差配置

点击平差下的【配置】,弹出如图 4-16 所示对话框。

质量:不合格基线是否参与平差;TAU 检验;Chi2 检验。

参数:最大迭代次数;国家网约束平差。

基线加权:GPS/GLONASS/BEIDOU/GALILEO 加权;固定标准差。

网络参考因子:静态数据默认 10。

图 4-15 导入控制点图

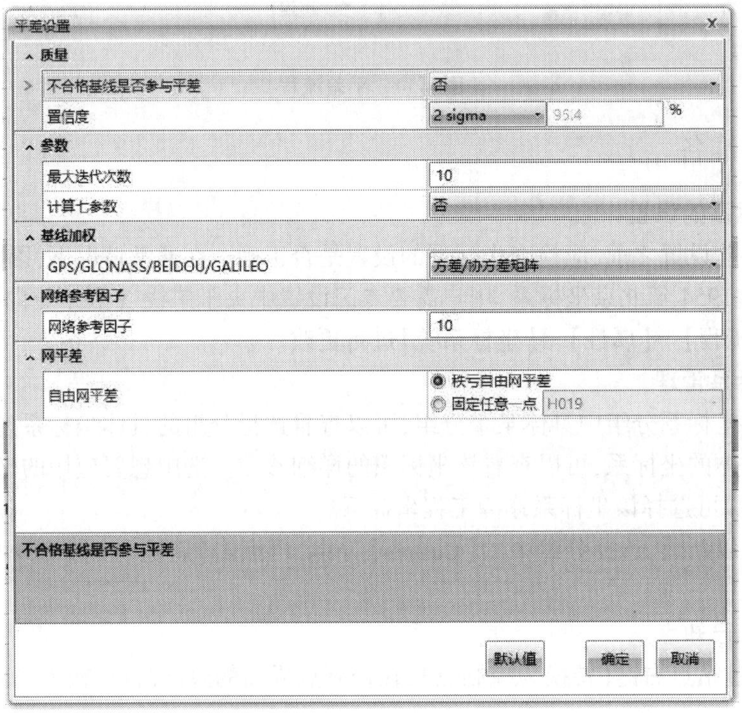

图 4-16 平差设置图

网平差:自由网平差。

一般都是按照系统内部自动配置进行平差,无需修改。

四、网平差

(一)提取基线向量网

网平差运行的第一步是提取基线向量网。构成基线向量网的原则如下:

(1)这条基线在项目中,并且未被删除;

(2)具有起算点名和推算点名的基线;

(3)已经对这条基线进行了解算,并在基线向量列表中显示了合格的基线;

(4)该基线没有设置成"不参与基线解算及网平差"。

凡满足上述 4 个条件的基线,将在网平差的第一步自动加载进来,构成基线向量网。

(二)基线向量网的连通检验

如网图没有连通就进行平差,将出现网平差无法收敛的情况。所以,在网平差之前,软件将自动对网图进行连通检验。

(三)自由网平差

软件将自动根据已知基线解算结果、网平差设置、观测站点坐标进行自由网平差。自由网平差的结果将反映在网图页面、基线列表页面、观测站点页面及成果报告中。

(1)全自动平差:基于控制点个数和约束条件自动执行相应的平差。

(2)自由网平差:无需控制点,即可平差。

(3)三维约束平差:存在至少 1 个 WGS-84 约束控制点,或至少 1 个本地约束控制点。

(4)二维约束平差:常用 2 个本地约束控制点。

当控制点为工程或局部坐标时,可能导致三维平差结果出现偏差。

平差调整图见图 4-17。

图 4-17　平差调整图

手动-三维约束平差可选 WGS-84 坐标系统或当地坐标系统。

手动-二维约束平差中的"高程拟合"方法有 TGO 算法、固定差改正、平面拟合、二次曲面拟合。

选择"自由网平差",软件对话框下方显示 Chi2 是否超限,会建议将网络参考因子改为建议值。

在平差配置中将"网络参考因子"的数值改为建议值。

平差解算命令行信息见图 4-18。

网平差报告导出成功：D:\Documents\CGO2\Project\pro-2021-12-09-10-15-41\GNSS\Reports\网平差报告\Adjust_FreeNet.html

平差完成

建议将网络参考因子改为 6.2628

自由网平差报告：x2卡方检验不合格　Chi2计算值：37.25572　(Chi2检验范围67.81984～122.14926)

开始平差

图 4-18　平差解算命令行信息

平差结束后，查看自由网平差报告（见图 4-19），在“2 平差统计”下查看 x^2 卡方检验是否合格。

2 平差统计

统计总结

名称	值
网参考因子	6.2628
x^2 卡方检验	合格
Chi2 计算值	94.98519
Chi2 检验范围	67.81984~122.14926
单位权中误差比	1.01062
精度置信水平	2 sigma

WGS-84 系统平差基线（形式一）

观测 ID	基线 ID		观测	残差	水平精度（比率）	3D 精度（比率）
B01	H035 -> H033	方位角	83° 13′ 52.1742″	0° 31′ 19.98″	1:22204	1:13259
		Δ 大地高	-1.3320	0.0168		
		椭球距离	199.9873	-0.0082		
B02	H016 -> H035	方位角	222° 21′ 46.2622″	8° 56′ 7.29″	1:59279	1:34434
		Δ 大地高	1.6120	0.0258		
		椭球距离	432.0363	0.0099		
B03	H016 -> H037	方位角	309° 31′ 3.68741″	2° 13′ 56.88″	1:60405	1:37680
		Δ 大地高	1.6430	-0.0078		
		椭球距离	361.8081	-0.0121		

图 4-19　自由网平差报告

WGS-84 系统平差基线（形式二）

观测 ID	基线 ID	DX(m)	V.DX (mm)	Std.DX (mm)	DY(m)	V.DY (mm)	Std.DY (mm)	DZ (m)	V.DZ (mm)	Std.DZ (mm)
B01	H035-> H033	-174.986	1.6	5.6	-95.0220	16.1	11.1	18.5867	9.2	8.6
B02	H019-> H035	189.687	11.2	4.5	287.2018	25.0	9.1	-281.13 04	19.1	7.3
B03	H019-> H037	307.935	-6.1	5.5	-3.6822	-3.0	6.1	180.914 5	-13.2	5.0
B04	H019-> H048	99.434	-1.4	3.9	-111.917 7	11.9	5.4	205.425 2	15.7	4.1
B05	H037-> H048	-208.501	-1.7	5.4	-108.135 5	21.9	6.7	15.5106	28.7	4.4

WGS-84 系统下平差大地坐标

点 ID	纬度	纬度误差（s）	经度	经度误差（s）	大地高(m)	高程中误差(m)
H019	34° 49′ 4 1.42127″ N	0.00 0072	114° 18′ 50.1445 4″ E	0.000 087	53.65 60	0.00 26
H033	34° 49′ 3 1.82690″ N	0.00 0133	114° 18′ 46.5035 3″ E	0.000 183	53.93 61	0.00 56
H035	34° 49′ 3 1.06209″ N	0.00 0120	114° 18′ 38.6886 9″ E	0.000 188	55.26 80	0.00 59
H037	34° 49′ 4 8.89194″ N	0.00 0106	114° 18′ 39.1605 7″ E	0.000 129	55.29 90	0.00 48

WGS-84 系统下平差空间直角坐标

点 ID (m)	X 坐标 (m)	X 误差 (m)	Y 坐标 (m)	Y 误差 (m)	Z 坐标 (m)	Z 误差 (m)	3D 误差 (m)
H01 9	-21580 64.877 2	0.00 22	47764 87.47 75	0.00 31	36222 66.20 83	0.00 30	0.00 49
H03 3	-21580 50.176 1	0.00 39	47766 79.65 73	0.00 73	36220 23.66 46	0.00 57	0.01 00
H03 5	-21578 75.189 6	0.00 37	47767 74.67 93	0.00 78	36220 05.07 78	0.00 60	0.01 06

当地坐标系统下平面坐标

点 ID	北坐标 (m)	北坐标中误差 (m)	东坐标 (m)	东坐标中误差 (m)	高程 (m)	高程误差 (m)
H019	3858821. 8680	0.0022	254250.4 651	0.0022	53.65 61	0.002 6
H033	3858528. 5749	0.0041	254149.9 810	0.0046	53.93 61	0.005 6
H035	3858510. 3243	0.0037	253950.6 847	0.0048	55.26 81	0.005 9
H101	3858688. 5624	0.0024	254392.2 051	0.0022	53.92 13	0.003 6

续图 4-19

最弱边和最弱点统计

最弱边基线名	基线ID	DX (m)	Std. DX(mm)	DY (m)	Std. DY(mm)	DZ (m)	Std. DZ(mm)	斜距 (m)	中误差 (m)	相对中误差
B01(H035->H033)	H035->H033	-174.9865	5.6	-95.0220	11.1	18.5867	8.6	199.9873	0.0151	1/13259.0000

当地最弱点名	北坐标 (m)	北坐标中误差(m)	东坐标 (m)	东坐标中误差(m)	高程 (m)	高程误差 (m)	点位中误差(m)
H035	3858510.3243	0.0037	253950.6847	0.0048	55.2681	0.0059	0.0085

续图 4-19

(四)约束平差

站点列表→选择一个点右击→转为控制点。

控制点→属性窗口→“地方”→约束,选择 NEh,将北坐标和东坐标改为已知点坐标。

控制点约束属性见图 4-20。

图 4-20　控制点约束属性图

平差→调整→约束平差→查看网络参考因子是否需要进行修改,直至 x^2 检验通过。二维约束平差的结果将在观测站点列表及成果报告中显示出来。二维约束平差报告的内容包括:转换参数、WGS-84 系统下输入基线、当地坐标系统下的平差基线、当地坐标系统下平面坐标、坐标变换量和误差椭圆分量,见图 4-21。

5.3 当地坐标系统下平面坐标

点ID	北坐标(m)	北坐标中误差(m)	东坐标(m)	东坐标中误差(m)	高程(m)	高程中误差(m)
YY1004	3454830.55757	0.00000	-302980.07250	0.00000	46.6007	0.0973
YY1005	3454854.72258	0.00142	-302863.58543	0.00142	95.6484	0.0930
YY1006	3454876.90373	0.00212	-302750.45573	0.00221	50.3100	0.1224
YY1007	3454877.48754	0.00219	-302397.35165	0.00252	84.6066	0.1249

5.6 最弱边和最弱点统计

当地最弱点名	北坐标(m)	北坐标中误差(m)	东坐标(m)	东坐标中误差(m)	高程(m)	高程中误差(m)	点位中误差
YY1006	3454876.90373	0.00212	-302758.45576	0.00221	50.3183	0.1224	0.12247

5.5 坐标变换量

点ID(m)	Δ 北坐标(m)	Δ 东坐标(m)	Δ大地高(m)
YY1004	0.00000	0.00000	0.0973
YY1005	0.00142	0.00142	0.0933
YY1006	0.00212	0.00221	0.1224
YY1007	0.00219	0.00252	0.1249

图 4-21

项目五　南方数据后处理软件 South Geomatics Office 2

知识目标：

- 掌握 SGO 解算 GNSS 数据流程；
- 掌握基线解算过程；
- 掌握精密星历作用。

能力目标：

- 能利用软件计算 GNSS 数据；
- 能利用软件平差计算。

思政目标：

- 培养学生增强政治意识，热爱祖国，增强民族自豪感。

SGO(South Geomatics Office 2)是南方新一代数据后处理软件平台，在实现 GNSS 数据处理的同时，集成 CAD、坐标转换、转换之星、后处理、道路设计、仪器之星、端口调试、静态文件处理、质量分析、RINEX 格式转换、数据字典、影像处理、导出工具、天线管理、星历下载等多款测绘领域所需的小工具，实现测绘内业数据处理一体化，为用户数据处理提供便利。

任务一　软件基本功能

南方 SGO 数据处理软件基本功能(见图 5-1)有以下几种。

(1)GNSS 数据处理：可对南方特有数据格式文件(STH 格式文件)、标准数据格式文件(RINEX 格式文件)进行静态数据处理、动态数据后处理，进行 RTK 结果检核、PPP 解算等处理。

(2)CAD 模块：可在平面视图中进行 CAD 图形的绘制，进行角度、距离、面积、体积的量测。

(3)摄影测量模块：对相机拍摄的照片进行测绘处理，得到图像上相关点的坐标及其他有关信息。

(4)通道模块：设计道路的平、竖曲线，提供超高、加宽的编辑，并能对设计结果进行直观查看。

(5)坐标转换工具：进行各种坐标系之间的转换。

(6)转换之星：对电力之星和配网之星数据进行处理。包括线路断面数据的编辑、处理及输出，塔基断面数据的编辑处理和输出，输配电网 GIS 数据转换输出等功能。

(7)后处理：对工程之星 4.0 导出的文件进行编辑、删除等操作。

(8)道路设计：用于公路、铁路、城市道路主线、立交匝道的勘测设计。

(9)仪器之星:一款 RTK 助手软件,支持南方卫星导航的所有主流 RTK 产品,主要功能包括静态数据导出、固件升级、仪器设置、电台设置、网络设置、主机注册。

(10)端口调试:与仪器进行底层命令交互,可对仪器进行编辑、修改、查看状态、修复 BUG 等操作。

(11)静态文件处理:对静态数据文件进行分割、压缩、合并,实现 STH 和 RINEX 数据格式之间的转换。

(12)质量分析:对数据文件进行周跳、受多路径效应影响等情况进行检查;用于各时段的卫星数、卫星星空图,可视卫星高度角、方位角等信息的查看。

(13)RINEX 格式转换:可将“.STH”“.DAT”“.EPS”“.ZHD”“.HCN”等数据格式文件转换成 RINEX 标准数据格式文件。

(14)数据字典:可根据业务的实际需求,在数据字典编辑器中对 GIS 数据文件增加所需的各种要素及其属性,并设置必填属性、不可更改属性等。

(15)影像处理:在导入的影像中输入像控点坐标或边界坐标,可在视图中进行屏幕量算。

(16)导出工具:将.gcd 格式的文件转化为.shp、.dxf、.kml、.dat、.xml 格式的数据文件。

(17)天线管理:利用该工具,可以添加、修改、删除、查询天线信息,并导入 IGS 天线信息文件。

(18)星历下载:利用该工具下载广播星历或 IGS 发布的精密星历产品。

SGO 软件的简介和安装

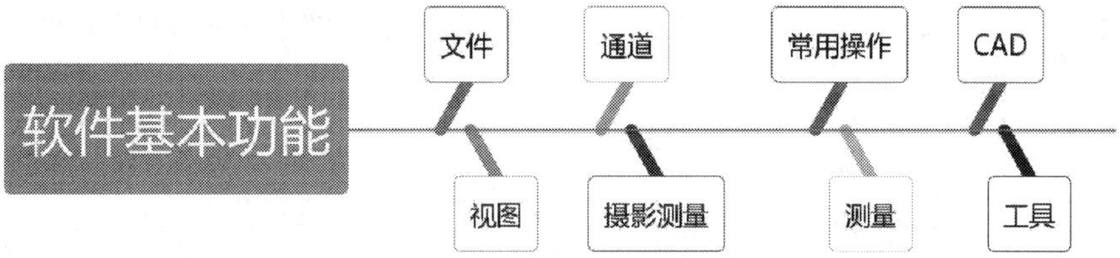

图 5-1 SGO 软件基本功能图

静态数据处理的一般步骤包括:

(1)新建工程,并设置坐标系统、测量规范等工程属性信息。

(2)导入数据,并编辑文件天线高信息。

(3)基线处理,根据残差信息进行调整,直到基线质量合格。

(4)网平差,输入控制点信息后,进行网平差计算。

(5)导出成果报告。

任务二 静态数据处理概述

一、新建工程

点击【常用操作】菜单下的【新建工程】,或主页面下的【新建工程】按钮,选择单位制、输入项目名称、选择存储路径,按【确定】后完成新项目的创建。操作界面如图 5-2 所示。

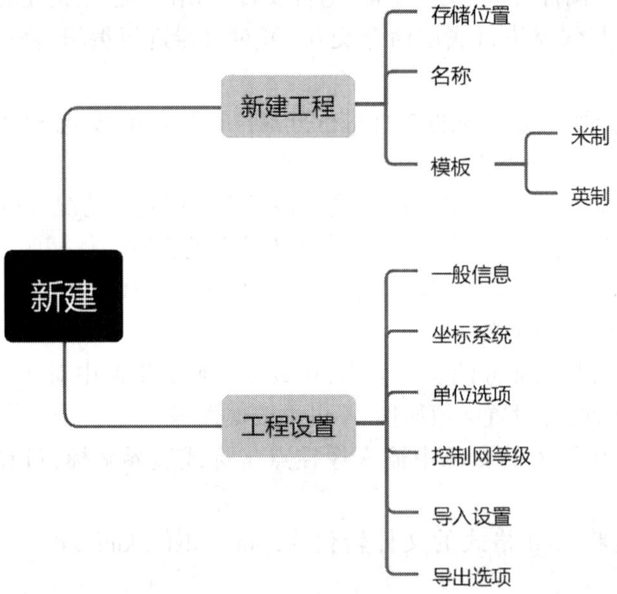

图 5-2　新建文件图

新建工程后,系统将自动弹出【工程设置】对话框,如图 5-3 所示。用户根据项目情况和实际需求,在对话框中可对工程属性进行设置。

坐标系统按照椭球参数和投影参数组合的方式,自定义设定。假设所需的坐标为在西安 80 坐标系下,中央子午线为 114°的坐标。那么在椭球名称中选择 IAU76(西安 80),在中央子午线输入 114 即可。

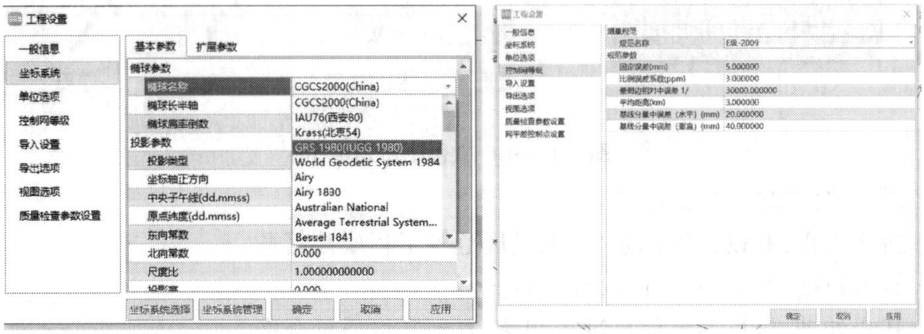

图 5-3　工程设置界面图

不同项目采用的控制网等级不同,软件提供了目前规范内使用的控制网等级对应的相关参数。例如 E 级-2009,规范参数规定了固定误差为 5 mm,比例误差系统为 3,最弱边相对中误差为 1/30 000,平均距离为 3 km,基线水平分量中误差为 20 mm,基线垂直分量中误差为 40 mm。

二、导入数据

新建工程后,依次点击常用操作菜单下的【导入】→【导入观测值文件】按钮,选择导入 STH 或 RINEX 格式的数据文件。

数据加载完毕后,会弹出一个文件列表对话框。在此对话框中可进行 ID(点名)的修改、天线高量取方式的选择。文件列表对话框如图 5-4 所示。

SGO 软件界面

数据导入时,. STH 数据格式为南方 GNSS 接收机存储的静态数据文件,文件的扩展名为. STH。

RINEX 数据格式为标准数据格式文件,其他品牌的 GNSS 接收机存储的静态数据文件,如果想使用 SGO 软件进行解算,那就要提前进行数据格式转换。

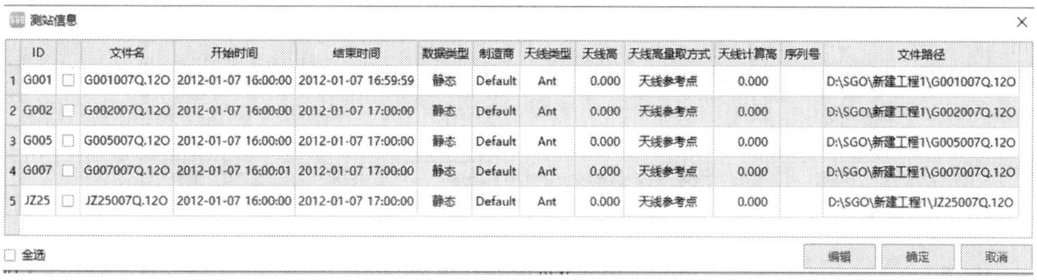

图 5-4　文件列表对话框图

RINEX 格式转换:可将“. STH”“. DAT”“. EPS”“. ZHD”“. HCN”等数据格式文件转换成 RINEX 标准数据格式文件,如图 5-5 所示。

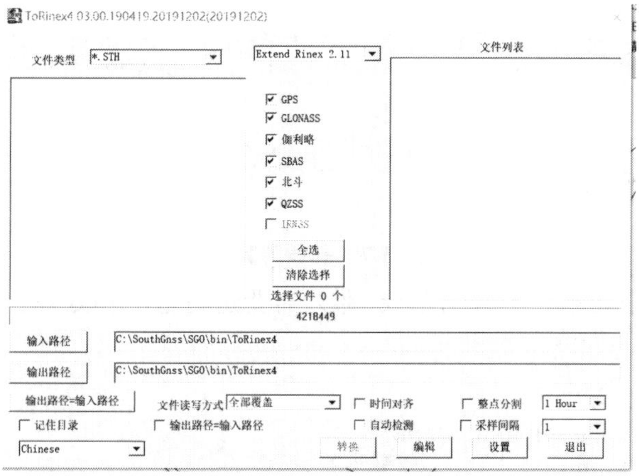

图 5-5　RINEX 格式转换界面

数据导入过程中读取的 ID(点名)为内部文件名,若内部文件名与实际所需点名不符,可在文件列表中修改 ID。若数据为 RINEX 格式,也可直接用记事本打开 O 文件,在 O 文件中修改点名。

三、基线处理

单击菜单下的【处理基线】,勾选【全选】选框,点击【处理】,系统将采用默认设置,处理所有基线向量,如图 5-6 所示。

SGO 软件坐标系统工具

待全部基线计算完成后,点击【关闭】。此时,我们可在平面视图中查看基线解算的情况:绿色线段代表解算合格的基线,红色线段代表解算不合格的基线,如图 5-7 所示。

图 5-6　基线处理图

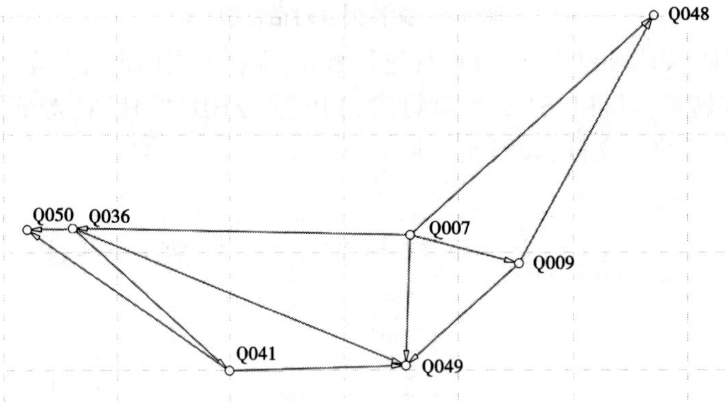

图 5-7　基线解算图

基线处理过程中如果有不合格基线,那么需要进行进一步处理,可以进行基线设置处理,如图 5-8 所示。

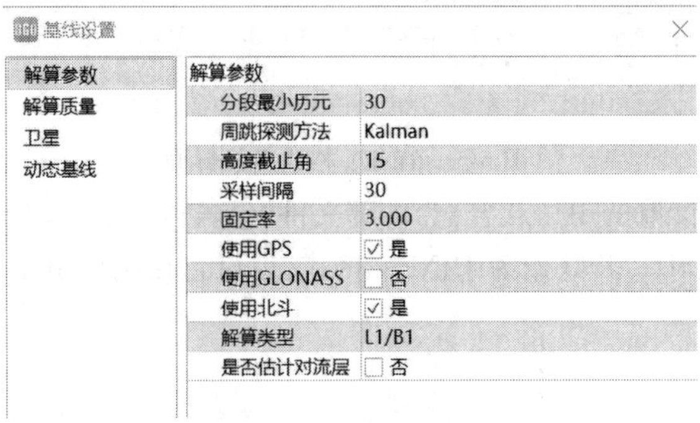

图 5-8　基线设置界面

四、网平差

基线处理后,需对基线与闭合环的成果进行检核。对于不合格的部分,需通过更改解算参数、剔除不合格的时段或基线等方式,处理合格后才能够进行网平差。

首先输入控制点信息：在工程管理器中，右键单击需要作为控制点的测站，左键单击“作为控制点”，操作界面如图 5-9 所示。

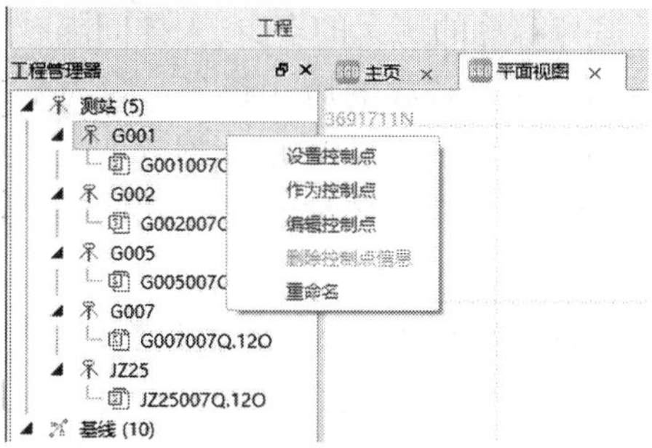

图 5-9　**控制点设置界面**

左键单击该控制点下的【控制点信息】，在属性管理器中输入控制点的坐标，操作界面如图 5-10 所示。

图 5-10　**属性窗口界面**

所有的控制点信息输入完毕后，点击常用操作下的【网平差】按钮，进行网平差。

五、报告查看

点击工具栏中的报告按钮，可在下拉菜单中选择不同的报告，进行查看。

任务三　基线解算

一、不合格基线处理

在工程管理区中选中解算不合格的基线，可查看相应基线的解算报告。选中基线后，属性管理器中会显示相应基线的解算参数，通过修改解算参数（采样间隔、高度截止角、解算类型），根据残差图再次剔除不合格的数据，重新解算，可使大部分的基线解算合格。

(一)解算参数的修改

1. 采样间隔的选取

SGO 软件不合格基线和闭合环的处理

采样间隔的大小决定了参与解算的历元的多少,采样间隔越小,参与解算的历元越多;采样间隔越大,参与解算的历元越多。因为基线越长,所需的观测时间也越长,所以采样间隔的选取一般依据以下三个原则。

(1)基线同步观测时间较短时,可缩小采样间隔,让更多的数据参与解算;

(2)基线同步观测时间较长时,要增加历元间隔,让更少的数据参与解算;

(3)数据周跳较多时,要增加采样间隔,这样可跳过中断的数据继续解算。

2. 高度截止角的选取

当高度截止角较低时,参与解算的卫星数目多,但低空卫星数据通信容易被外界干扰,低空卫星质量差的数据较多,当高度截止角较高时,参与解算的卫星数目少,但高空卫星数据通信不容易被外界干扰,高空卫星质量好的数据较多。然而,高度截止角过高会导致卫星星座图形的几何分布状况不佳,定位解算精度反而下降。高度截止角的选取遵循以下三个原则:

(1)当基线详解中查看到的卫星数目足够多时,适当增加高度截止角,尽量让高空卫星数据进入解算。

(2)当基线详解中查看到的卫星数目比较少时(最低解算要求4颗以上卫星),适当降低高度截止角,尽量让多一些卫星数据进入解算。

(3)高度截止角不宜过高。

(二)通过残差分析筛选数据

所谓残差图就是根据观测值的残差绘制的一种图表。根据残差分析图,可判断影响基线解算结果的数据(质量不好的数据),存在于哪颗卫星或时间段上。鼠标左键选中不合格的基线,单击右键,选择残差分析,即可进入残差分析界面。残差分析图如图5-11所示。

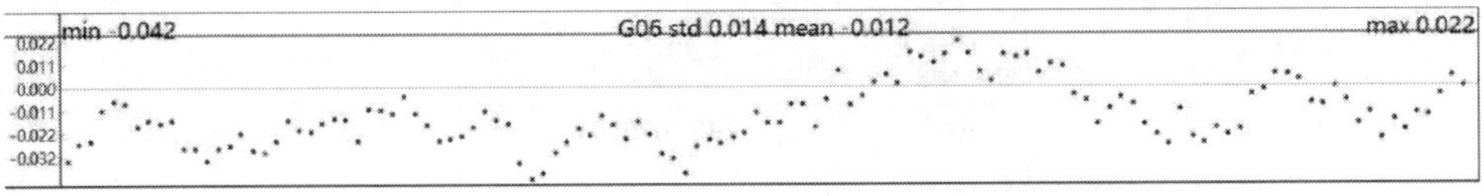

图5-11　残差分析图

图5-11是GPS卫星06的残差图。残差分析图是一种正态分布图,其期望应在横轴附近,大致受随机噪声与其他因素误差影响而波动,其横轴表示数据采集时间,纵轴表示观测值的残差。残差偏大,说明信号传播过程中受到的各方面误差影响较大,主要包含多路径效应、对流层或电离层折射影响等因素,如果残差图发生跳跃性的变化,说明观测中还存在周跳因素。可以对不合格的数据进行剔除,或取不同解算参数的手段进行精化处理。

(三)基线向量处理条件设置原则

在解算基线向量中,由于实际作业中对采用的作业模式、测量精度等要求都可能有所不同,因此有必要在解算时指定具体的解算条件,例如所采用基线的类型,基线合格的条件以及具体指定基线解算的历元间隔、卫星高度角、处理的无效历元等。

虽然在绝大部分情况下测量系统的成果都能自动处理出来,但在测量中不可避免地受外界环境的影响,如信号的遮挡,可观测卫星的多少,卫星在空中分布的图形强度大小,测站附近强磁场的干扰,多路径效应的影响等。因此,除了在野外观测必须按要求采取相应措施减小各种不利因素的影响,还需要在必要时通过一定的手段来改进基线向量成果。

一般来说,基线向量处理设置条件时必须遵守如下的原则:一是选取适当的基线解算类型;二是确定适当的基线解算条件,也即通过设置卫星高度角、采样间隔、有效历元等参数可以对基线进行优化。

1. 选取适当的基线解算类型

在处理基线中,解算整周模糊度的能力与基线的长度有关,获得全部模糊度参数整数解的结果称为双差固定解,只获得双差模糊度参数整数解的结果称为双差浮动解,对于较长的基线,浮动解也不能得到较好的结果,只能用三差解。

同一级别的 GNSS 网,根据基线长度的不同,可采用不同的基线解算类型。

根据相应的国家 GPS 测量规范:

在 8 km 以内的基线必须采用双差固定解。

30 km 以内的基线,可在双差固定解和双差浮动解中选择最优结果,所谓最优解即是基线处理中基线解的中误差最小,特别是在异步环和复测基线检验中闭合差最小的那一种解算结果。

30 km 及其以上的基线,可采用三差解作为基线解算的最终结果。对于所有同步观测时间短于 35 min 的快速定位基线,应采用符合要求的双差固定解作为基线解算的最终结果。

对于 8 km 以内的短基线以及采用快速定位来确定的基线,在按照操作手册的要求进行观测时,应该能获得满足整周模糊度参数固定解的能力;若得不到好的固定解,不是观测条件太差(如靠近强无线电干扰源、高压线、强发射体,处于树荫下等),就是卫星星座的几何条件不好或是信号不正常的卫星太多,这样的观测量是不能采用的。

2. 确定适当的基线解算条件

通过设置卫星高度角、采样间隔、有效历元等参数可以对基线进行优化。

1)卫星高度截止角

卫星高度角的截取对于数据观测和基线处理都非常重要,观测较低仰角的卫星有时会因为卫星信号强度太弱、信噪比较低而导致信号失锁,或者信号在传输路径上受到较大的大气折射影响,而导致整周模糊度搜索的失败。但选择较大的卫星高度角可能出现观测卫星数的不足或卫星图形强度欠佳,因此同样不能解算出最佳基线。

在本系统中,采集卫星高度截止角默认为 10°,而处理基线中默认设置为 20°。如果同步观测卫星数太少或者同步观测时间不足,对于短基线来说,可以适当降低高度角后重新试算。这样可能会获得满足要求的基线结果,此时应注意,要求测站的数据要稳定,且环视条件要好,解算后的基线应进行外部检核(如同步环和异步环检核)以保证其正确性。

如果用默认设置值解算基线失败,且连续观测时间较长、观测的卫星数较多、图形强度因子 GDOP 值较小,则适当提高卫星的高度角重新进行解算可能会得到较好的结果。这主要是观测环境和低仰角的卫星信号产生了较严重的多路径和时间延迟所引起的。

2)采样间隔

接收机具有较高的内部采样率(指野外作业设置的数据采集间隔,由 1~255 s 自由设置)。而处理基线中并不是所有的数据都参与处理,而是从中根据优化原则选取其中的一部分数据采样进行处理。采集高质量的载波相位观测值是解决周跳问题的根本途径,而适当增加其采集密度,又是诊断和修复周跳的重要措施,因此在采用快速静态作业或者该基线观测时间较短的情况下,可以适当把采样间隔缩短。

由于软件处理周跳能力比较强大,默认的 60 s 采样间隔一般能满足要求。

3)无效历元

在某些情况下,例如该卫星的健康情况恶劣,或者测站环境不理想,受电磁干扰而导致某些卫星数据信号经常失锁,又或者低仰角的卫星有时会因为卫星信号强度太弱、信噪比较低而导致信号失锁,以及信号在传输路径上受到较大的大气折射影响而导致整周模糊度搜索的失败,此时应该对该卫星的星历进行处理。

通过查看基线详解,可以对卫星观测中周跳的情况进行检查,对于经常失锁的卫星或者历元段过短的星历进行剔除。

4)删除或重测不合格基线

在使用剔除不合格的数据、反复组合高度截止角、采样间隔、解算类型等手段后仍不能使基线解算合格的情况下,可删除该条基线(独立基线除外,且删除的基线条数不能大于总基线的 1/10)。若基线无法删除,需重测。

5)处理不合格的闭合环

待基线解算合格后,点击工具栏中的【闭合环列表】,检查闭合环的闭合情况,闭合环列表界面如图 5-12 所示。闭合差如果超限,需根据基线解算以及闭合差计算的具体情况,对一些基线进行重新解算。具有多次观测基线的情况下可以不使用或者删除该基线。当出现孤点(该点仅有一条合格基线相连)的情况下,必须重测该基线或者闭合环。

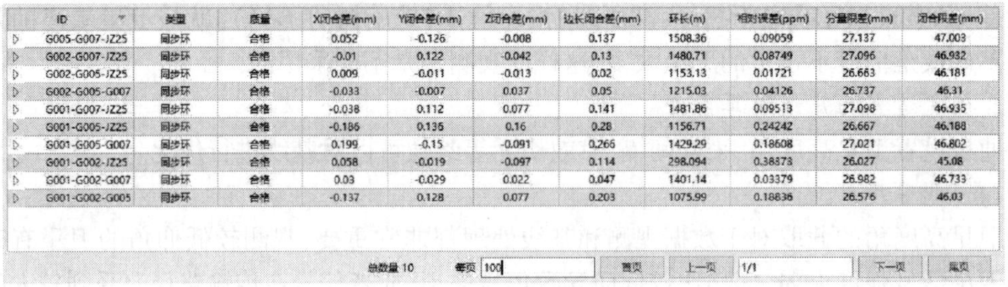

ID	类型	质量	X闭合差(mm)	Y闭合差(mm)	Z闭合差(mm)	边长闭合差(mm)	环长(m)	相对误差(ppm)	分量限差(mm)	闭合限差(mm)
G005-G007-JZ25	同步环	合格	0.052	-0.126	-0.008	0.137	1508.36	0.09059	27.137	47.003
G002-G007-JZ25	同步环	合格	-0.01	0.122	-0.042	0.13	1480.71	0.08749	27.096	46.932
G002-G005-JZ25	同步环	合格	0.009	-0.011	-0.013	0.02	1153.13	0.01721	26.663	46.181
G002-G005-G007	同步环	合格	-0.033	-0.007	0.037	0.05	1215.03	0.04126	26.737	46.31
G001-G007-JZ25	同步环	合格	-0.038	0.112	0.077	0.141	1481.86	0.09513	27.098	46.935
G001-G005-JZ25	同步环	合格	-0.186	0.136	0.16	0.28	1156.71	0.24242	26.667	46.188
G001-G005-G007	同步环	合格	0.199	-0.15	-0.091	0.266	1429.29	0.18608	27.021	46.802
G001-G002-JZ25	同步环	合格	0.058	-0.019	-0.097	0.114	298.094	0.38373	26.027	45.08
G001-G002-G007	同步环	合格	0.03	-0.029	0.022	0.047	1401.14	0.03379	26.982	46.733
G001-G002-G005	同步环	合格	-0.137	0.128	0.077	0.203	1075.99	0.18836	26.576	46.03

图 5-12　闭合环列表界面

二、使用精密星历辅助基线解算

有的数据由于记录、保存或传输不当,导致缺少星历或者星历不可用,导致无法进行单点定位和基线解算。SGO 提供了使用事后精密星历辅助基线解算的功能让用户在缺少星历时仍能够利用观测数据得到定位结果和基线解算结果。

(一)下载精密星历

点击测量菜单下的【精密星历】按钮,弹出精密星历下载窗口;或者在测站管理器中对应测站的对应文件处右键点击弹出的 SP3 下载按钮,弹出精密星历下载窗口。

选择缺少星历或者欲启用精密星历解算的测站,点击下方【下载】按钮,软件自动从网络上下载文件观测时段的精密星历文件,如图 5-13 所示。

图 5-13　**精密星历下载图**

(二)启用精密星历

全部文件下载完成后，点击精密星历下载窗口下方的【使用 SP3】按钮，对对应测站启用 SP3 解算开关。

在平面视图上使用框选功能选中全部基线，或者分别对欲启用 SP3 解算的基线选中右键，点击弹出的 SP3 启用/禁用，使命令前的小钩处于显示的状态，启用对应基线。精密星历解算见图 5-14。

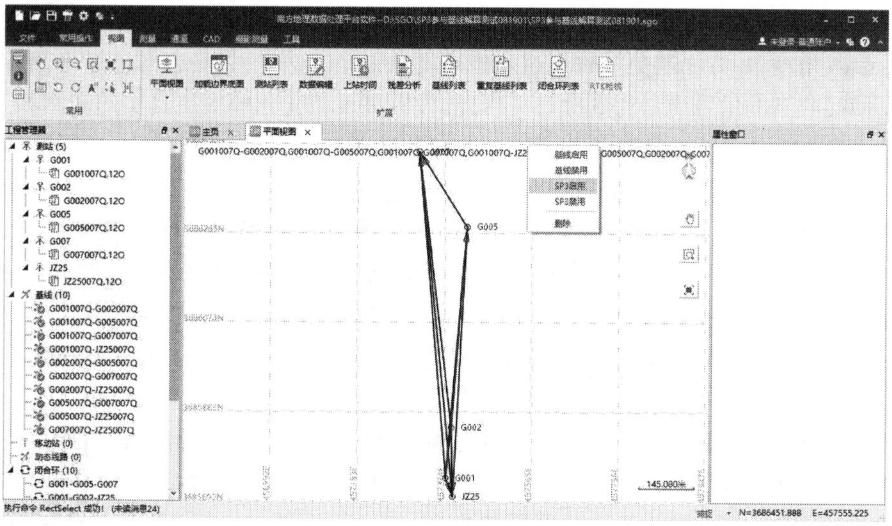

图 5-14　**精密星历解算图**

(三)解算基线

点击【处理基线】按钮，勾选欲处理的基线；点击【处理】按钮，软件将对这些基线进行启用 SP3 的基线处理解算。

三、星历预报

使用星历预报工具软件可以查看过去和未来的卫星观测状况,以及卫星运行的实时状态。

(一)导入星历文件

SGO 星历预报工具支持天宝 alm 历书文件和 GPS 标准历书 yuma 文件。由于星历文件中的卫星轨道参数具有一定的时效性,因此用户需每隔一段时间后自行更换历书文件以得到较高的预测精确性。

由于天宝 alm 历书文件包含卫星信息较多,因此建议优先使用天宝 alm 历书文件。

点击“星历预报”工具软件左上角的【设置】按钮,进入星历预报设置界面,在此,点击对话框界面下方的【导入星历文件】按钮,在电脑文件系统中浏览查找到预先下载好的星历文件即可导入软件。

SGO 在版本发布时会自动为星历预报软件更新为发布日期的天宝 alm 星历文件,用户可以对软件进行在线更新或前往官网下载最新版本的 SGO 进行体验。

(二)设置星历预报工具

星历预报设置界面中提供用户接收机位置设置、高度截止角设置、观测时段及历元间隔设置。

星历预报是对(未来)某一观测时段卫星观测情况的预报,因此需要用户提供即将进行作业的接收机设置位置,软件会针对用户提供的接收机位置模拟计算观测时段内该位置可观测到的卫星数量、卫星几何构型等信息。

对于低高度角的卫星,其实际观测数据通常包含较大的误差,因此大多数接收机会设置天线的信号接收角度,一方面避免接收到过多低高度角卫星的信号,另一方面通过平衡各方向的接收功率使接收到的信号质量得到提升。因此,设置高度截止角模拟更真实的观测场景。

“在世界投影图中显示高度角边界”选项应用范围在世界投影图中,通过切换这个选项开关可以切换卫星轨迹显示的范围仅在可视区域显示或全部显示。

观测时段需要用户提供开始观测时间与结束观测时间。需要注意的是,结束观测时间不得早于开始观测时间,否则系统会自动将结束观测时间设置为开始观测时间之后的 1 h;出于性能考虑,我们设置了最大观测时长为 1 d,即结束观测时间最大不得超过开始观测时间 24 h,否则系统会自动将结束观测时间设置为开始观测时间之后的 23 h 59 min;同样地,我们设置了最小观测历元间隔为 5 min。

事实上,一整天的观测时间与 5 min 的观测历元已经可以提供相当可观的数据量与工程计划建议。用户进行一段预测之后,可以改变开始观测时间与结束观测时间,再进行下一段时段的预测。

SGO 软件星历预报

(三)星历预报提供的信息

设置完成之后界面会刷新各种图表及文本视图。当前星历预报提供 4 个界面 6 种图表,以及详细预报文本,分别为卫星数量及 DOP 值图(见图 5-15 和图 5-16)、卫星高度角图表、卫星可见情况图表、卫星分布视图、卫星世界投影视图以及星历预报文本。

卫星数量图表提供观测时段内可视卫星的数量波动情况,用户通过在图标上移动鼠标

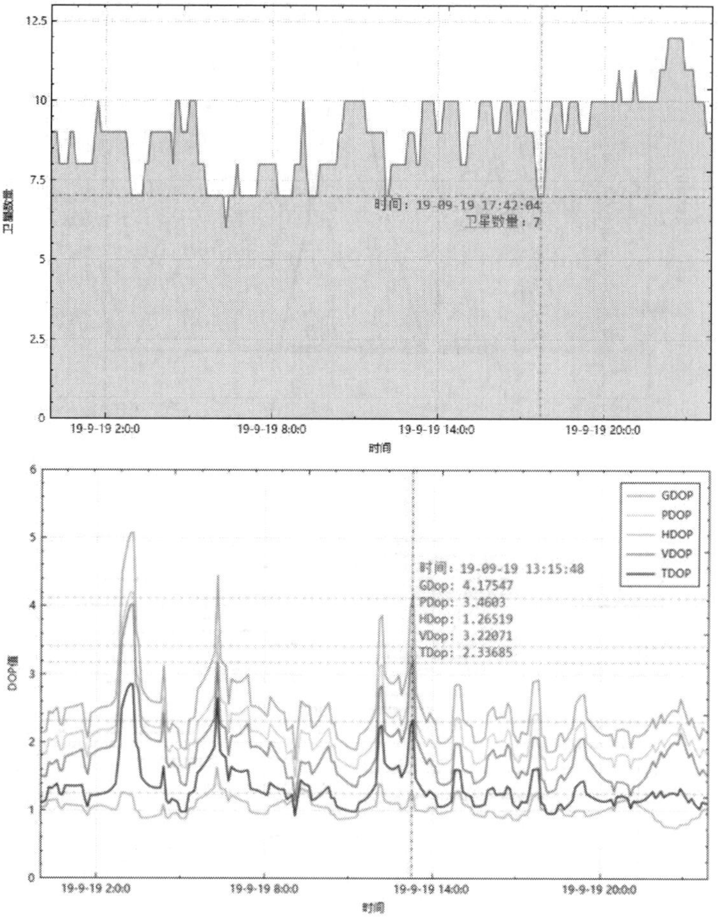

图 5-15　卫星数量及 DOP 值图(一)

或滑动左侧设置属性控制栏上方的滑块查看某时刻具体的可视卫星数量。

观测 DOP 值图表提供观测时段的各方面精度因子数值变化趋势及大小,用户同样可以通过移动鼠标等方式查看具体数值的变化情况。

卫星高度角图表显示观测时段所有可见卫星的高度角变化情况(高度截止角以上),用户通过鼠标选择一颗具体卫星之后移动鼠标来查看具体该卫星高度角变化情况。

卫星可见情况图表提供用户观测时段各卫星的可见区间。卫星分布视图通过天空图的形式展示观测时段卫星的运行轨迹及运行方位。用户可以滑动滑块来模拟卫星运行情况。

SGO 软件使用精密星历辅助基线解算

卫星世界投影视图展示卫星运行位置垂直在地图上的投影运行轨迹(见图 5-17)。用户同样可以滑动滑块模拟卫星运行。卫星轨道分布见图 5-18。

用户通过设置中的“在世界投影图中显示高度角边界”选项可以切换世界投影图中的卫星显示区域,如图 5-19 所示。

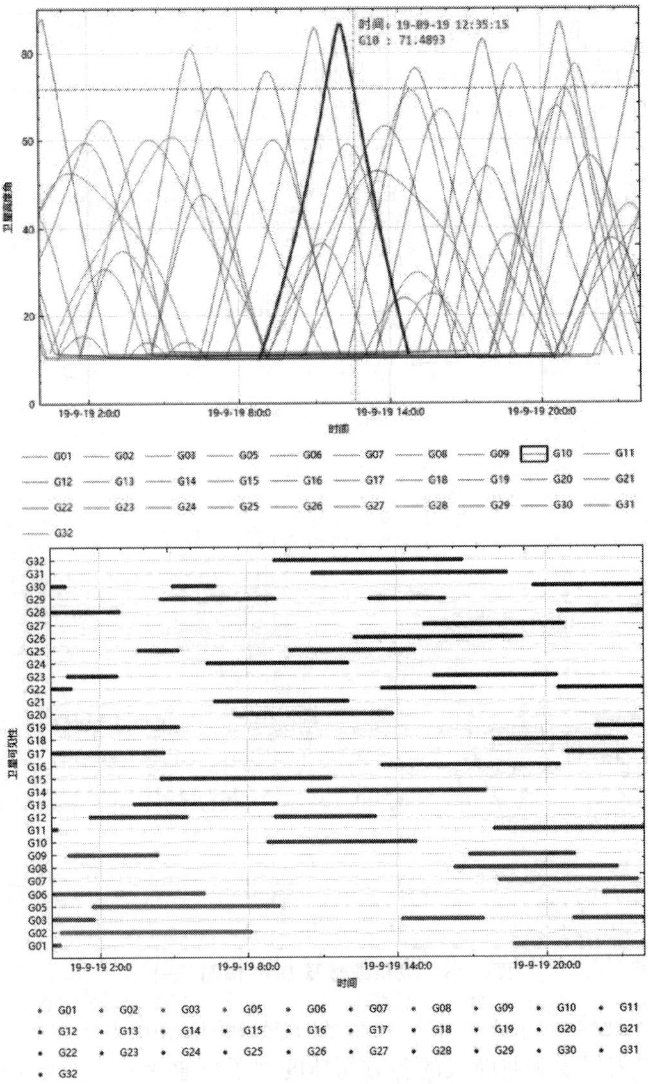

图 5-16　卫星数量及 DOP 值图(二)

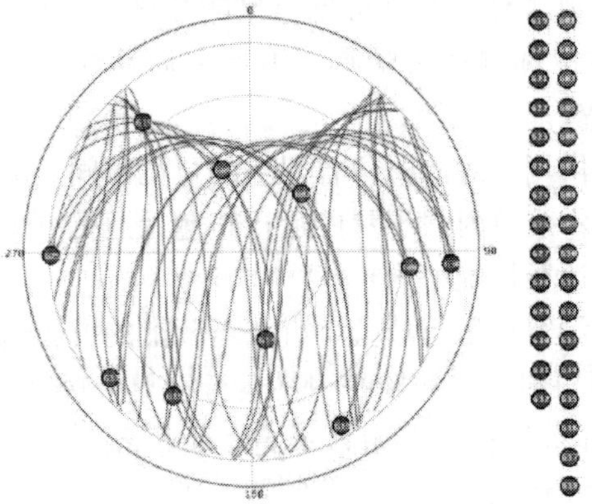

图 5-17　卫星投影运行轨迹图

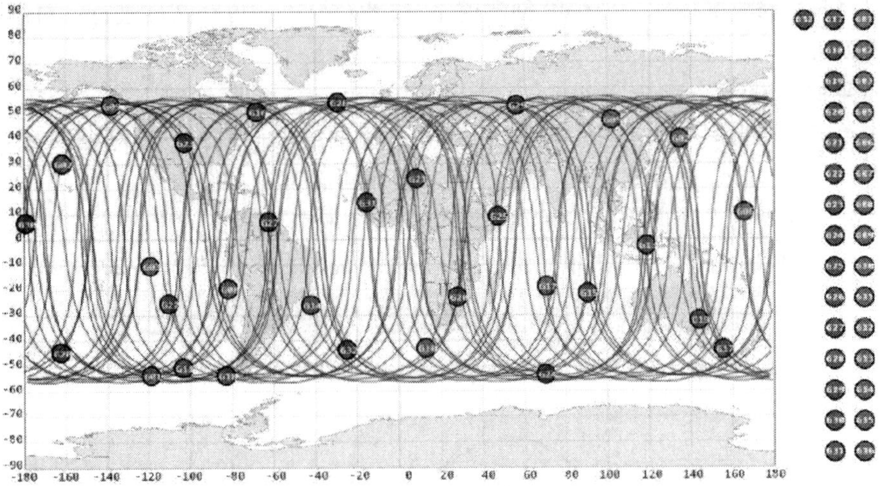

图 5-18　卫星轨道分布图

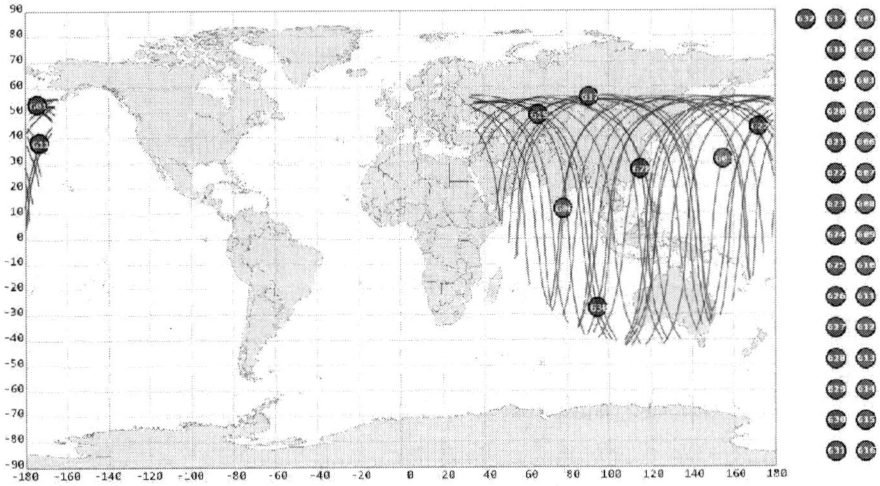

图 5-19　世界投影图中的卫星图

任务四　工程施工

SGO 软件中通道模块可以用来设计工程道路的平曲线和竖曲线,兼容工程之星 5.0 的道路文件格式,设计的道路可以直接导入工程之星 5.0,工程之星 5.0 的道路文件也可以使用 SGO 打开进行数据查看、编辑、结果查看。

一、创建定线

创建定线可以通过设计文件自己分别设计平曲线和竖曲线,也可以导入已有的道路文件,再对定线进行相应的查看或编辑。

要导入已有的道路文件,点击创建定线的下拉菜单→导入文件,即可导入工程之星 5.0 的道路格式文件。

要自行创建道路,单击创建定线,即可创建一条空白定线,之后便可以对其进行道路元素的增加、删除、修改等操作。要继续创建道路,或者对导入的道路文件进行针对修改,点击编辑定线按钮。

(一)平曲线设计

道路元素设计视图中点击“水平”选项卡,进入平曲线设计模式。右键可以对道路平曲线要素进行增加、插入、删除等操作,双击已存在要素可对其进行修改。

平曲线设计中的设计方法沿用元素法设计方法。道路元素分为直线、圆曲线和缓和曲线,用户可以在道路设计帮助文档中获取更多平曲线设计的信息,如图 5-20 所示。

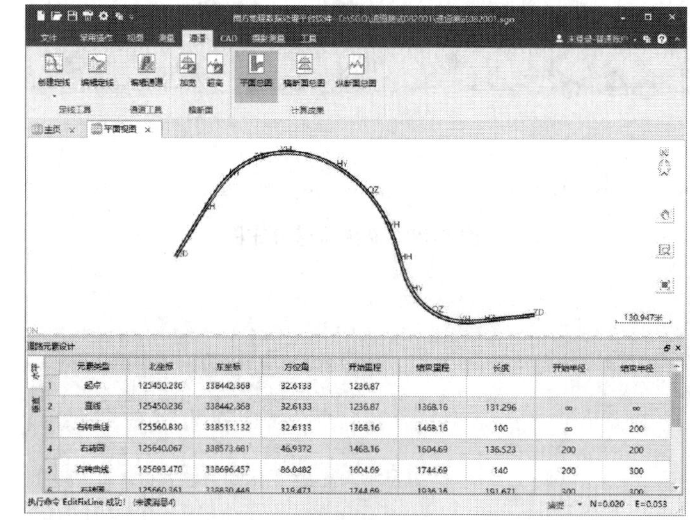

图 5-20　平面总图

(二)竖曲线设计

道路元素设计视图中点击“垂直”选项卡,进入竖曲线设计模式。右键可以对道路竖曲线要素进行增加、插入、删除等操作,双击已存在要素可对其进行修改,见图 5-21。

用户输入变坡点的道路里程、变坡点高程、变坡半径即可对竖曲线要素进行更改。软件会从小到大自动排列所有变坡点里程。

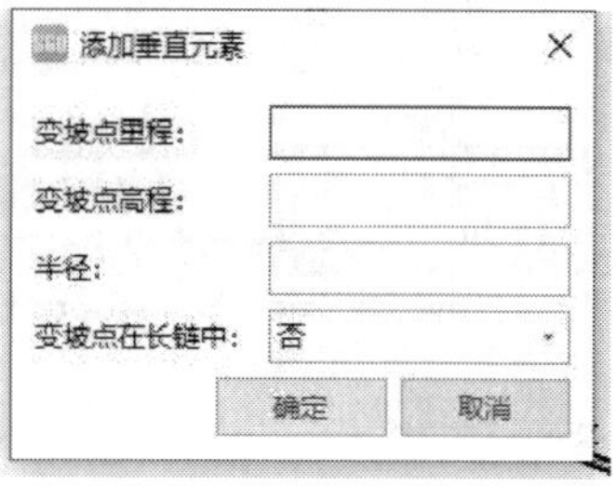

图 5-21　添加垂直元素图

二、编辑通道

上述的定线是道路中线的设计,决定了道路的一般走向、坡度、方位、长度、曲率等信息,还需要对通道进行设计才能得到一条具有宽度、斜坡等要素的完整的道路。

通道影响道路的宽度。一般的道路需要中心分隔带、快速车道、慢速车道与非机动车道、人行道等通道要素。通过点击编辑通道,即可分别对道路的左、右路幅进行通道的设计。

右键标准路宽设计视图,可以对左、右路幅进行通道的添加(见图 5-22)、插入、删除等操作,双击已存在通道可对其属性进行修改。

软件默认对左、右路幅采用相同的配置,即只需配置一边路幅,另一边也就配置完成了。如果需要分别调整,可以反选添加路幅中的“左右是否对称”选框,或者设计完成后分别对不同的路幅双击进行修改。

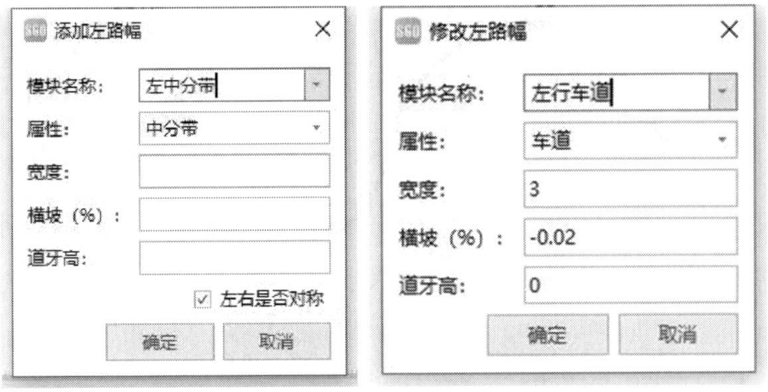

图 5-22　添加路幅图

三、设置通道加宽、超高

对于山路转弯处或者其他情况下需要对某(些)通道进行加宽,点击【加宽】按钮,即可对不同里程不同道路路幅宽度分别进行加宽调整,见图 5-23。

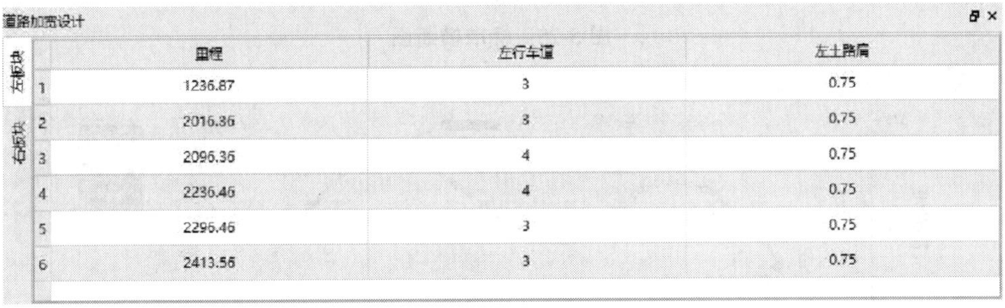

	里程	左行车道	左土路肩
1	1236.87	3	0.75
2	2016.36	3	0.75
3	2096.36	4	0.75
4	2236.46	4	0.75
5	2296.46	3	0.75
6	2413.56	3	0.75

图 5-23　道路加宽设计图

同样地,在某些情况下(不清楚使用场景),对某里程段通道的相应路幅进行超高,点击【超高】按钮,便可针对性地对不同里程不同道路路幅高程进行超高调整,见图 5-24。

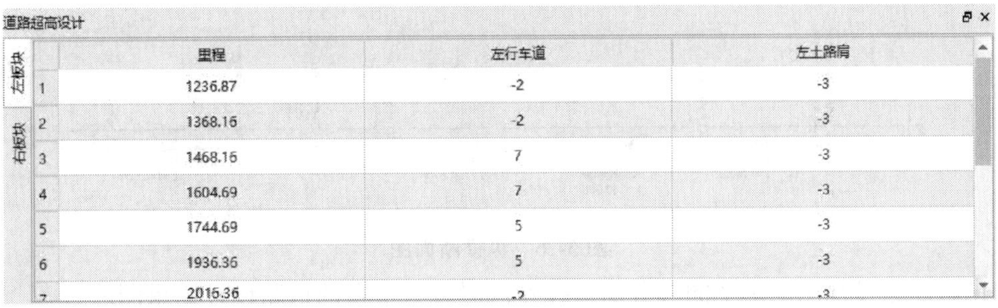

	里程	左行车道	左土路肩
1	1236.87	-2	-3
2	1368.16	-2	-3
3	1468.16	7	-3
4	1604.69	7	-3
5	1744.69	5	-3
6	1936.36	5	-3
7	2016.36	-2	-3

图 5-24　道路超高设计图

四、查看图像化的道路设计结果

道路设计结果可视化可以通过道路的 3 种剖面来描述,点击“平面总图”可以查看道路的平面定线;点击“横断面总图”可以查看道路在不同里程处的横断面(见图 5-25),以及道路加宽对横断面的影响效果;点击“纵断面总图”可以查看道路的纵断面剖面图(见图 5-26)、道路超高渐变图和线性示意图。

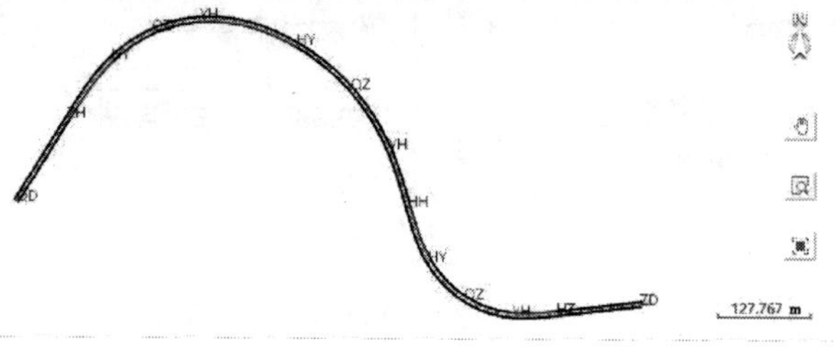

(a)

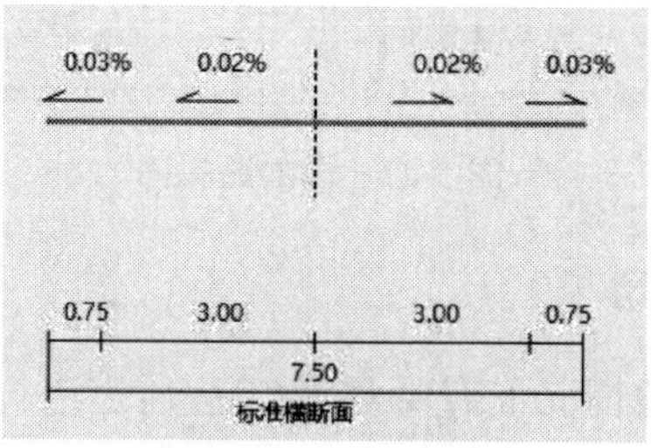

(b)

图 5-25　标准横断图

设计结果如图 5-26 所示。

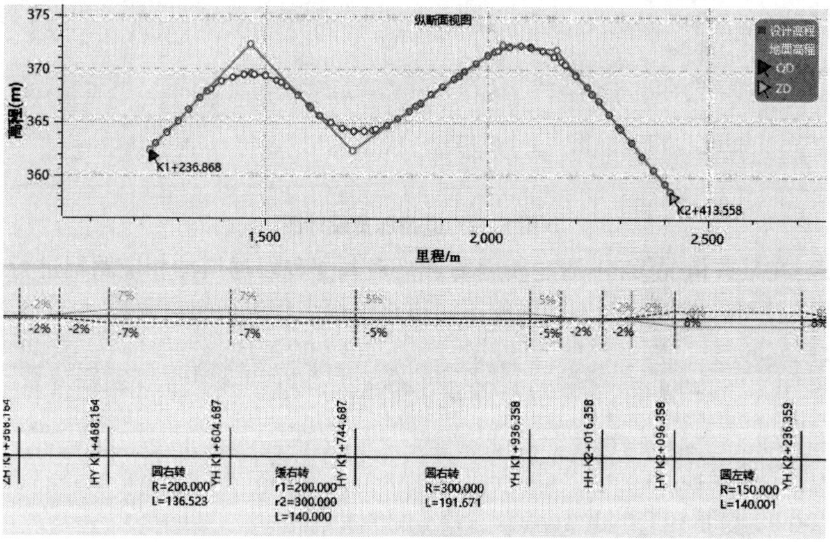

图 5-26　纵横断面图

也可以通过视图菜单下的拆分窗口按钮同时查看所有的道路设计结果图。

第二篇　常规数据处理

项目六　地面控制网数据处理原理

知识目标：

- 掌握平面控制网概算工作过程；
- 掌握观测值转化至椭球面上的计算方法；
- 掌握平面控制网测量平差的数据模型计算公式。

能力目标：

- 能根据具体项目案例计算高差控制网；
- 能利用软件进行高斯坐标的正算与高斯坐标的反算工作。

思政目标：

- 坚定学生自信心，正确引导学生的学习能力，提高自我学习能力，增强专业认知。

任务一　平面控制网概算

平面控制测量数据是在地面上获得的，测量的基准面和基准线是大地水准面和铅垂线。我们知道，大地水准面是不规则的曲面，在这样的曲面上进行测量计算是非常复杂的。因此，首先将地面观测值归算到一个规则曲面——参考椭球面上。

另外，参考椭球面虽然具有规则的几何形状，然而在这样的曲面上进行测量计算并不简单，因此为了便于测量计算和生产实践，还需要将椭球面上的观测值进一步归算到高斯平面上。

一、概算的准备工作

（一）外业成果资料的检查

外业资料是控制测量的原始记录，在概算前对外业观测成果及资料应进行认真全面的检查，检查的项目和内容如下所述。

1. 观测手簿

观测手簿包括水平方向手簿、垂直角手簿及边长手簿。检查这些原始数据是否清除，运算是否正确和合乎要求,各项限差是否满足有关的限差要求。

2. 观测记簿

要全面核对观测记簿和观测手簿有关内容是否有差错,成果的取舍和重测是否合理,分组观测是否合乎要求,测站平差是否正确。把检查后确认无误的水平方向值填入水平方向表中。

3. 归心投影用纸

原始投影点、线是否清楚、正确,投影时间、次数是否合乎要求,示误三角形、检查角及投影偏差是否合限。

4. 仪器检验资料及其他

仪器检验项目、方法及次数是否符合规定,计算是否正确,检验结果是否满足限差的要求。

(二)已知数据表和控制网略图的编制

已知数据是计算的依据,如抄录有误将对计算结果产生系统性影响,因而这项工作需由2名具有一定水平的技术人员独立编制,经仔细校对后方能使用。

为了概算和以后平差计算的需要,需绘制控制网资用略图。起算点根据坐标展绘并标以红色,起算边用红线表示。从起算点出发,用角度交会或距离交会展绘所有其他控制点,各控制点及其相应方向均用黑色绘出,在边角网中应标明测距的边长。

二、观测成果化至标石中心的计算

(一)三角形近似边长及球面角超的计算

1. 近似边长计算

为了计算归心改正数、近似坐标、球面角超及三角高程推算,必须计算三角网中各边的近似边长。如图6-1所示,近似边长计算按三角形正弦进行,即

$$\left.\begin{aligned} a &= b\frac{\sin A}{\sin B} \\ c &= b\frac{\sin C}{\sin B} \end{aligned}\right\} \tag{6-1}$$

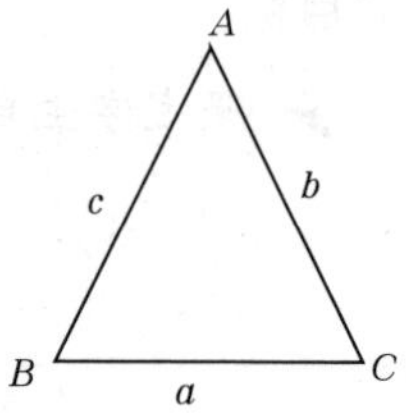

图6-1　近似边长计算

2. 球面角超的计算

为了检查方向改正计算的正确性和近似平面角的计算,要计算球面角超。计算公式为

$$\varepsilon'' = fab\sin C = fac\sin B = fbc\sin A$$

式中　$f = \dfrac{\rho''}{2R^2}$,以测区平均纬度 B_m 在"高斯-克吕格投影用表"中查取。

(二)观测值化至标石中心的计算

为了将观测方向值归算到标石中心的方向值,必须将观测方向值加上测站点归心改正和照准点归心改正,其计算公式如下。

测站点归心改正公式:

$$C_i = \frac{e_y \sin(M_1 + \theta_y)}{s_{ik}}\rho \tag{6-2}$$

照准点归心改正公式：

$$r_k = \frac{e_T \sin(M_2 + \theta_T)}{s_{ik}} \rho \tag{6-3}$$

观测边长化至标石中心的计算：如果在三角网中加测了若干条电磁波测距的边长，当测距时存在偏心，对这些边也应计算归心改正，使其归算到标石中心的观测边长。

由图 6-2 可得

$$d = [(d' - e_i \cos\theta_i - e_k \cos\theta_k)^2 + (e_i \sin\theta_i + e_k \sin\theta_k)^2]^{\frac{1}{2}} \tag{6-4}$$

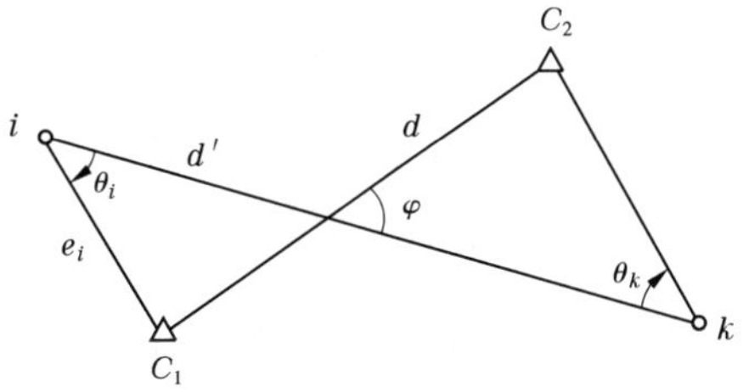

图 6-2

三、观测值化至椭球面上的计算

(一) 预备计算

将地面观测值化至椭球面上的计算，需要有关边长的近似大地方位角，为此需要一些必要的预备计算工作。

1. 三角形闭合差及测角中误差的计算

计算三角形闭合差的目的是计算近似平面归化角和测角中误差；求定近似归化角的目的是为求各边的近似坐标方位角和各点近似坐标做好准备工作。

三角形闭合差按下式计算：

$$\omega = \sum \beta - (180° + \varepsilon) \tag{6-5}$$

按$-\frac{\omega}{3}$平均分配给各角。

测角中误差按菲列罗公式计算

$$m = \pm \sqrt{\frac{[\omega\omega]}{3n}} \tag{6-6}$$

2. 近似坐标的计算

为了计算子午线收敛角及方向改化和距离改正，需计算各三角点的近似坐标。坐标计算有两种方法。

(1) 变形戎格公式：

$$\left.\begin{aligned} x_3 &= \frac{x_1 \cot 2 + x_2 \cot 1 - y_1 + y_2}{\cot 1 + \cot 2} \\ y_3 &= \frac{y_1 \cot 2 + y_2 \cot 1 - x_1 + x_2}{\cot 1 + \cot 2} \end{aligned}\right\} \tag{6-7}$$

三角形编号如图 6-3 所示,1,2 为已知点,3 为待定点。

(2)坐标增量公式:

$$\left.\begin{aligned} x_2 &= x_1 + \Delta x_{12} = x_1 + D'_{12}\cos T'_{12} \\ y_2 &= y_1 + \Delta y_{12} = y_1 + D'_{12}\sin T'_{12} \end{aligned}\right\} \qquad (6\text{-}8)$$

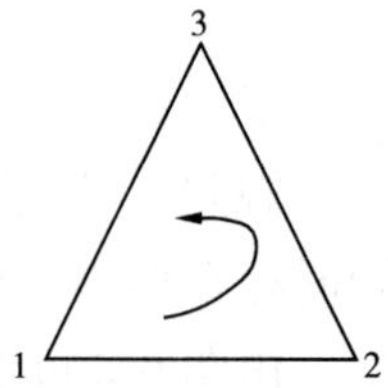

图 6-3

3. 近似子午线收敛角及近似大地方位角的计算

计算近似子午线收敛角的目的是计算近似大地方位角,近似大地方位角计算的目的是满足观测值归化至椭球面上各项计算之需。

近似子午线收敛角的计算公式:

$$\gamma' = Ky + \delta_r \qquad (6\text{-}9)$$

式中

$$K = \frac{\rho' \tan B}{N}$$

$$\delta_r = -\frac{y^3 \rho' (\tan B + \tan^3 B - \tan B \eta^2)}{3N^3}$$

K 和 δ_r 可在"测量计算用表"中按近似坐标 x、y 查取。

近似大地方位角的计算公式:

$$A'_{12} = T'_{12} + \gamma' \qquad (6\text{-}10)$$

4. 已知数据的换算

1)平面直角坐标换算为大地坐标

为了计算已知点的子午线收敛角 γ 和垂线偏差分量,当已知点的起算坐标为高斯投影平面直角 x、y 时,则应将它换算为大地坐标。换算公式为高斯投影坐标反算公式:

$$\left.\begin{aligned} B &= B_f - y'(A_1 + A_2 y') - \delta''_B \\ L &= L_0 + l'' = L_0 + y:(b_1 + B_2 y') + \delta''_l \end{aligned}\right\} \qquad (6\text{-}11)$$

2)已知子午线收敛角的计算

为将已知点上的天文方位角换算成大地方位角,应该首先计算出该点上的子午线收敛角。计算公式如下:

$$\gamma'' = l''(c_1 + c_1 l') + \delta_r \qquad (6\text{-}12)$$

5. 垂线偏差分量的计算

为对水平方向施加垂线偏差改正,必须计算各点的垂线偏差分量 ξ、η。如果有测区范围内的垂线偏差图,那么可根据各三角点的近似坐标由图直接查取,可不必进行此项计算。如果没有垂线偏差分量图,可视以下两种情况采用不同方法进行计算。

对有天文观测资料的全部三角点,按下式求出垂线偏差分量:

$$\left.\begin{aligned} \xi &= \varphi - B \\ \eta &= (\lambda - L)\cos\varphi \end{aligned}\right\} \qquad (6\text{-}13)$$

对有重力资料的三角点按下式计算:

$$\left.\begin{aligned} \xi &= \xi_P + \delta_\xi \\ \eta &= \eta_P + \delta_\eta \end{aligned}\right\} \qquad (6\text{-}14)$$

$$\left.\begin{aligned}\delta_{\xi} &= \frac{\sum(\xi^0 - \xi_P^0)}{n}\\ \delta_{\eta} &= \frac{\sum(\eta^0 - \eta_P^0)}{n}\end{aligned}\right\}\tag{6-15}$$

6. 大地水准面差距的计算

为将基线长度归算至参考椭球面以及为了在水平方向中加入标高差改正数，需计算各三角点的大地水准面差距 h。如有大地水准面差距图，可采用天文水准的方法推求，其公式为：

$$h_2 - h_1 = -\frac{s}{2\rho''}[(\eta_1 + \eta_2)\sin A_{12} + (\xi_1 + \xi_2)\cos A_{12}]\tag{6-16}$$

7. 三角点上的三角高程的计算

为了计算三差改正中的标高差改正数，必须知道各三角点的高程。在没有几何水准测定高程的三角点上，可用三角高程方法推求，其计算公式为：

$$H = H_1 + s\tan\alpha_{12} + cs^2 + i_1 - a_2 + \Delta h_{12}\tag{6-17}$$

（二）观测值化至椭球面上的计算

1. 观测方向值归化改正数的计算

水平方向归化到椭球面上必须在测站平差和归心改正后的方向值中加入以下三项改正。

1）垂线偏差改正

计算公式为：

$$\delta''_u = -(\xi_1\sin A'_{12} - \eta_1\cos A'_{12})\tan\alpha_{12}\tag{6-18}$$

2）标高差改正

计算公式为：

$$\delta''_h = [H_2^0 + h_2 + a_2]_2(1)_2\frac{e^2}{2}\cos^2 B_2\sin 2A'_{12} = K_1\sin 2A'_{12}\tag{6-19}$$

式中　H_2^0——照准点的海拔；

h_2——照准点的大地水准面差距；

a_2——标高。

3）由法截弧方向化为大地线方向的改正

计算公式为：

$$\delta''_g = -\frac{e^2}{12\rho''}s^2(2)_1^2\cos^2 B\sin 2A'_{12} = K_2\sin 2A'_{12}\tag{6-20}$$

2. 基线长度和观测边长的归化改正

起算边长以及实测边长都应归化为椭球面上的大地线长度。归化公式如下：

$$\Delta s = -d\frac{H_m}{R + H_m}\tag{6-21}$$

四、椭球面上的观测值化算至高斯平面上的计算

为了在平面上进行平差，还必须将椭球面上观测值化算到高斯投影平面上。这项工作

包括方向改化、距离改化和大地方位角化算为坐标方位角等三项内容。

(一)方向改化的计算

为将椭球面上方向值化算到高斯平面上,需计算方向改化用的方向改正数。公式如下:

$$\left.\begin{aligned}\delta''_{12} &= -\frac{f_m}{3}(x_2 - x_1)(2y_1 + y_2) \\ \delta''_{21} &= \frac{f_m}{3}(x_2 - x_1)(2y_2 + y_1)\end{aligned}\right\} \tag{6-22}$$

三、四等方向改正计算公式:

$$\delta''_{12} = |\delta''_{21}| = \frac{\rho''}{2R_m^2} y_m \Delta x = f_m \Delta x y_m \tag{6-23}$$

(二)距离改化计算

为把椭球面上的大地线的长度化算为高斯平面上的直线长度,需计算距离改化的改正数。公式如下:

$$D = \left(1 + \frac{y_m^2}{2R_m} + \frac{\Delta y^2}{24R_m^2}\right) s = (1 + K)s \tag{6-24}$$

式中　s——椭球面上大地线的长度;

D——高斯平面上长度。

(三)大地方位角化算为坐标方位角的计算

为了在高斯平面上进行坐标计算,要求推求各边的坐标方位角,为此需要把起始大地方位角化算为坐标方位角,其计算公式为

$$T_{12} = A_{12} - \gamma_1 + \delta_{12} \tag{6-25}$$

五、依控制网几何条件检查观测质量

按控制网几何条件检查观测质量是从各测站结果之间应满足的几何条件的关系式出发来全面考虑的。它不仅反映作业本身的误差,也包含了某些粗差和系统误差的综合影响,因而能全面反映观测质量。

(一)依控制网几何质量检查观测质量的主要内容

外业成果质量检查的内容和步骤如下:

(1)计算角度条件闭合差并用限差进行检验。

(2)按菲列罗公式计算测角中误差。

(3)计算正弦条件闭合差并用限差值进行检验。

(二)依几何条件查寻闭合差超限的测站

依控制网几何条件检查观测质量,主要是用客观检验尺度来验证观测结果是否合乎要求,因此检验的过程同时也是揭露矛盾和暴露矛盾的过程。在检查中,如发现某项检验不通过,就要集中全力,全面分析和寻找可能出现大误差的测站,进行重测,以保证最后结果全部合乎限差要求。

六、资用坐标计算

资用坐标是用概算后的平面方向值推算的,由于没有经过平差,所以是一种概略坐标。

某些地区因任务紧迫，急需平面坐标，此时只有提供资用坐标，以满足测区和其他一般性工作的需要。资用坐标的另一种用途是：按坐标平差法时作近似坐标用。

资用坐标计算方法有两种：一种是按坐标增量计算，另一种是按变形戎格公式计算。

任务二　平面控制网平差原理

一、测量平差的数学模型与基本公式

（一）条件平差的数学模型

1. 基础方程和它的解

设某一个平差问题，有 n 个观测值为 L_1、L_2、…、L_n，平差值为 $\hat{L}_1$、$\hat{L}_2$、…、$\hat{L}_n$，相应的权为 P_1、P_2、…、P_n。必要观测个数为 t，多余观测个数为 r。

由于存在多余观测，使得平差值之间产生条件方程，有一个多余观测就产生一个条件方程，有 r 个多余观测，就产生 r 个条件方程。

其形式为

$$\left.\begin{aligned} a_1\hat{L}_1 + a_2\hat{L}_2 + \cdots + a_n\hat{L}_n + a_0 &= 0 \\ b_1\hat{L}_1 + b_2\hat{L}_2 + \cdots + b_n\hat{L}_n + b_0 &= 0 \\ &\vdots \\ r_1\hat{L}_1 + r_2\hat{L}_2 + \cdots + r_n\hat{L}_n + r_0 &= 0 \end{aligned}\right\} \tag{6-26}$$

设 $\underset{r\times n}{A}$ 表示条件方程的系数矩阵；$\underset{n\times 1}{V}$ 表示改正数矩阵；$\underset{r\times 1}{W}$ 表示条件方程的闭合差矩阵，$\underset{n\times 1}{L}$ 为观测值矩阵；$\underset{r\times 1}{A_0}$ 为条件方程的常数矩阵，即

$$\underset{r\times 1}{A_0} = \begin{bmatrix} a_0 \\ b_0 \\ \vdots \\ r_0 \end{bmatrix}, \underset{r\times n}{A} = \begin{bmatrix} a_1 & a_2 & \cdots & a_n \\ b_1 & b_2 & \cdots & b_n \\ \vdots & \vdots & & \vdots \\ r_1 & r_2 & \cdots & r_n \end{bmatrix}, \underset{n\times 1}{\hat{L}} = \begin{bmatrix} \hat{L}_1 \\ \hat{L}_2 \\ \vdots \\ \hat{L}_n \end{bmatrix}, \underset{r\times 1}{W} = \begin{bmatrix} w_a \\ w_b \\ \vdots \\ w_r \end{bmatrix}$$

则式（6-26）表达成：

$$AV + W = 0 \tag{6-27}$$

设观测值的权阵 P 为 $n\times n$ 的对角阵，，按求函数极值的拉格朗日乘数法，设乘数为 $K = (k_a \quad k_b \cdots \quad k_r)^{\mathrm{T}}$，组成函数

$$\Phi = V^{\mathrm{T}}PV - 2K^{\mathrm{T}}(AV + W)$$

为求新函数 Φ 的极值，对上式的变量 V 求一阶偏导数，并令其为零，于是有

$$\frac{\mathrm{d}\Phi}{\mathrm{d}V} = 2V^{\mathrm{T}}P - 2K^{\mathrm{T}}A = 0$$

等式两边同时转置得

$$PV = A^{\mathrm{T}}K$$

得改正数 V 的计算公式为

$$V = P^{-1}A^{\mathrm{T}}K \tag{6-28}$$

式(6-28)就是改正数方程的矩阵形式。

若将式(6-28)代入式(6-27)可得法方程的矩阵表达式

$$AP^{-1}A^{\mathrm{T}}K + W = 0 \tag{6-29}$$

设 $N_{aa} = AP^{-1}A^{\mathrm{T}}$,则式(6-29)可表示为

$$N_{aa}K + W = 0 \tag{6-30}$$

可得

$$K = - N_{aa}^{-1}W \tag{6-31}$$

2. 精度评定

(1)单位权中误差

$$\hat{\sigma}_0 = \pm \sqrt{\frac{V^{\mathrm{T}}PV}{n - t}} \tag{6-32}$$

(2)平差值的协因数阵

$$Q_{\hat{L}\hat{L}} = Q - QA^{\mathrm{T}}N_{aa}^{-1}AQ \tag{6-33}$$

(3)平差值函数的协因数

设平差值的函数为

$$\Phi = f(\hat{L}_1, \hat{L}_2, \cdots, \hat{L}_n)$$

其全微分形式

$$\mathrm{d}\Phi = \left(\frac{\partial f}{\partial \hat{L}_1}\right)_{\hat{L}=L} \mathrm{d}\hat{L}_1 + \left(\frac{\partial f}{\partial \hat{L}_2}\right)_{\hat{L}=L} \mathrm{d}\hat{L}_2 + \cdots + \left(\frac{\partial f}{\partial \hat{L}_n}\right)_{\hat{L}=L} \mathrm{d}\hat{L}_n \tag{6-34}$$

$$= f_1\mathrm{d}\hat{L}_1 + f_2\mathrm{d}\hat{L}_2 + \cdots + f_n\mathrm{d}\hat{L}_n$$

$$Q_{\varphi\varphi} = f^{\mathrm{T}}Qf - (AQf)^{\mathrm{T}}N_{aa}^{-1}AQf \tag{6-35}$$

(二)间接平差的数学模型

间接平差又称参数平差。通过选取 t 个未知参数,将平差值表示为未知参数的函数,首先通过求解未知参数,然后求改正数及平差值。

1. 基础方程和它的解

设平差问题中,有 n 个不等精度的独立观测 $\underset{n\times 1}{L}$,相应权为 p_i ($i = 1,2, \cdots, n$),并设需 t 个必要观测,用 $\underset{t\times 1}{X}$ 表示选定的未知数,按题列出 n 个平差值方程为

$$\left.\begin{aligned} \hat{L}_1 &= L_1 + v_1 = a_1x_1 + b_1x_2 + \cdots + t_1x_t + d_1 \\ \hat{L}_2 &= L_2 + v_2 = a_2x_1 + b_2x_2 + \cdots + t_2x_t + d_2 \\ &\vdots \\ \hat{L}_n &= L_n + v_n = a_nx_1 + b_nx_2 + \cdots + t_nx_t + d_n \end{aligned}\right\} \tag{6-36}$$

令 $x_i = x_i^0 + \delta x_i$,则式(6-36)为:

$$\left.\begin{aligned} v_1 &= a_1\delta x_1 + b_1\delta x_2 + \cdots + t_1\delta x_t + l_1 \\ v_2 &= a_2\delta x_1 + b_2\delta x_2 + \cdots + t_2\delta x_t + l_2 \\ &\vdots \\ v_n &= a_n\delta x_1 + b_n\delta x_2 + \cdots + t_n\delta x_t + l_n \end{aligned}\right\} \tag{6-37}$$

式(6-37)称为误差方程,式中 $a_i,b_i,\cdots,t_i,l_i$ 为误差方程系数及常数项,且

$$l_i = a_i x_1^0 + b_i x_2^0 + \cdots + t_i x_i^0 + d_i - L_i \quad (i = 1,2,\cdots,n) \tag{6-38}$$

若设 $\underset{n\times1}{V} = \begin{bmatrix} v_1 \\ v_2 \\ \vdots \\ v_n \end{bmatrix}$, $\underset{t\times1}{\delta x} = \begin{bmatrix} \delta x_1 \\ \delta x_2 \\ \vdots \\ \delta x_t \end{bmatrix}$, $\underset{n\times1}{l} = \begin{bmatrix} l_1 \\ l_2 \\ \vdots \\ l_n \end{bmatrix}$, $\underset{n\times t}{B} = \begin{bmatrix} a_1 & b_1 & \cdots & t_1 \\ a_2 & b_2 & \cdots & t_2 \\ \vdots & \vdots & & \vdots \\ a_n & b_n & \cdots & t_n \end{bmatrix}$, $\underset{n\times n}{P} = \begin{bmatrix} p_1 & 0 & \cdots & 0 \\ 0 & p_2 & \cdots & 0 \\ \vdots & \vdots & & \vdots \\ 0 & 0 & \cdots & p_n \end{bmatrix}$, 则式(6-37)的矩阵形式为:

$$V = B\delta x + l \tag{6-39}$$

根据最小二乘原理,上式 δx 必须满足 $V^{\mathrm{T}}PV = \min$,按求函数自由极值的方法,得

$$\frac{\partial V^{\mathrm{T}}PV}{\partial \delta x} = 2V^{\mathrm{T}}P\frac{\partial V}{\partial \delta x} = V^{\mathrm{T}}PB = 0$$

转置后得

$$B^{\mathrm{T}}PV = 0 \tag{6-40}$$

将式(6-39)代入式(6-40)得

$$B^{\mathrm{T}}PB\delta x + B^{\mathrm{T}}Pl = 0 \tag{6-41}$$

令 $N_{bb} = B^{\mathrm{T}}PB, W = B^{\mathrm{T}}Pl$ 得

$$N_{bb}\delta x + W = 0 \tag{6-42}$$

可得

$$\delta x = -N_{bb}^{-1}W \tag{6-43}$$

将式(6-43)算得的 δx 代入式(6-39)求出改正数向量 V,进而求出观测平差值。

2. 精度评定

(1)单位权中误差

$$\hat{\sigma}_0 = \pm\sqrt{\frac{V^{\mathrm{T}}PV}{n-t}} \tag{6-44}$$

(2)未知数的协因数阵

$$Q_{xx} = N_{bb}^{-1} \tag{6-45}$$

即法方程系数矩阵的逆阵就是未知数向量的权逆阵。

(3)未知数函数的协因数。

在间接平差中,平差后得到了未知数平差值及观测值的平差值,但往往在许多平差问题中,除了得到上述结果,还需根据未知数的平差计算某些量,这些是未知数的函数,故也应作

精度评定。

设某平差问题的未知数的函数为

$$\varphi = f(x_1, x_2, \cdots, x_t) \tag{6-46}$$

它的权函数式为

$$\begin{aligned}\delta\varphi &= \left(\frac{\partial f}{\partial x_1}\right)\delta x_1 + \left(\frac{\partial f}{\partial x_2}\right)\delta x_2 + \cdots + \left(\frac{\partial f}{\partial x_t}\right)\delta x_t \\ &= f_1\delta x_1 + f_2\delta x_2 + \cdots + f_t\delta x_t\end{aligned} \tag{6-47}$$

令 $f^{\mathrm{T}} = [f_1 \quad f_2 \quad \cdots \quad f_t]$，$\delta x = [\delta x_1 \quad \delta x_2 \quad \cdots \quad \delta x_t]^{\mathrm{T}}$，则式(6-47)的矩阵形式为：

$$\delta\varphi = f^{\mathrm{T}}\delta x \tag{6-48}$$

根据权逆阵的传播律，得未知数的权倒数为：

$$\frac{1}{P_\varphi} = f^{\mathrm{T}} Q_{xx} f^{\mathrm{T}} \tag{6-49}$$

因为

$$Q_{xx} = N^{-1}$$

所以

$$\frac{1}{P_\varphi} = f^{\mathrm{T}} N^{-1} f \tag{6-50}$$

二、平面控制网平差计算

由于间接平差的规律性强，便于计算机程序编制，因此平面控制网和高程控制网的电算程序多采用间接平差的方法。

间接平差又称参数平差。水平控制网按间接平差时，通常选取待定点的坐标平差值作为未知数(按方向平差时，还增加测站定向角未知数)，平差后直接求得各待定点的坐标平差值，故这种以待定点坐标作为未知数的间接平差法也称为坐标平差法。

(一)平面控制网误差方程的列立

这里讨论测角网中选择待定点坐标为未知数时，误差方程列立及线性化问题。如图 6-4 所示，某一测角网的任一角 L_i，j、k、h 为 3 个待定点，它们的近似坐标为 (x_j^0, y_j^0)，(x_k^0, y_k^0)，(x_h^0, y_h^0)；改正数为 $\delta x_j, \delta y_j; \delta x_k, \delta y_k; \delta x_h, \delta y_h$。则平差值分别为

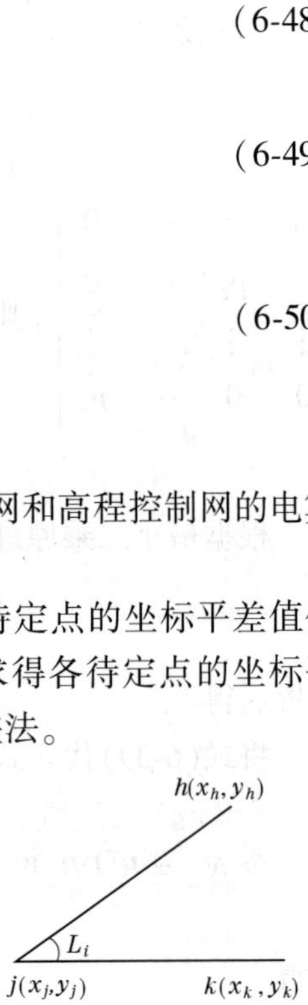

图 6-4

$$\left.\begin{aligned} x_j &= x_j^0 + \delta x_j \\ y_j &= y_j^0 + \delta y_j \end{aligned}\right\} \qquad \left.\begin{aligned} x_k &= x_k^0 + \delta x_k \\ y_k &= y_k^0 + \delta y_k \end{aligned}\right\} \qquad \left.\begin{aligned} y_h &= x_h^0 + \delta x_h \\ y_h &= y_h^0 + \delta y_h \end{aligned}\right\}$$

可得 $\hat{L}_i$ 的平差值方程为

$$\hat{L}_i = \hat{\alpha}_{jk} - \hat{\alpha}_{jh} \tag{6-51}$$

令 $\hat{\alpha}_{jk} = \alpha_{jk}^0 + \delta\alpha_{jk}$，$\hat{\alpha}_{jh} = \alpha_{jh}^0 + \delta\alpha_{jh}$，则误差方程为：

$$\begin{aligned} v_i &= \delta\alpha_{jk} - \delta\alpha_{jh} + (\alpha_{jk}^0 - \alpha_{jh}^0 - L_i) = \delta\alpha_{jk} - \delta\alpha_{jh} + l_i \\ l_i &= \alpha_{jk}^0 - \alpha_{jh}^0 - L_i \end{aligned} \tag{6-52}$$

现求坐标改正数与坐标方位角改正数的线性关系。

由图 6-4 可知：

$$\hat{\alpha}_{jk} = \arctan\frac{y_k - y_j}{x_k - x_j} \tag{6-53}$$

将式(6-53)右端按泰勒公式展开得

$$\hat{\alpha}_{jk} = \arctan\frac{y_k^0 - y_j^0}{x_k^0 - x_j^0} + \left(\frac{\partial\hat{\alpha}_{jk}}{\partial x_j}\right)_0 \delta x_j + \left(\frac{\partial\hat{\alpha}_{jk}}{\partial y_j}\right)_0 \delta y_j + \left(\frac{\partial\hat{\alpha}_{jk}}{\partial x_k}\right)_0 \delta x_k + \left(\frac{\partial\hat{\alpha}_{jk}}{\partial y_k}\right)_0 \delta y_k$$

$$= \alpha_{jk}^0 + \delta\alpha_{jk} \tag{6-54}$$

$$\delta\alpha_{jk} = \left(\frac{\partial\hat{\alpha}_{jk}}{\partial x_j}\right)_0 \delta x_j + \left(\frac{\partial\hat{\alpha}_{jk}}{\partial y_j}\right)_0 \delta y_j + \left(\frac{\partial\hat{\alpha}_{jk}}{\partial x_k}\right)_0 \delta x_k + \left(\frac{\partial\hat{\alpha}_{jk}}{\partial y_k}\right)_0 \delta y_k \tag{6-55}$$

$$\delta\alpha''_{jk} = \frac{\rho''\Delta y_{jk}^0}{(s_{jk}^0)^2}\delta x_j - \frac{\rho''\Delta x_{jk}^0}{(s_{jk}^0)^2}\delta y_j - \frac{\rho''\Delta y_{jk}^0}{(s_{jk}^0)^2}\delta x_k + \frac{\rho''\Delta x_{jk}^0}{(s_{jk}^0)^2}\delta y_k \tag{6-56}$$

或

$$\delta\alpha''_{jk} = \frac{\rho''\sin\alpha_{jk}^0}{s_{jk}^0}\delta x_j - \frac{\rho''\cos\alpha_{jk}^0}{s_{jk}^0}\delta y_j - \frac{\rho''\sin\alpha_{jk}^0}{s_{jk}^0}\delta x_k + \frac{\rho''\cos\alpha_{jk}^0}{s_{jk}^0}\delta y_k \tag{6-57}$$

同理

$$\delta\alpha''_{jh} = \frac{\rho''\Delta y_{jh}^0}{(s_{jh}^0)^2}\delta x_j - \frac{\rho''\Delta x_{jh}^0}{(s_{jh}^0)^2}\delta y_j - \frac{\rho''\Delta y_{jh}^0}{(s_{jh}^0)^2}\delta x_h + \frac{\rho''\Delta x_{jh}^0}{(s_{jh}^0)^2}\delta y_h \tag{6-58}$$

或

$$\delta\alpha''_{jh} = \frac{\rho''\sin\alpha_{jh}^0}{s_{jh}^0}\delta x_j - \frac{\rho''\cos\alpha_{jh}^0}{s_{jh}^0}\delta y_j - \frac{\rho''\sin\alpha_{jh}^0}{s_{jh}^0}\delta x_h + \frac{\rho''\cos\alpha_{jh}^0}{s_{jh}^0}\delta y_h \tag{6-59}$$

式(6-59)就是坐标改正数与坐标方位角改正数间的一般关系,称为坐标方位角改正数方程,其中 $\delta\alpha$ 以秒(s)为单位。平差计算时,可按不同的情况灵活运用。

讨论:

(1)若某边的两端均为待定点,则坐标改正数与坐标方位角改正数间的关系就是式(6-59),此时 δy_j 与 δx_k 前的系数是绝对值相等,符号相反;δx_j 与 δy_k 前的系数也是绝对值相等,符号相反。

(2)若测站点 j 为已知点时,则有 $\delta x_j = \delta y_j = 0$,得

$$\delta\alpha''_{jk} = \frac{-\rho''\Delta y_{jk}^0}{(s_{jk}^0)^2}\delta x_k + \frac{\rho''\Delta x_{jk}^0}{(s_{jk}^0)^2}\delta y_k \tag{6-60}$$

若照准点 k 为已知点,则有 $\delta x_k = \delta y_k = 0$,得

$$\delta\alpha''_{jk} = \frac{+\rho''\Delta y_{jk}^0}{(s_{jk}^0)^2}\delta x_j - \frac{\rho''\Delta x_{jk}^0}{(s_{jk}^0)^2}\delta y_j \tag{6-61}$$

(3)若某边的两个端点均为已知点,则

$$\delta x_j = \delta y_j = \delta x_k = \delta y_k = 0,\quad \delta\alpha''_{jk} = 0 \tag{6-62}$$

(4)同一边的正反坐标方位角的改正数相等,它们与坐标改正数的关系也一样,即

$$\delta\alpha''_{jk} = \delta\alpha''_{kj} \tag{6-63}$$

据此,实际计算时,只要对每条待定边计算一个方向的坐标方位角改正数方程即可。

(二)测边网坐标平差的误差方程列立

这里讨论测边网中,选待定点坐标为未知数时,误差方程列立及线性化问题。如图 6-5 为某一测边网中的任意一条边,j、k 为两个待定点,它们的近似坐标为 (x_j^0, y_j^0)、(x_k^0, y_k^0),改正数为 $\delta x_j, \delta y_j; \delta x_k, \delta y_k$,则 j, k 的坐标平差值为

$$\left.\begin{aligned} x_j &= x_j^0 + \delta x_j \\ y_j &= y_j^0 + \delta y_j \end{aligned}\right\} \qquad \left.\begin{aligned} x_k &= x_k^0 + \delta x_k \\ y_k &= y_k^0 + \delta y_k \end{aligned}\right\}$$

由图 6-5 可写出 $\hat{s}_i$ 的平差值方程为:

$$\hat{s}_i = s_i^0 + v_i = \sqrt{(x_k - x_j)^2 + (y_k - y_j)^2} \tag{6-64}$$

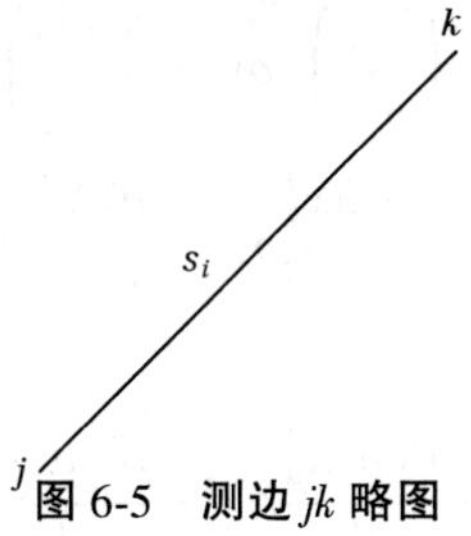

图 6-5　测边 jk 略图

按泰勒公式展开,得

$$s_i + v_i = \sqrt{(x_k^0 - x_j^0)^2 + (y_k^0 - y_j^0)^2} + \left(\frac{\partial \hat{s}_i}{\partial x_k}\right)_0 \delta x_j + \left(\frac{\partial \hat{s}_i}{\partial y_k}\right)_0 \delta y_j + \left(\frac{\partial \hat{s}_i}{\partial x_j}\right)_0 \delta x_k + \left(\frac{\partial \hat{s}_i}{\partial y_j}\right)_0 \delta y_k \tag{6-65}$$

式中

$$\left(\frac{\partial \hat{s}_i}{\partial x_j}\right)_0 = \frac{-(x_k^0 - x_j^0)}{\sqrt{(x_k^0 - x_j^0)^2 + (y_k^0 - y_j^0)^2}} = \frac{-\Delta x_{jk}^0}{s_{jk}^0}$$

同理:

$$\left(\frac{\partial \hat{s}_i}{\partial y_j}\right)_0 = -\frac{\Delta y_{jk}^0}{s_{jk}^0}, \quad \left(\frac{\partial \hat{s}_i}{\partial x_k}\right)_0 = \frac{\Delta x_{jk}^0}{s_{jk}^0}, \quad \left(\frac{\partial \hat{s}_i}{\partial y_k}\right)_0 = \frac{\Delta y_{jk}^0}{s_{jk}^0}$$

将以上公式代入式(6-65)得测边网边长误差方程为:

$$\left.\begin{aligned} v_i &= -\frac{\Delta x_{jk}^0}{s_{jk}^0}\delta x_j - \frac{\Delta y_{jk}^0}{s_{jk}^0}\delta y_j + \frac{\Delta x_{jk}^0}{s_{jk}^0}\delta x_k + \frac{\Delta y_{jk}^0}{s_{jk}^0}\delta y_k + l_i \\ l_i &= s_{jk}^0 - s_i \\ s_{jk}^0 &= \sqrt{(x_k^0 - x_j^0)^2 + (y_k^0 - y_j^0)^2} \end{aligned}\right\} \tag{6-66}$$

式(6-66)就是测边网坐标平差的一般形式,它是假定两端点都是待定点的情况下导出的。具体计算时,可按不同情况灵活运用。

三、平面控制网平差举例

【例 6-1】　单一附合导线如图 6-6 所示,观测了 4 个角度和 3 条边长。已知数据列于表 6-1,观测值见表 6-2。已知测角中误差 $\sigma_\beta = 5''$,测边中误差 $\sigma_{S_k} = 0.5\sqrt{S_i}$(mm),$S_i$ 以 m 为单位,试按间接平差法,求

(1)各导线点的坐标平差值及点位精度;

(2)各观测值的平差值。

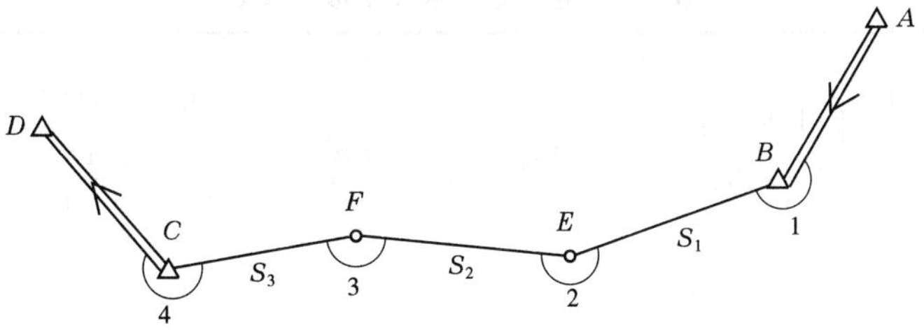

图 6-6　附合导线略图

表 6-1　已知数据表

点名	坐标/m		方位角
	X	Y	
B	203 020. 348	−59 049. 801	$\alpha_{AB}=226°44'59''$
C	203 059. 503	−59 796. 549	$\alpha_{CD}=324°46'03''$

表 6-2　观测值表

角号	角度观测/(°　′　″)	角号	角度观测/(°　′　″)	边号	边观测值/m	边号	边观测值/m
1	230　32　37	3	170　39　22	1	204. 952	3	345. 153
2	180　00　42	4	236　48　37	2	200. 130		

解：本题必要观测数 $t=2\times2=4$，选定待定点坐标平差值为未知参数，即

$$\hat{X}=\begin{bmatrix}\hat{X}_E & \hat{Y}_E & \hat{X}_F & \hat{Y}_F\end{bmatrix}^{\mathrm{T}}$$

(1)计算待定点近似坐标，见表 6-3。

(2)由近似坐标和已知点坐标计算各边坐标方位角改正数方程的系数及边长改正数方程系数，δx 以 mm 为单位，见表 6-4。

表 6-3　近似坐标计算表

点名(角号) β	观测角 β_i/(°　′　″)	坐标方位角 α^0/(°　′　″)	观测边长 S/m	近似坐标	
				X^0/m	Y^0/m
A		226　44　59			
B(1)	230　32　37			203 020. 348	−59 059. 801
		277　17　36	204. 952		
E(2)	180　00　42			203 046. 366	−59 253. 095
		277　18　18	200. 130		
F(3)	170　39　22			203 071. 813	−59 451. 601

表 6-4 坐标方位角改正数计算表

方向	坐标方位角 α^0/(° ′ ″)	近似边长 S^0/m	$\sin\alpha_{jk}^0$	$\cos\alpha_{jk}^0$	a_{jk}/(″/mm) $\left(\frac{\rho''\sin\alpha^0}{S_{jk}^0\cdot 1\,000}\right)$	b_{jk}/(″/mm) $\left(-\frac{\rho''\cos\alpha^0}{S_{jk}^0\cdot 1\,000}\right)$
BE	277 17 36	204.952	−0.992	0.127	−0.998	0.128
EF	277 18 18	200.130	−0.992	0.127	−1.022	−0.131
FC	267 57 22	345.167	−0.999	−0.036	−0.597	0.021

坐标方位角改正数方程

$$\delta\alpha''_{jk}=\frac{\rho''\sin\alpha_{jk}^0}{S_{jk}^0\cdot 1\,000}\delta x_j-\frac{\rho''\cos\alpha_{jk}^0}{S_{jk}^0\cdot 1\,000}\delta y_j-\frac{\rho''\sin\alpha_{jk}^0}{S_{jk}^0\cdot 1\,000}\delta x_k+\frac{\rho''\cos\alpha_{jk}^0}{S_{jk}^0\cdot 1\,000}\delta y_k$$

设 $a_{jk}=\frac{\rho''\sin\alpha_{jk}^0}{S_{jk}^0\cdot 1\,000},b_{jk}=-\frac{\rho''\cos\alpha_{jk}^0}{S_{jk}^0\cdot 1\,000}$,上式表示为:

$$\delta\alpha''_{jk}=a_{jk}\delta x_j-b_{jk}\delta y_j-a_{jk}\delta x_k+b_{jk}\delta y_k$$

边长改正数方程为:

$$\delta\hat{S}_{jk}=-\cos\alpha_{jk}^0\delta x_j-\sin\alpha_{jk}^0\delta y_j+\cos\alpha_{jk}^0\delta x_k+\sin\alpha_{jk}^0\delta y_k$$

(3)确定角度观测值和边长观测值的权。

设单位权中误差 $\sigma_0=5''$,则角度观测值的权为 $P_{\beta_i}=\frac{\sigma_0^2}{\sigma_\beta^2}=1$,各导线边的权为 $P_{S_i}=\frac{\sigma_0^2}{\sigma_{S_i}^2}=\frac{25}{0.25S_i(\mathrm{m})}(''^2/\mathrm{mm}^2)$。各观测值的权列于表 6-5 的 P 列。

(4)计算 4 个角度和 3 条边长观测值误差方程的系数和常数项,见表 6-5。表中每一行表示一个误差方程,各列代表不同未知数的系数,l 列为常数项。P 列代表观测值的权。V 列、$\hat{L}$ 列为改正数和平差值,在法方程解算后,由未知数代入误差方程求得。

根据图 6-6 及下式列立观测值误差方程,计算误差方程的系数和常数。

角度误差方程

$$v_i=\delta\alpha_{jk}-\delta\alpha_{jh}-l_i,\quad l_i=L_i-(\alpha_{jk}^0-\alpha_{jh}^0)$$

边长误差方程

$$v_i=\delta\hat{S}_{jk}-l_i,l_i=L_i-S_{jk}^0$$

(5)组成法方程、解算法方程。

法方程为

$$N_{BB}\delta x-W=0$$

法方程的系数、常数项由误差方程的系数阵 B、常数阵 l 及观测值的权阵 P 由 $N_{BB}=B^{\mathrm{T}}PB$, $W=B^{\mathrm{T}}Pl$ 求得。

$$\begin{bmatrix} 6.137 & 0.660 & -3.727 & -0.314 \\ 0.660 & 1.075 & -0.414 & -0.540 \\ -3.727 & -0.414 & 4.030 & 0.247 \\ -0.314 & -0.540 & 0.247 & 0.811 \end{bmatrix} \begin{bmatrix} \delta x_E \\ \delta y_E \\ \delta x_F \\ \delta y_F \end{bmatrix} + \begin{bmatrix} 18.397 \\ 2.358 \\ -31.687 \\ -6.242 \end{bmatrix} = 0$$

$$N_{BB}^{-1} = \begin{bmatrix} 0.383\,06 & -0.121\,60 & 0.344\,03 & -0.037\,41 \\ -0.121\,60 & 1.468\,91 & -0.019\,05 & 0.937\,27 \\ 0.344\,03 & -0.019\,05 & 0.567\,49 & -0.052\,21 \\ -0.037\,41 & 0.937\,27 & -0.052\,21 & 1.858\,60 \end{bmatrix}$$

解算法方程，得未知参数的改正数：$\underset{t\times 1}{\delta x} = N_{BB}^{-1}W$ 。结果见表 6-5 的 δx 行。

表 6-5

指标	序号	δx_E	δy_E	δx_F	δy_F	l	P	V	$\hat{L}$
角 β_i	1	0.998	0.128			0″	1	−4.41	230°32′33″
	2	−2.020	−0.259	1.022	0.131	0″	1	−3.79	180°00′38″
	3	1.022	0.131	−1.619	−0.110	18″	1	−3.18	179°39′19″
	4			0.597	−0.021	−4″	1	−2.61	236°48′34″
边 S_i	1	0.127	−0.992			0 mm	0.49	3.49	204.955
	2	−0.127	0.992	0.127	−0.992	0 mm	0.50	3.42	200.133
	3			0.036	0.999	−15 mm	0.29	6.17	345.159
δx/mm		−3.91	−4.02	−11.37	−8.42				
$\hat{X}$/m		203 046.362	−59 253.099	203 071.802	−59 451.609				

(6)改正数的求解。

将 $\delta x_{代}$ 入误差方程得改正数 $V = B\delta x - l$，见表 6-5。

(7)平差值的计算。

待定点坐标的平差值：$\hat{X} = X^\circ + \delta x$，见表 6-5。

观测值的平差值：$\hat{L} = L + v$，结果见表 6-5 的 $\hat{L}$ 列。

(8)精度评定。

单位权中误差：

$$\hat{\sigma}_0 = \sqrt{\frac{V^{\mathrm{T}}PV}{n-t}} = \sqrt{\frac{73.692\,5}{7-4}} = 4.96''$$

由 N_{BB}^{-1} 知未知数的权倒数(协因数，单位为 mm^2/s^2)，各点点位中误差为

$$\hat{\sigma}_E = \hat{\sigma}_0\sqrt{Q_{\hat{X}_E\hat{X}_E} + Q_{\hat{Y}_E\hat{Y}_E}} = 4.96 \times \sqrt{0.383\,06 + 1.468\,91} = 6.75(\mathrm{mm})$$

$$\hat{\sigma}_F = \hat{\sigma}_0\sqrt{Q_{\hat{X}_F\hat{X}_F} + Q_{\hat{Y}_F\hat{Y}_F}} = 4.96 \times \sqrt{0.567\,49 + 1.858\,60} = 7.73(\mathrm{mm})$$

任务三　高程控制网平差计算

水准网平差采用间接平差时,通常设待定点高程为未知参数。下面通过一个例子说明水准网平差的方法。

【例 6-2】　如图 6-7 所示水准网中,已知水准点 A、B 的高程分别为 $H_A=5.000$ m, $H_B=6.008$ m, P_1、P_2、P_3 待定,高差观测值及水准路线长度见表 6-6,按间接平差法,求

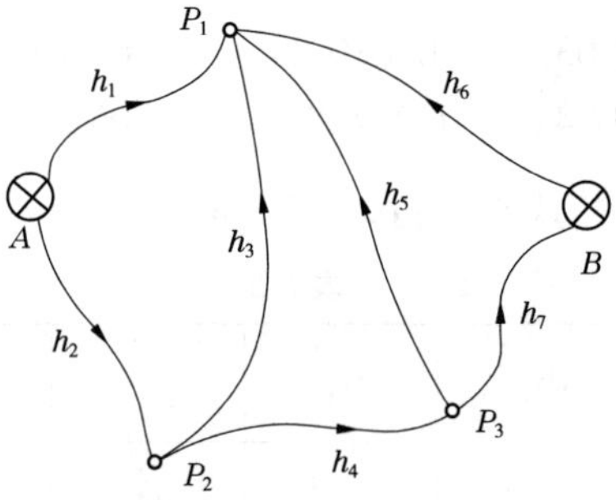

图 6-7

(1)各待定点的高程平差值;

(2)各待定点高程平差值的中误差;

(3) P_2、P_3 点间高差平差值的中误差。

表 6-6

水准路线 i	1	2	3	4	5	6	7
高差观测值 h_i/m	1.010	1.003	0.005	0.501	−0.500	0.004	−0.502
路线长度 S_i/km	2	2	1	1	1	1	1

解:(1)根据题意必要观测数 $t=3$。

(2)选取待定点 P_1、P_2、P_3 平差后的高程为未知数 $\hat{X}_1$、$\hat{X}_2$、$\hat{X}_3$,为便于后续计算,选取未知数的近似值为

$$\left.\begin{aligned} X_1^0 &= H_A + h_1 = 6.010\ \text{m} \\ X_2^0 &= H_A + h_2 = 6.003\ \text{m} \\ X_3^0 &= H_B - h_7 = 6.510\ \text{m} \end{aligned}\right\}$$

$$\left.\begin{aligned} \hat{X}_1 &= X_1^0 + \delta x_1 = 6.010 + \delta x_1 \\ \hat{X}_2 &= X_2^0 + \delta x_2 = 6.003 + \delta x_2 \\ \hat{X}_3 &= X_3^0 + \delta x_3 = 6.510 + \delta x_3 \end{aligned}\right\}$$

(3)列立平差值方程,并转化为误差方程。

根据图 6-7 所示的水准网路线,列立平差值方程:

$$\left.\begin{aligned}
\hat{h}_1 &= h_1 + v_1 = \hat{X}_1 - H_A \\
\hat{h}_2 &= h_2 + v_2 = \hat{X}_2 - H_A \\
\hat{h}_3 &= h_3 + v_3 = \hat{X}_1 - \hat{X}_2 \\
\hat{h}_4 &= h_4 + v_4 = -\hat{X}_2 + \hat{X}_3 \\
\hat{h}_5 &= h_5 + v_5 = \hat{X}_1 - \hat{X}_3 \\
\hat{h}_6 &= h_6 + v_6 = \hat{X}_1 - H_B \\
\hat{h}_7 &= h_7 + v_7 = -\hat{X}_3 + H_B
\end{aligned}\right\}$$

将观测值移至等式右端，并将 $\hat{X}_i = X_i^0 + \hat{x}_i$ 代入，得

$$\left.\begin{aligned}
v_1 &= \hat{x}_1 - (h_1 - X_1^0 + H_A) \\
v_2 &= \hat{x}_2 - (h_2 - X_2^0 + H_A) \\
v_3 &= \hat{x}_1 - \hat{x}_2 - (h_3 - X_1^0 + X_2^0) \\
v_4 &= -\hat{x}_2 + \hat{x}_3 - (h_4 + X_2^0 - X_3^0) \\
v_5 &= \hat{x}_1 - \hat{x}_3 - (h_5 - X_1^0 + X_3^0) \\
v_6 &= \hat{x}_1 - (h_6 - X_1^0 + H_B) \\
v_7 &= -\hat{x}_3 - (h_7 + X_3^0 - H_B)
\end{aligned}\right\}$$

将未知数近似值 X_i^0、观测值和已知高程代入上式即得误差方程

$$\left.\begin{aligned}
v_1 &= \delta x_1 + 0 \\
v_2 &= \delta x_2 + 0 \\
v_3 &= \delta x_1 - \delta x_2 + 2 \\
v_4 &= -\delta x_2 + \delta x_3 + 6 \\
v_5 &= \delta x_1 - \delta x_3 + 0 \\
v_6 &= \delta x_1 - 2 \\
v_7 &= -\delta x_3 + 0
\end{aligned}\right\}$$

式中常数项以 mm 为单位。

其中

$$B = \begin{bmatrix} 1 & 0 & 0 \\ 0 & 1 & 0 \\ 1 & -1 & 0 \\ 0 & -1 & 1 \\ 1 & 0 & -1 \\ 1 & 0 & 0 \\ 0 & 0 & -1 \end{bmatrix}, \quad l = \begin{bmatrix} 0 \\ 0 \\ -2 \\ -6 \\ 0 \\ 2 \\ 0 \end{bmatrix}$$

取 $C=2\ \text{km}$，由 $P_i=\dfrac{C}{S_i}$ 确定各观测高差的权，得观测值的权阵为：

$$P=\begin{bmatrix}1&0&0&0&0&0&0\\0&1&0&0&0&0&0\\0&0&2&0&0&0&0\\0&0&0&2&0&0&0\\0&0&0&0&2&0&0\\0&0&0&0&0&2&0\\0&0&0&0&0&0&2\end{bmatrix}$$

(4)列立未知数函数的权函数式。

P_2、P_3 点间高差平差值为

$$\hat{h}_{P_2P_3}=\hat{h}_4=-\hat{X}_2+\hat{X}_3=[0\quad -1\quad 1]\hat{X}=F\hat{X}$$

$\hat{h}_{P_2P_3}$ 为未知数的线性函数，$\hat{h}_{P_2P_3}$ 函数的系数 F 与其权函数式系数相同。

(5)组成法方程：$N_{BB}\delta x-W=0$(其中 $N_{BB}=B^{T}PB, W=B^{T}Pl$)

$$\begin{bmatrix}7&-2&-2\\-2&5&-2\\-2&-2&6\end{bmatrix}\begin{bmatrix}\delta x_1\\\delta x_2\\\delta x_3\end{bmatrix}-\begin{bmatrix}0\\16\\-12\end{bmatrix}=0$$

(6)解算法方程。

$$N_{BB}^{-1}=\begin{bmatrix}0.213&0.131&0.115\\0.131&0.311&0.148\\0.115&0.148&0.254\end{bmatrix}$$

则

$$\begin{bmatrix}\delta x_1\\\delta x_2\\\delta x_3\end{bmatrix}=N_{BB}^{-1}W=\begin{bmatrix}0.213&0.131&0.115\\0.131&0.311&0.148\\0.115&0.148&0.254\end{bmatrix}\begin{bmatrix}0\\16\\-12\end{bmatrix}=\begin{bmatrix}0.716\\3.200\\-0.680\end{bmatrix}(\text{mm})$$

(7)计算改正数 V。

将未知数的改正数代入误差方程 $V=B\delta x-l$，得

$$V=[0.7\quad 3.2\quad -0.5\quad 2.1\quad 1.4\quad -1.3\quad 0.7]^{T}(\text{mm})$$

(8)求解平差值。

观测值的平差值 $\hat{L}_i=L_i+v_i$，则

$$\hat{L}_i=[1.011\quad 1.006\quad 0.005\quad 0.503\quad -0.499\quad 0.003\quad -0.501]^{T}(\text{m})$$

未知数的最或然值 $\hat{X}=X^0+\delta x$，则

$$\hat{X}=\begin{bmatrix}\hat{X}_1\\\hat{X}_2\\\hat{X}_3\end{bmatrix}=\begin{bmatrix}6.011\\6.006\\6.509\end{bmatrix}(\text{m})$$

(9)精度评定。

单位权中误差为：

$$V^{\mathrm{T}}PV=l^{\mathrm{T}}Pl+(B^{\mathrm{T}}Pl)^{\mathrm{T}}\delta x=88-59.36=28.64$$

$$\hat{\sigma}_0=\sqrt{\frac{V^{\mathrm{T}}PV}{n-t}}=\sqrt{\frac{28.64}{7-3}}=2.68(\text{mm})$$

未知数的协因数阵为：

$$Q_{\hat{X}\hat{X}}=N_{BB}^{-1}=\begin{bmatrix}0.213&0.131&0.115\\0.131&0.311&0.148\\0.115&0.148&0.254\end{bmatrix}$$

待定点 P_1、P_2、P_3 高程平差值的中误差：

$$\hat{\sigma}_{\hat{H}_{P_1}}=\hat{\sigma}_{\hat{X}_1}=\hat{\sigma}_0\sqrt{Q_{\hat{X}_1\hat{X}_1}}=2.68\times\sqrt{0.213}=1.24(\text{mm})$$

$$\hat{\sigma}_{\hat{H}_{P_2}}=\hat{\sigma}_{\hat{X}_2}=\hat{\sigma}_0\sqrt{Q_{\hat{X}_2\hat{X}_2}}=2.68\times\sqrt{0.311}=1.49(\text{mm})$$

$$\hat{\sigma}_{\hat{H}_{P_3}}=\hat{\sigma}_{\hat{X}_3}=\hat{\sigma}_0\sqrt{Q_{\hat{X}_3\hat{X}_3}}=2.68\times\sqrt{0.254}=1.35(\text{mm})$$

P_2、P_3 点间高差平差值 $\hat{h}_{P_2P_3}$ 的协因数及中误差

$$Q_{\hat{h}_{P_2P_3}}=FQ_{\hat{X}\hat{X}}F^{\mathrm{T}}=[0\quad -1\quad 1]\begin{bmatrix}0.213&0.131&0.115\\0.131&0.311&0.148\\0.115&0.148&0.254\end{bmatrix}\begin{bmatrix}0\\-1\\1\end{bmatrix}=0.269$$

$$\hat{\sigma}_{\hat{h}_{P_2P_3}}=\hat{\sigma}_0\sqrt{Q_{\hat{h}_{P_2P_3}}}=2.68\times\sqrt{0.269}=1.39(\text{mm})$$

任务四　高斯投影正反算

高斯投影正反算是大地坐标和平面直角坐标相互转换的方法，也是坐标邻带换算的桥梁。

一、高斯正算

已知椭球面上某点的大地坐标 (L,B)，求该点在高斯投影平面上的直角坐标 (x,y)，即 $(L,B)\rightarrow(x,y)$ 的坐标变换，称为高斯投影正算。

由于公式的推导极为复杂，这里只给出最终结果：

$$\left.\begin{aligned} x &= X + \frac{N}{2\rho''^2}\sin B l''^2 + \frac{N}{2\rho''^4}\sin B\cos^3 B(5 - t^2 + 9\eta^2)l''^4 \\ y &= \frac{N}{\rho''}\cos B l'' + \frac{N}{6\rho''^3}B(1 - t^2 + \eta^2)l''^3 + \frac{N}{120\rho''^5}\cos^5 B(5 - 18t^2 + t^4)l''^5 \end{aligned}\right\} \tag{6-67}$$

当要求转换精度精确至0.001 m时,用下式计算:

$$\left.\begin{aligned} x &= X + \frac{N}{2\rho''^2}\sin B l''^2 + \frac{N}{24\rho''^4}\sin B\cos^3 B(5 - t^2 + 9\eta^2 + 4\eta^4)l''^4 + \\ &\quad \frac{N}{720\rho''^6}\sin B\cos^5 B(61 - 58t^2 + t^4)l''^6 \\ y &= \frac{N}{\rho''}\cos B l'' + \frac{N}{6\rho''^3}\cos^3 B(1 - t^2 + \eta^2)l''^3 + \\ &\quad \frac{N}{720\rho''^5}\cos^5 B(5 - 18t^2 + t^4 + 14\eta^2 - 58\eta^2 t^2)l''^5 \end{aligned}\right\} \tag{6-68}$$

式中　X——自赤道起至纬度 B 的子午线弧长;

N——卯酉圈曲率半径;

B——大地纬度;

l——某点与中央子午线的经差,$l=L-L_0$,以弧度(rad)为单位;

t——$t=\tan B$;

η^2——$\eta^2=e'^2\cos^2 B$。

二、高斯反算

已知某点的高斯投影平面上直角坐标 (x,y),求该点在椭球面上的大地坐标 (L,B),即 $(x,y)\rightarrow(L,B)$ 的坐标变换,称为高斯投影反算。

根据 x 计算纵坐标在椭球面上的投影的底点纬度 B_f,接着按 B_f 计算 $(B_f - B)$ 及经差 l,最后得到 $B = B_f - (B_f - B)$、$L = L_0 + l$。

计算公式

$$\left.\begin{aligned} B &= B_f - \frac{t_f}{2M_f N_f}y^2 + \frac{t_f}{24M_f N_f^3}(5 + 3t_f^3 + \eta_f^2 - 9\eta_f^2 t_f^2)y^4 - \\ &\quad \frac{t_f}{720M_f N_f^5}(61 + 90t_f^2 + 45t_f^4)y^6 \\ l &= \frac{1}{N_f\cos B_f}y - \frac{1}{6N_f^3\cos B_f}(1 + 2t_f^2 + \eta_f^2)y^3 + \\ &\quad \frac{1}{120N_f^5\cos B_f}(5 + 28t_f^2 + 24t_f^4 + 6\eta_f^2 + 8\eta_f^2 t_f^2)y^5 \end{aligned}\right\} \tag{6-69}$$

当要求转换精度至0.01″时,可简化为下式:

$$
\left.\begin{aligned}
B &= B_f - \frac{t_f}{2M_fN_f}y^2 + \frac{t_f}{24M_fN_f^3}(5 + 3t_f^2 + \eta_f^2 - 9\eta_f^2t_f^2)y^4 \\
l &= \frac{1}{N_f\cos B_f}y - \frac{1}{6N_f^3\cos B_f}(1 + 2t_f^2 + \eta_f^2)y^3 + \\
&\quad \frac{1}{120N_f^5\cos B_f}(5 + 28t_f^2 + 24t_f^4)y^5
\end{aligned}\right\} \tag{6-70}
$$

式中　M——子午圈曲率半径；

B_f——底点纬度,也叫作垂足纬度,是将 x 视为 $X(x=X)$ 反求出的纬度。

具有 f 下标的各量都表示该量是底点纬度的函数。

通过式(6-70)求出的 (B,l) 是以弧度为单位的。

项目七　ESDPS 软件应用

知识目标：

- 掌握平面控制网的分类；
- 掌握控制网的精度评定遵循的技术规范。

能力目标：

- 能利用软件解算单一的导线控制网，并判断是否符合平面控制精度要求；
- 能利用软件解算单一水准路线数据，并判断是否符合高程控制精度要求。

思政目标：

- 树立正确的价值观，引导学生从专业知识中学会树立积极向上的充满正能量的价值观。

ESDPS 以其设计优秀、体贴用户、使用方便、提供全面工程测量数据处理功能、具有很高的运行效率等特点，赢得了广大用户的青睐。该软件虽然简单，但在测量用户中也得到了比较广泛的使用。ESDPS 软件功能介绍见图 7-1。

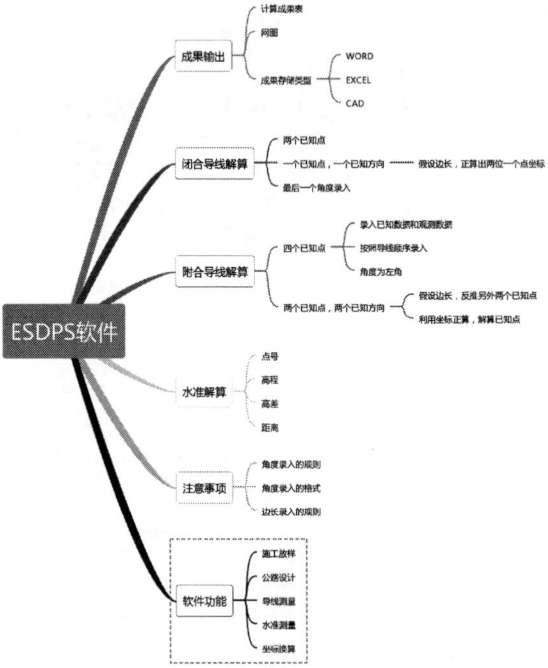

图 7-1　软件功能介绍图

任务一　常规控制网解算流程

一、网型类型

控制测量数据处理,常规数据的网型分平面控制网和高程控制网(见图 7-2)进行。平面控制网有导线、边角网;高程控制网有水准网、三角高程网。

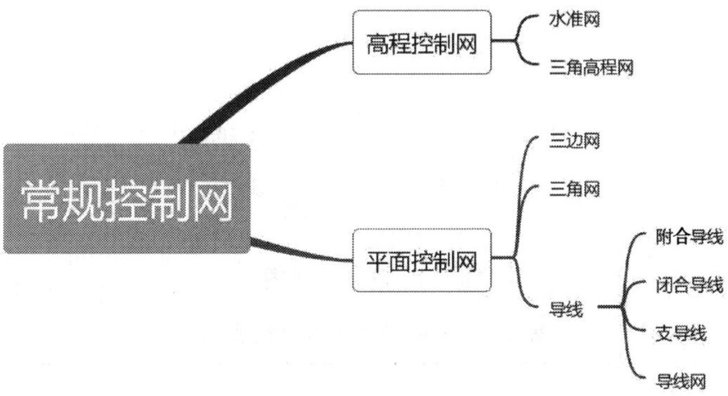

图 7-2　控制网类型图

思考:学过的控制网类型有哪些?

解算常规数据软件有 ESDPS、南方平差易、清华山维软件、科傻软件,如图 7-3 所示。

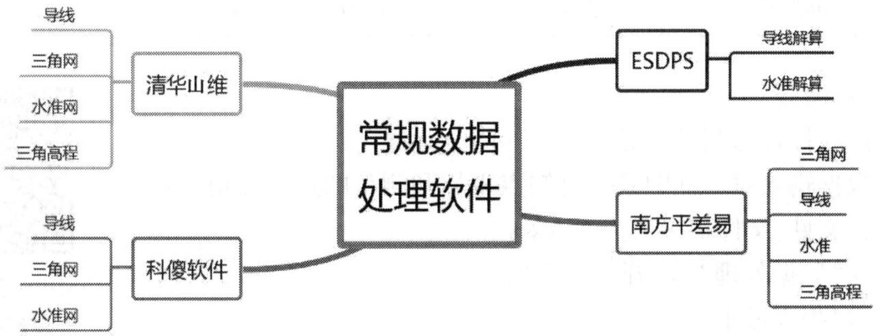

图 7-3　常规数据处理软件图

二、具体解算步骤

(一) 数据案例

如图 7-4 所示为典型的单一附合导线,导线分布有两个已知坐标的点。一共有 4 个已知控制点,观测了 5 个角,4 条边。具体数据参照表 7-1。

单一附合导线,观测了 5 个角,4 条边。已知数据参照表 7-1。

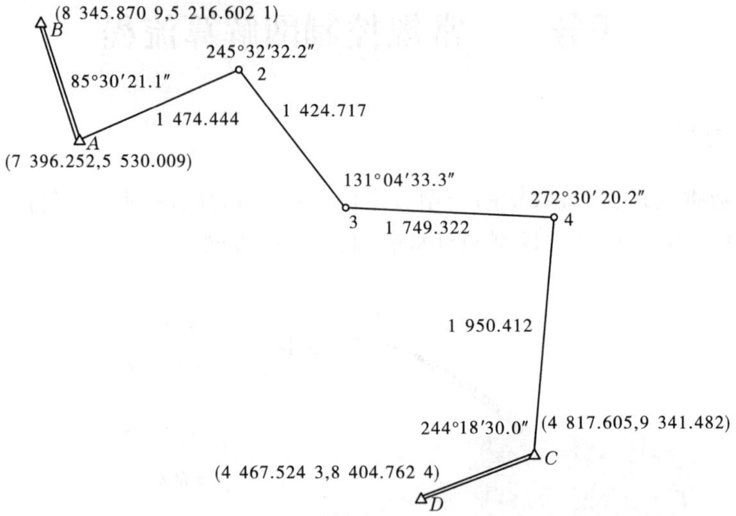

图 7-4　附合导线图

表 7-1　已知数据和观测数据表

点号	坐标		观测角度	观测边长/m
	X/m	*Y*/m	$\angle BA2$ = 85°30′21. 1″	S_{A2} = 1 474. 444
A	7 396. 252	5 530. 009	$\angle A23$ = 254°32′32. 2″	S_{23} = 1 424. 717
B	8 345. 870 9	5 216. 602 1	$\angle 234$ = 131°04′33. 3″	S_{34} = 1 749. 322
C	4 817. 605	9 341. 482	$\angle 34C$ = 272°20′20. 2″	S_{4C} = 1 950. 412
D	4 467. 524 3	8 404. 762 4	$\angle 4CD$ = 244°18′30. 0″	

(二)解算流程

(1)选择软件普通测量→导线平差→附合导线;

(2)在数据输入对话框中录入已知点坐标和测量的边长和角度;

(3)保存文件,文件扩展名为 * . ess;

(4)选择“数据处理”→“开始计算”;

(5)查看“报表输出”。

ESDPS 软件解算附合导线解算流程

导线解算流程见图 7-5,数据输入见图 7-6。

在具体操作过程中需要注意以下几点:

(1)输入观测水平角为导线前进方向的左角。

(2)角度录入按照顺时针,角度录入格式,度与分之间加英文状态下的点,例如 120°30′40″,录入为 120. 304 0。

(3)程序不提供输入已知方位,如果提供的是已知方位请用本软件的坐标正算功能计算出坐标。

ESDPS 软件解算:附合导线数据录入过程

(4)导线类型不能选错。

(5)定期保存。

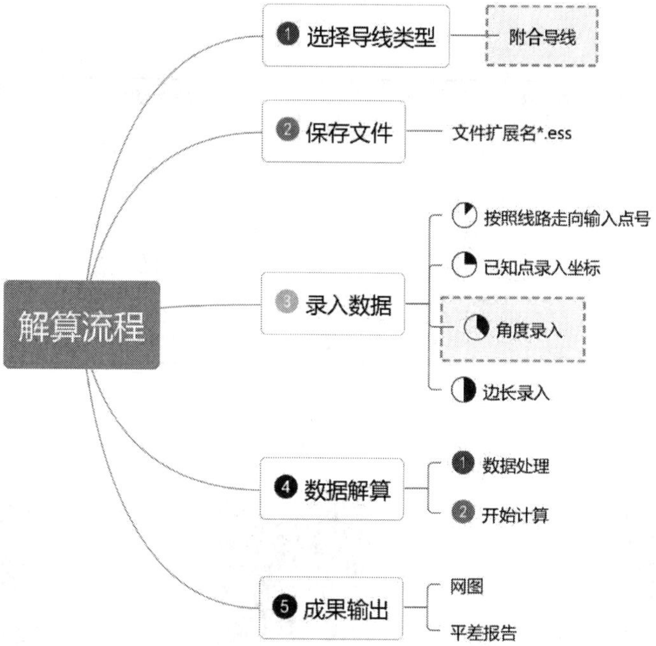

图 7-5　导线解算流程图

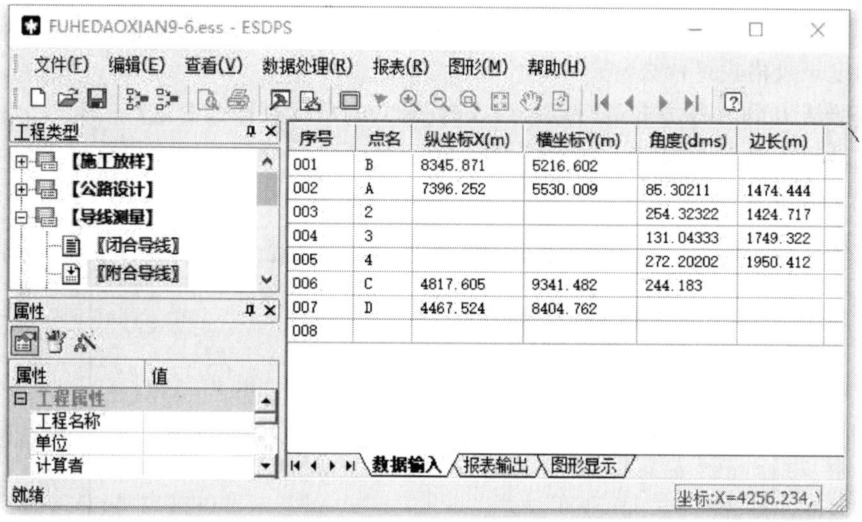

图 7-6　数据输入图

(6)点号录入要按照顺序。

(7)边长是本行点号到下一行点号。

(8)文件源代码文件:附合导线 AB-CD. ess。

(三)成果输出

计算完成后会弹出附合导线计算成果表,给出了角度闭合差、纵坐标差、横坐标差、全长闭合差、相对闭合差、导线全长等,见图 7-7。

符合导线计算成果表

工程名称:　　　　　　　　　　　　　　　　日期:2021-09-21

点名	观测角度(dms)	改正数(s)	方位角(dms)	观测边长(m)	改正数(mm)	边长平差值(m)	坐标(m) X	Y
B							8345.871	5216.602
			161.4407					
A	85.3021	-0.78					7396.252	5530.009
			67.1429	1474.444	0.012	1474.456		
2	254.3232	-0.78					7966.643	6889.669
			141.4701	1424.717	0.005	1424.722		
3	131.0433	-0.78					6847.269	7771.052
			92.5136	1749.322	0.014	1749.336		
4	272.2020	-0.78					6759.988	9518.210
			185.1155	1950.412	-0.005	1950.407		
C	244.1830	-0.78					4817.605	9341.482
			249.3028					
D							4467.524	8404.762
备注	角度闭合差w = -3.9(s)			纵坐标差fx = -0.013			横坐标差fy = -0.054	
	全长闭合差fs = 0.055			相对闭合差k = 1:119077			导线全长[s] = 6598.895	

计算:　　　　　　　　　　复核:

图 7-7　报表输出图

ESDPS 软件解算附合导线解算过程

ESDPS 软件解算附合导线注意事项

ESDPS 软件解算两个已知点附合导线

思考:

1. 角度录入格式是什么?

2. 按照从 D 到 B 的方向进行点号录入时,录入的角度有什么变化?

3. 文件源代码文件:附合导线 CD-AB. ess。

(四) 程序源代码

程序源代码见图 7-8。

```
[FHDX]
B,8345.871,5216.602,,,
A,7396.252,5530.009,85.30211,1474.444,
2,,,254.32322,1424.717,
3,,,131.04333,1749.322,
4,,,272.20202,1950.412,
C,4817.605,9341.482,244.183,,
D,4467.524,8404.762,,,
[PARAMETER]
[ATTRIBUTE]
Workname:
Company:
Reckoner:
Scrutineer:
Computedate:2021-06-21
Remark:
```

图 7-8　程序源代码

任务二　闭合导线计算

一、数据案例

软件不支持录入方位角，所以在图 7-9 中以 *A* 为顶点的北方向，架设一点 *F*，如果假设 *AF* 的距离为 200 m，那么 *F* 点的坐标为(700,500)。(由于软件的自身原因，*F* 点坐标可以人为加入一些误差，(700.001,500.001))

数据录入要按照一点顺序进行。例如可以是 *F*—*A*—*B*—*C*—*D*—*A*，也可以为 *F*—*A*—*D*—*C*—*B*—*A*。

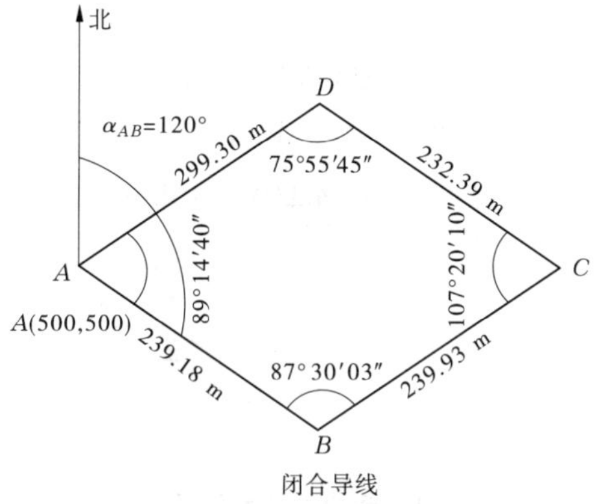

图 7-9　闭合导线算例图

录入数据前一点要选取正确的导线类型——闭合导线。

以 *F*—*A*—*B*—*C*—*D*—*A* 为例，录入数据时，第一个角应该是 $\angle FAB$，并且角值录入在点号 *A* 所在的一行。最后一个角值应该录入 $\angle DAF$，该角为以 *A* 点位角的顶点，以 *AD* 为起始边，顺时针转到 *AF* 边所夹的角。

源代码文件名:3 闭合导线案例. ess。

二、数据解算流程

导线在数据录入前要将解算类型改为闭合导线，如果解算类型选择不正确，那后面无法进行修改。在录入观测数据过程中，要按照线路的顺序进行录入。具体的解算流程参照图 7-10。

ESDPS 软件解算闭合导线录入注意事项

闭合导线数据录入界面如图 7-11 所示。

点号 *A* 所对应的行录入的角值为角 $\angle FAB$，也即以 *A* 点为顶点，以 *AF* 为起始边，然后顺时针转动到 *AB* 边所形成的夹角。

最后一行 *A* 点所对应的角值为 $\angle DAF$，该角值的求法如下所示：

$$\angle DAF = 360° - (120° - 89°14'40'')$$
$$= 360° - (119°59‘60“ - 89°14'40'')$$
$$= 360° - 30°44'20''$$

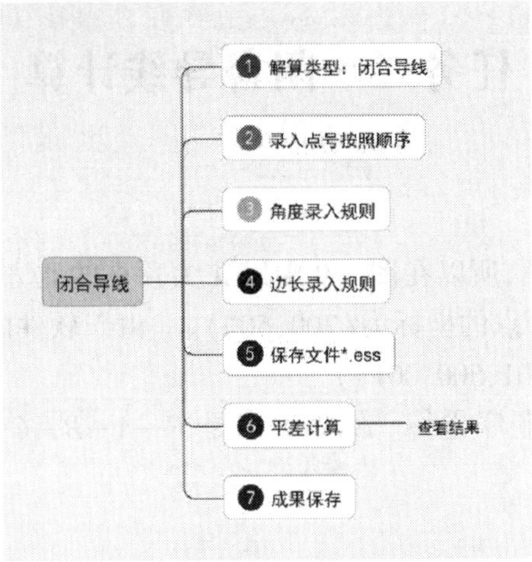

图 7-10　闭合导线解算流程图

$= 359°59'60'' - 30°44'20'' = 329°14'40''$

序号	点名	纵坐标X(m)	横坐标Y(m)	角度(d...	边长(m)
001	F	700.001	500.001		
002	A	500	500	120.0000	239.18
003	B			87.3003	239.93
004	C			107.2010	232.39
005	D			75.5545	299.30
006	A			329.1440	
007					

图 7-11　闭合导线数据录入图

ESDPS 软件解算
闭合导线录入过程

三、闭合导线计算成果表

闭合导线计算成果输出见图 7-12。

工程名称：　　　　　　　　　　　　　　　　　　日期:2021-09-22

点名	观测角度(dms)	改正数(s)	方位角(dms)	观测边长(m)	改正数(mm)	边长平差值(m)	坐标(m) X	坐标(m) Y
F							700.001	500.001
			180.0001					
A	120.0000	7.60					500.000	500.000
			119.5937	239.180	-0.022	239.158		
B	87.3003	7.60					380.444	707.130
			27.2930	239.930	0.020	239.950		
C	107.2010	7.60					593.299	817.896
			314.5002	232.390	0.026	232.416		
D	75.5545	7.60					757.164	653.078
			210.4548	299.300	-0.024	299.276		
A	329.1440	7.60					500.000	500.000
			0.0001					
F							700.001	500.001
备注	角度闭合差w = 38.0(s) 全长闭合差fs = 0.124			纵坐标差fx = -0.117 相对闭合差k = 1:8143			横坐标差fy = 0.041 导线全长[s] = 1010.800	

计算：　　　　　　　　　　　　　复核：

图 7-12　报表输出图

解算完成后，如何判断解算结果是否正确，需要根据相关的规范进行判定。下面给出《工程测量标准》(GB 50026—2020)对导线测量注意技术要求，见表 7-2。

表 7-2　《工程测量标准》(GB 50026—2020)导线测量的主要技术要求表

等级	导线长度/km	平均边长/km	测角中误差/(″)	测距中误差/mm	方位角闭合差/(″)	导线全长相对闭合差
三等	14	3	1.8	20	$3.6\sqrt{n}$	≤1/55 000
四等	9	1.5	2.5	18	$5\sqrt{n}$	≤1/35 000
一级	4	0.5	5	15	$10\sqrt{n}$	≤1/15 000
二级	2.4	0.25	8	15	$16\sqrt{n}$	≤1/10 000
三级	1.2	0.1	12	15	$24\sqrt{n}$	≤1/5 000

注:n 为测站数;当测区内测图的最大比例尺为 1:1 000 时,一、二、三级导线的导线长度、平均长可放长,但最大长度不应大于表中规定的相应长度的 2 倍。

思考:

如果按照 *F*—*A*—*B*—*C*—*D*—*A* 顺序进行录入,那么相应的角值需要如何进行调整,完成表 7-3,程序代码如图 7-13 所示。

表 7-3

点号	*X*	*Y*	角度	距离
F				
A				
B				
C				
D				
A				

利用记事本打开*.ess	完成代码备注
[FHDX]	______
A,203157.385,-58904.127,,,	______
B,203020.348,-59049.801,230.3237,204.952,	______
E,,,180.0042,200.13,	______
F,,,170.3922,345.153,	______
C,203059.503,-59796.549,236.4837,,	______
D,203222.867,-59911.928,,,	______

图 7-13

任务三　水准路线计算

一、ESDPS 软件水准数据解算流程

水准类型包括单一附合水准路线、闭合水准路线、支水准路线。解算前要先选择水准类型,录入已知数据,包括点号和高程;录入观测数据,线路长和高差;保存数据文件,文件扩展

名为＊. ess;数据处理下面的开始计算,计算完成后查看计算成果表;报表输出。

ESDPS 解算水准路线流程见图 7-14。

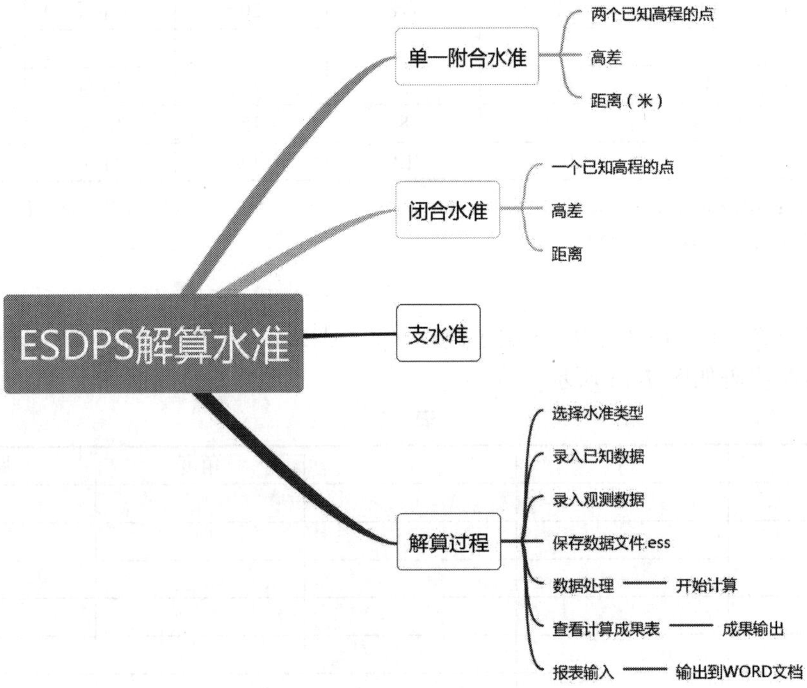

图 7-14　ESDPS 解算水准路线流程图

二、水准数据

如图 7-15 所示,单一附合水准路线,两个已知水准点高程,H_A 高程为 62. 222 m,H_B 高程为 61. 222 m,观测数据见表 7-4。

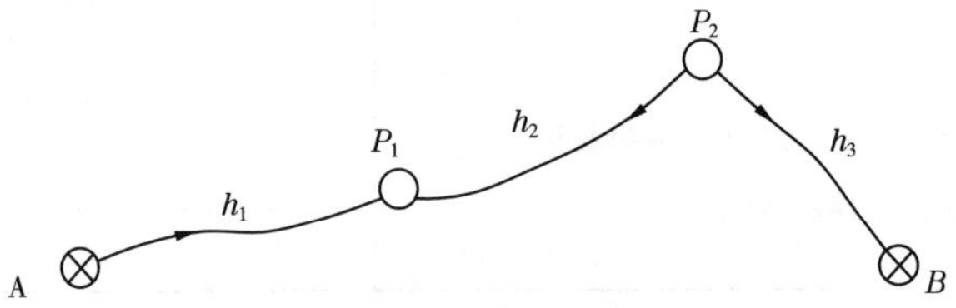

图 7-15　水准线路图

ESDPS 软件解算水准路线

表 7-4　观测数据表

高差编号	观测高差/m	距离编号	距离数值/km
h_1	-1. 003	S_1	2
h_2	-0. 500	S_2	1
h_3	-0. 501	S_3	0. 5

三、数据解算

(一)数据录入

数据录入前解算类型选择“附合水准”;水准路线按照从左往右,或是从右往左的顺序进行录入;点号录入注意区分大小写;附合水准高程录入时要注意录入两个点的高程;录入高差为所在行至下一行的高差;距离单位为线路长,单位为米(m)。水准路线数据录入界面见图 7-16。

ESDPS 软件解算水准路线软件录入过程

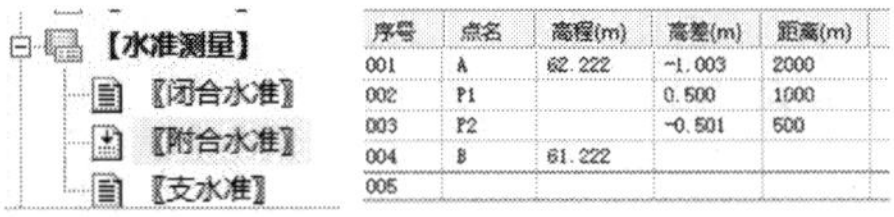

序号	点名	高程(m)	高差(m)	距离(m)
001	A	62.222	-1.003	2000
002	P1		0.500	1000
003	P2		-0.501	500
004	B	61.222		
005				

图 7-16　水准数据录入界面

(二)数据保存

数据录入完成后要进行保存,保存文件扩展名为 *.ess。

(三)数据处理

开始计算,查看报表输出,见图 7-17。

附合水准计算成果表

工程名称:　　　　日期:2021 10 01

点名	高程H(m)	高差h(m)	距离(m)
A	62.222	1.001	2000.000
P1	61.221	0.501	1000.000
P2	61.722	-0.500	500.000
B	61.222		

水准点总数 4　　线路总长(m) 3500.000　　附合差(mm) -4.0

计算:　　　　复核:

图 7-17　附合水准计算成果表

(四)报表输出

成果检查不超限,选择“报表”→“输出到 WORD 文档”。

由于水准路线没有点的坐标数据,所以软件无法给出线路的略图。

四、数据源代码

数据源代码见图 7-18。

```
[FHSZ]
A,62.222,-1.003,2000,
P1,,0.500,1000,
P2,,-0.501,500,
B,61.222,,
[PARAMETER]
[ATTRIBUTE]
Workname:
Company:
Reckoner:
Scrutineer:
Computedate:2021-10-01
Remark:
```

图 7-18

项目八　南方平差易 PA2005 软件应用

知识目标:

- 掌握坐标概算计算具体项目;
- 掌握软件精度平差方法。

能力目标:

- 能利用软件解算平面控制网,并完成控制网精度评定工作;
- 能利用软件解算高程控制网,并完成控制网精度评定工作。

思政目标:

- 分析国产软件的优、缺点,正视软件发展趋势,学会使用辩证的思维分析问题,增强民族自豪感。

南方平差易(Power Adjust 2005,简称 PA2005)是由南方测绘仪器公司开发的数据处理软件。它是在 Windows 系统下用 VC 开发的控制测量数据处理软件,也是南方平差易 PA2002 产品的升级。它一改过去单一的表格输入,采用了 Windows 风格的数据输入技术和多种数据接口(南方系列产品接口、其他软件文件接口),同时辅以网图动态显示,实现了从数据采集、数据处理和成果打印的一体化。成果输出丰富强大、多种多样,平差报告完整详细,报告内容也可根据用户需要自行定制,另有详细的精度统计和网形分析信息等。其界面友好,功能强大,是理想的控制测量数据处理工具。

平差易软件可以解算测边网、测角网、边角网、水准网、三角高程、导线水准、三角高程导线等(参照图 8-1)。软件界面如图 8-2 所示。

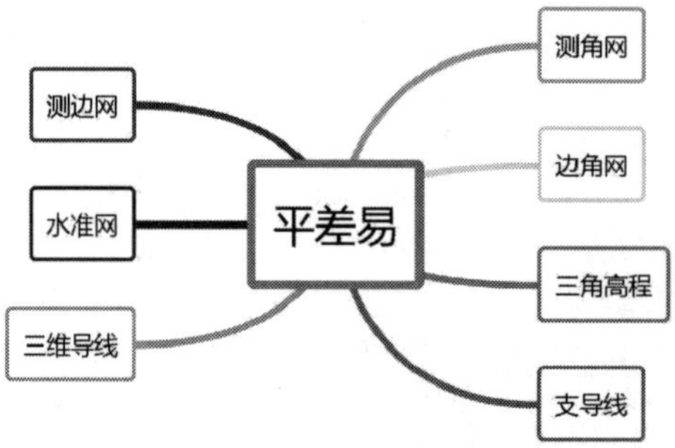

图 8-1　南方平差易解算控制网类型图

图 8-2　软件界面图

任务一　导线解算

南方平差易软件计算附合导线

一、导线已知数据和观测数据

如图 7-4 和表 7-1 所示，使用平差易软件解算有 4 个已知点附合导线。

二、数据录入

(一) 测站信息录入格式

测站信息录入格式见图 8-3，测站信息区含义见图 8-4。

序号	点名	属性	X(m)	Y(m)	H(m)
001	B	10	8345.8709	5216.6021	0.0000
002	A	10	7396.2520	5530.0090	0.0000
003	2	00	7966.6446	6889.6550	0.0000
004	3	00	6847.2752	7771.0349	0.0000
005	4	00	6760.0102	9518.1790	0.0000
006	C	10	4817.6050	9341.4820	0.0000
007	D	10	4467.5243	8404.7624	0.0000

图 8-3　测站信息录入格式

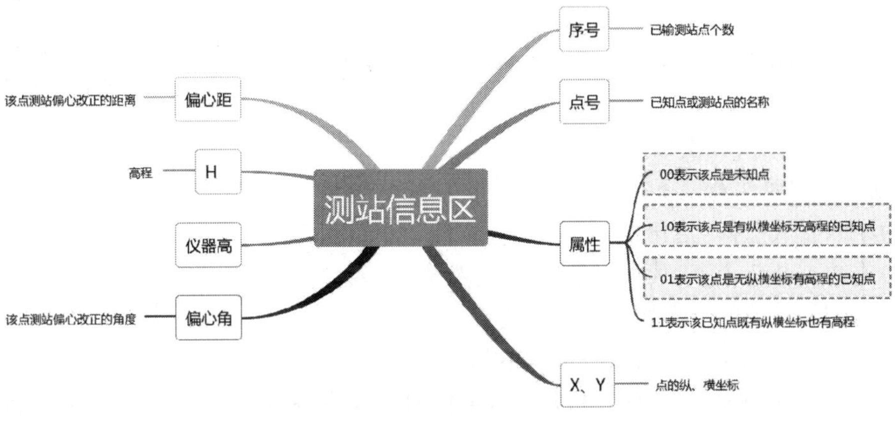

图 8-4　测站信息区含义

本案例测站录入需要注意以下几点：

(1)录入导线中所有的点号,注意区分大小写；

(2)A、B、C、D 四个点的属性录入为“10”；

(3)2 号点、3 号点、4 号点 3 个点的属性录入为“00”；

(4)录入 4 个已知点的 X、Y 坐标。

(二)观测信息区

观测信息区输入每个测站点的观测信息如图 8-5 所示。图中包括了照准名、方向值、观测边长、高差、垂直角、觇标高、偏心距、偏心角、零方向角等信息。观测信息区录入类型见图 8-6。

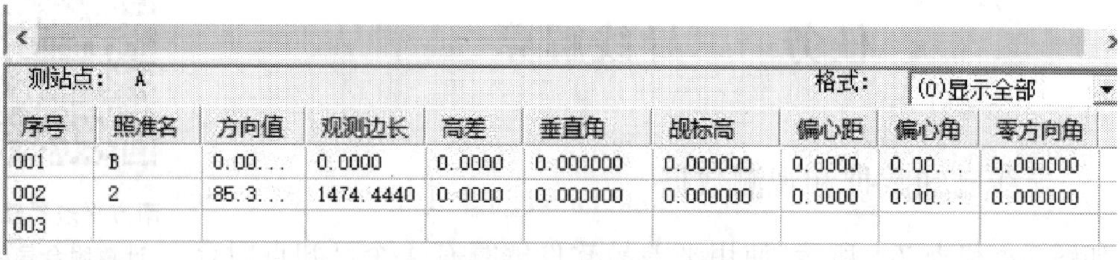

测站点：A　　格式：(0)显示全部

序号	照准名	方向值	观测边长	高差	垂直角	觇标高	偏心距	偏心角	零方向角
001	B	0.00...	0.0000	0.0000	0.000000	0.000000	0.0000	0.00...	0.000000
002	2	85.3...	1474.4440	0.0000	0.000000	0.000000	0.0000	0.00...	0.000000
003									

图 8-5　观测信息区显示全部信息图

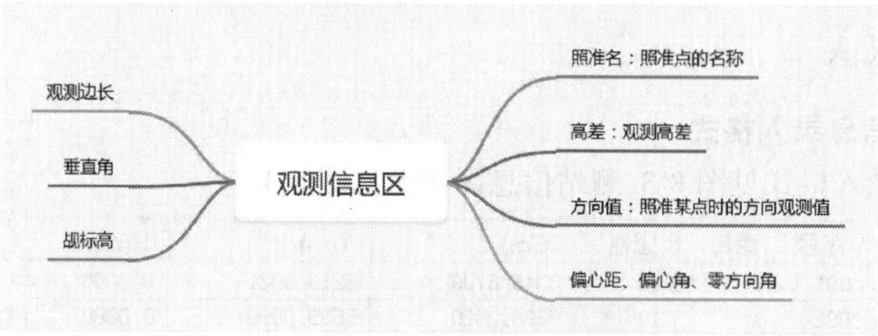

图 8-6　观测信息区录入类型

观测数据时观测信息与上面的测站信息是相互对应的,当某测站点被选中时,观测信息区中就会显示当该点为测站点时所有的观测数据。因此,当输入了测站点时需要在观测信息区的电子表格中输入其观测数值。

录入测站信息时,在测站信息区点选测站行,则观测信息区的测站点会自动显示选中的点号。

南方平差易软件计算附合导线录入过程

格式可以显示为“全部”,也可以选择适合本案例的“边角”或“导线水准”。

本案例具体录入界面如图 8-7 所示。

数据录入需要注意以下几点：

(1)录入格式选择“边角”；

(2)本数据共 7 个点,其中 B、D 两个点未设站；

(3)每测站录入的数据均为角度与边长；

(4)在录入前先在测站信息区选取本测站点；

(5)角度录入均为归零方向值,归零方向值要先设定零方向,所以每测站第一行的方向值均为“0”；

测站点：A		格式：边角	
序号	照准点	方向值	观测边长
1	B	0	
2	2	85.30211	1474.444

测站点：3		格式：边角	
序号	照准点	方向值	观测边长
1	2	0	
2	4	131.04333	1749.322

测站点：2		格式：边角	
序号	照准点	方向值	观测边长
1	A	0	
2	3	254.323220	1424.717

测站点：4		格式：边角	
序号	照准点	方向值	观测边长
1	3	0	
2	C	272.20202	1950.412

测站点：C		格式：边角	
序号	照准点	方向值	观测边长
1	4	0	
2	D	244.1830	

图 8-7　录入界面图

(6)观测边长录入在测站点与照准点对应的位置，需要注意观测边长可以重复录入，但一定要录入正确的数据；

(7)所有观测数据全部录入软件；

(8)数据录入完成后保存文件，文件扩展名：. txt。

(9)保存的数据文件可以使用记事本形式打开。

三、数据解算流程

平差易数据解算流程见图 8-8。

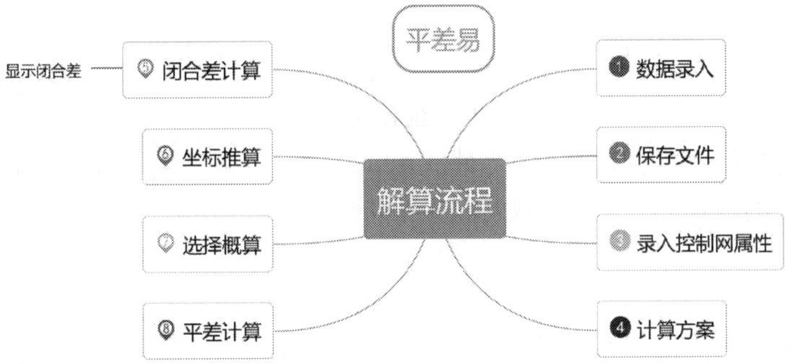

图 8-8　软件解算流程图

(1)控制网属性录入信息包括：网名、日期、观测人、记录人、计算者、计算软件、测量单位、备注。

(2)计算方案录入包括：

①中误差及仪器参数、平差方法、高程平差、限差及等级；

②平面网等级：国家二等、国家三等、国家四等、城市一级、城市二级、图根；

③“测距仪固定误差”和“测距仪比例误差”是测距仪的检测常数。

计算方案见图8-9。

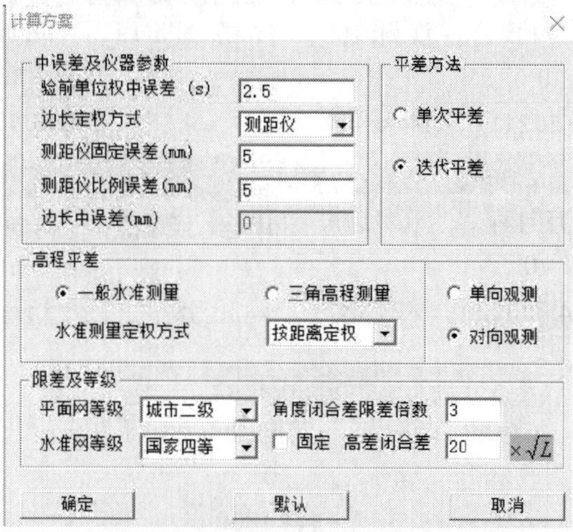

图8-9　计算方案图

(3)文件源代码文件:

附合导线1.txt。

(4)近似坐标的推算。

根据已知条件(测站点信息和观测信息)推算出待测点的近似坐标,为构动态网图和导线平差作基础。

点击“平差\坐标推算”即可进行坐标的推算,见图8-10。

序号	点名	属性	X(m)	Y(m)
001	B	10	8345.8709	5216.6021
002	A	10	7396.2520	5530.0090
003	2	00	7966.6446	6889.6550
004	3	00	6847.2752	7771.0349
005	4	00	6760.0102	9518.1790
006	C	10	4817.6050	9341.4820
007	D	10	4467.5243	8404.7624

图8-10　坐标推算完成图

注意:每次打开一个已有数据文件时,PA2005会自动推算各个待测点的近似坐标,并把近似坐标显示在测站信息区内。当数据输入或修改原始数据时则需要用此功能进行坐标推算。

(5)坐标概算。

主要对观测数据进行一系列的改化,根据实际的需要来选择其概算的内容并进行坐标的概算,见图8-11。

归心改正:根据归心元素对控制网中的相应方向做归心改正。当有偏心测量并且在数据输入时输入了偏心角和偏心距等信息时才能够进行此项改正。

高斯改化:对控制网中的方向和距离观测值做高斯改化(适用于三、四等导线)。如要考虑地球曲率对观测数据特别是观测边长的影响才作此项改正。

Y含500 km:若Y坐标为含500 km常数的数,则在高斯改化时,系统将考虑:若Y含500 km,则归算,改化中Y值在内部将被减500 km。

距离高程面归算:将距离归算到指定的高程面上。

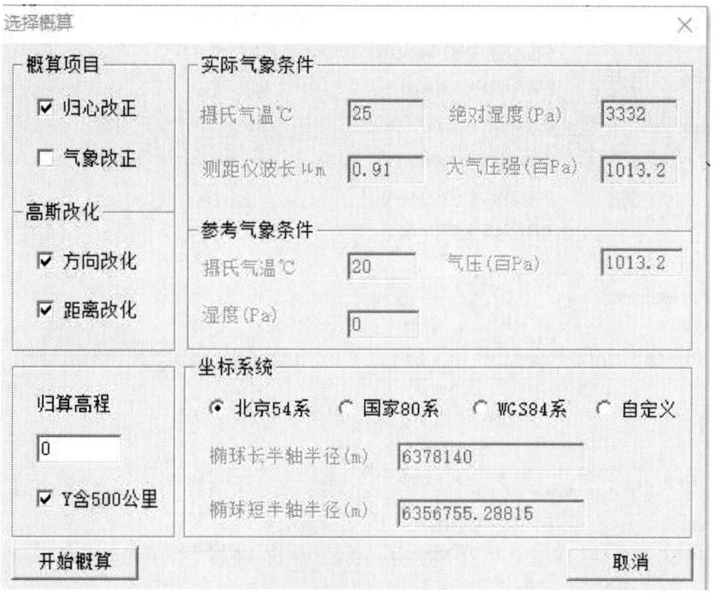

图 8-11　坐标概算图

54 系:1954 年坐标系;80 系:1980 年坐标系;84 系:1984 年坐标系。

(6)平差计算。

平差计算完成后,图形未知点显示的点会绘制出误差椭圆,如图 8-12 所示。

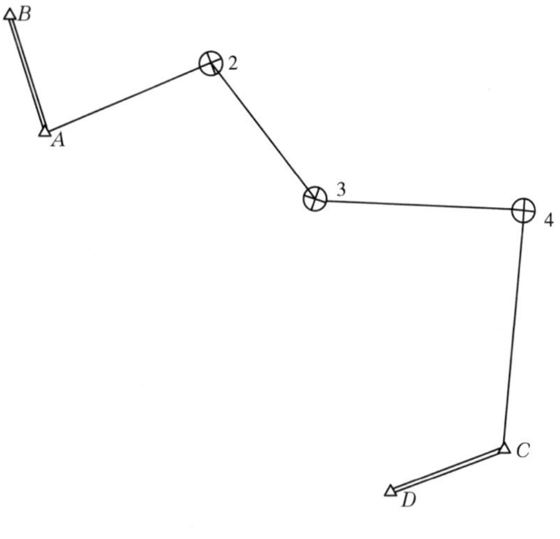

图 8-12　线路平差图

选择"窗口"→"平差报告",见图 8-13。

四、程序源代码(拓展)

程序源代码见图 8-14。

控制网平差报告

平面控制网等级：城市二级，验前单位权中误差：2.5（s）

控制网中最大误差情况

最大点位误差=0.0251（m）

最大点间误差=0.0310（m）

最大边长比例误差=141981

平面网验后单位权中误差=2.98（s）

[方向观测成果表]

测站点	照准点	方向值(dms)	改正数(s)	平差值(dms)	备注
A	B	0.000000			
A	2	85.302110	1.29	85.302239	
2	A	0.000000			
2	3	254.323220	-1.44	254.323076	
3	2	0.000000			
3	4	131.043330	0.63	131.043393	
4	3	0.000000			
4	C	272.202000	-0.77	272.201923	
C	4	0.000000			
C	D	244.183000	4.40	244.183440	

[距离观测成果表]

测站点	照准点	距离(m)	改正数(m)	平差值(m)	方位角(dms)	备注
A	2	1474.4440	0.0026	1474.4466	67.142959	
2	3	1424.7170	0.0029	1424.7199	141.470035	
3	4	1749.3220	0.0044	1749.3264	92.513427	
4	C	1950.4120	0.0014	1950.4134	185.115350	

[平面点位误差成果表]

点名	长轴(m)	短轴(m)	长轴方位(dms)	点位中误差(m)
2	0.0170	0.0104	157.430975	0.0199
3	0.0194	0.0160	18.393901	0.0251
4	0.0178	0.0127	95.573385	0.0219

[点间误差成果表]

点名	点名	MT	MD	MD/D	T	D
A	2	0.0199	0.0104	141981	157.430975	1474.4466
2	A	0.0199	0.0104	141981	157.430975	1474.4466
2	3	0.0189	0.0099	143192	7.545548	1424.7199
3	2	0.0189	0.0099	143192	7.545548	1424.7199
3	4	0.0218	0.0114	153255	92.411285	1749.3264
4	3	0.0218	0.0114	153255	92.411285	1749.3264
4	C	0.0219	0.0127	153138	95.573385	1950.4134
C	4	0.0219	0.0127	153138	95.573385	1950.4134

图 8-13　控制网平差报告

[控制点成果表]

点名	X(m)	Y(m)	H(m)	备注
B	8345.8709	5216.6021		已知点
A	7396.2520	5530.0090		已知点
2	7966.6371	6889.6610		
3	6847.2660	7771.0436		
4	6759.9968	9518.1918		
C	4817.6050	9341.4820		已知点
D	4467.5243	8404.7624		已知点

续图 8-13

```
[STATION]
B,10,8345.870900,5216.602100,,,,
A,10,7396.252000,5530.009000,,,,
2,00,,,,,,
3,00,,,,,,
4,00,,,,,,
C,10,4817.605000,9341.482000,,,,
D,10,4467.524300,8404.762400,,,,

[OBSER]
A,B,,,,,,,,
A,2,85.302110,1474.444000,,,,,,
2,A,,,,,,,,
2,3,254.323220,1424.717000,,,,,,
3,2,,,,,,,,
3,4,131.043330,1749.322000,,,,,,
4,3,,,,,,,,
4,C,272.202000,1950.412000,,,,,,
C,4,,,,,,,,
C,D,244.183000,,,,,,,
```

```
[NET]
Name:BJW
Organ:SOUTH SURVEY
Obser:SOUTH
Computer:SOUTH
Recorder:SOUTH
Remark:BJW
Software:南方平差易 2002

[PARA]
MO:2.5
MS:5.0
MR:5.0
DistanceError:0.0000
DistanceMethod:0
LevelMethod:0
Mothed:1
LevelTrigon:0
TrigonObser:1
Times:1
Level:4
Level1:2
Limit:3
Format:6
```

南方平差易软件
特殊附合导线

图 8-14　程序源代码

根据案例给出的相关数据，请同学们分析程序代码中每行的含义和每行中不同位置的数据代表的具体类型。

任务二　闭合导线解算

一、使用平差易软件解算闭合导线

如图 7-9 所示单一闭合导线，A 点北方向虚拟一个已知点 F。因为 F 点正在 A 点的正北方，也即 F 点的 Y 坐标与 A 点的 Y 坐标一致。再考虑软件解算出的网图的比例协调性，假设 F 点距 A 点 200 m。导线观测数据见表 8-1。

表 8-1　闭合导线观测数据表

点号	坐标		观测角度	观测边长/m
	X	Y	$\angle FAB = 120°$	$S_{AB} = 239.18$
A	500	500	$\angle DAB = 89°14'40''$	$S_{BC} = 239.93$
F	700	500	$\angle ABC = 87°30'03''$	$S_{CD} = 232.39$
			$\angle BCD = 107°20'10''$	$S_{AD} = 299.30$
			$\angle CDA = 75°55'45''$	

二、已知数据与观测数据录入

(一)测站信息录入

平差易测站信息录入见图 8-15。

序号	点名	属性	X(m)	Y(m)	H(m)
001	F	10	700	700	
002	A	10	500	500	
003	B	00			
004	C	00			
005	D	00			
006					

图 8-15　平差易测站信息录入图

南方平差易软件计算闭合导线数据录入流程

闭合导线测站信息录入过程中需要注意以下几点:

(1)录入导线中所有的点号,注意区分大小写;

(2)A、F 两个点的属性录入为“10”;

(3)B、C、D 三个点的属性录入为“00”;

(4)录入 2 个已知点的 X、Y 坐标。

(二)观测信息区

输入每个测站点的观测信息,以 A 为测站点,F 为定向点时(定向点的方向值必须为零),照准 D 号点的数据输入,照准 B 点数据输入,具体数据如图 8-16 所示。

测站点:　A　　　格式:　(1)边角

序号	照准名	方向值	观测边长
001	F	0.000000	0.0000
002	D	30.452000	0.0000
003	B	120.000000	0.0000
004			

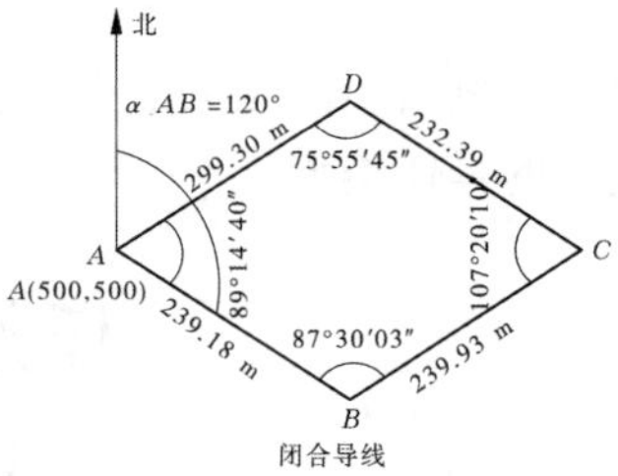

图 8-16　测站 A 信息观测数据录入图

注意:30°45′20″计算由来如下:

$$\angle FAD = \angle FAB - \angle DAB$$

$$\angle FAD = 120°00'00'' - 89°14'40''$$

$$\angle FAD = 119°59'60'' - 89°14'40''$$

$$\angle FAD = 30°45'20''$$

思考:如果以 *D* 点为定向点,则数据要如何录入? 并填写表 8-2。

表 8-2　测站信息表

测站点:2　　　　格式:边角

序号	照准点	方向值	观测边长
	D		

以 *B* 为测站点,*A* 为定向点时(定向点的方向值必须为零),照准 *C* 号点的数据输入,见图 8-17。

测站点: B　　格式: (1)边角

序号	照准名	方向值	观测边长
001	A	0.000000	239.1800
002	C	87.300300	239.9300
003			

图 8-17

以 *C* 为测站点,*B* 为定向点时(定向点的方向值必须为零),照准 *D* 号点的数据输入,见图 8-18。

测站点: C　　格式: (1)边角

序号	照准名	方向值	观测边长
001	B	0.000000	0.0000
002	D	107.201000	0.0000
003			

图 8-18

以 *D* 为测站点,*A* 为定向点时(定向点的方向值必须为零),照准 *C* 号点的数据输入,见图 8-19。

测站点: D　　格式: (1)边角

序号	照准名	方向值	观测边长
001	C	0.000000	232.3900
002	A	75.554500	299.3000
003			

图 8-19

三、平差计算

数据录入完成检查无误后,进行平差计算。计算流程与附合导线计算过程基本一致。首先选择计算方案,由于本案例数据为平面控制网,所以按平面网进行计算;计算闭合差,查看闭合差是否超限;接下来进行坐标推算;选择概算;平差计算。

四、数据源代码

(一)数据源文件代码

数据源文件代码见图 8-20。

```
[STATION]
F,10,700.000000,700.000000,,,
A,10,500.000000,500.000000,,,
B,00,,,,,
C,00,,,,,
D,00,,,,,
[OBSER]
A,F,,,,,,,,
A,D,30.452000,,,,,,,
A,B,120.000000,,,,,,,
B,A,,239.180000,,,,,,
B,C,87.300300,239.930000,,,,,,
C,B,,,,,,,,
C,D,107.201000,,,,,,,
D,C,,232.390000,,,,,,
D,A,75.554500,299.300000,,,,,,
```

图 8-20

(二)代码解读

[STATION]　　　　——文件头,保存测站点数据

测站点名, 点属性, X, Y, H, 偏心距, 偏心角

[OBSER]　　　　——文件头,保存观测数据

照准点, 方向值, 观测边长, 高差, 斜距, 垂直角, 偏心距, 偏心角, 零方向值

注:[STATION]中的点属性表示控制点的属性,00 表示高程、坐标都未知的点,01 表示高程已知、坐标未知的点,10 表示坐标已知、高程未知的点,11 表示高程、坐标都已知的点。

在输入测站点数据和观测数据中,中间空的数据用“,”分隔,如果在最后一个数据后面已没有观测数据,可以省略“,”。

按此格式完整编辑好的数据文件,读入 PA2005 后,即可直接进行平差。用户也可不编辑[NET]和[PARA]的内容,只编辑[STATION]和[OBSER]的内容,将数据读入到软件中后,在软件中进行诸如网名、平差次数等参数的设置,设置完后再进行平差计算。

南方平差易软件解算闭合导线

任务三　三角网解算

一、三角网案例数据

如图 8-21 所示三角网,已知点为 1、2;未知点 3、4、5;观测数据为归零方向值和观测边长,见表 8-3。观测信息见图 8-22。

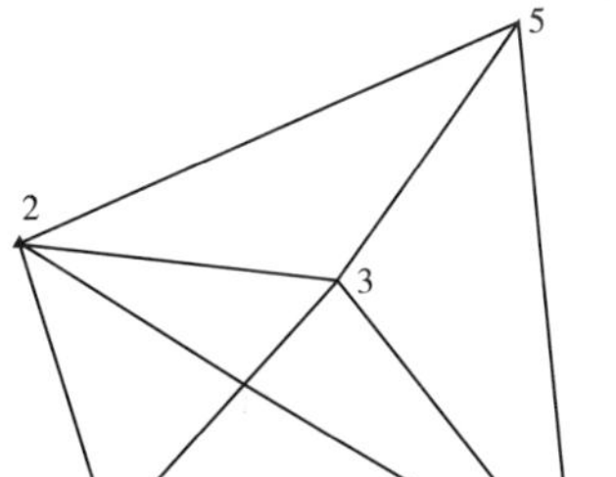

图 8-21　三角网图形

表 8-3　三角网已知数据与观测数据表

点号	坐标		观测边长/m	观测边长/m
	X	Y	$S_{13}=2\ 300.06$	$S_{45}=3\ 922.860$
1	31 250. 250 0	11 500. 410 0	$S_{14}=3\ 090.353$	$S_{53}=2\ 169.073$
2	33 256. 570 0	10 900. 840 0	$S_{42}=4\ 363.611$	$S_{52}=3\ 643.234\ 0$
			$S_{43}=2\ 620.909$	$S_{23}=2\ 115.919\ 0$

测站	照准点	方向观测值 ° ′ ″	边长（m）	测站	照准点	方向观测值 ° ′ ″	边长（m）
1	2	0 00 00.0		3	1	0 00 00.0	
	3	57 20 32.10	2300.06		2	56 25 37.79	
	4	113 14 0635	3090.353		5	172 53 39.44	2169.073
					4	282 29 53.83	2620.909
2	5	0 00 00.0	3643.2340	4	1	0 00 00.0	
	3	32 12 22.92	2115.9190		2	26 09 54.12	
	4	57 50 15.30	4363.611		3	46 36 17.98	
	1	98 26 12.73			5	77 59 46.71	3922.860
5	4	0 00 00.0					
	3	39 00 17.79					

图 8-22　观测信息

二、已知数据与观测数据录入

南方平差易软件解算边角网　　南方平差易软件解算三角网

(一) 测站区信息

测站区信息录入见图 8-23。

(二) 观测信息区

输入每个测站点的观测信息，分别以 1、2、3、4、5 为测站，录入观测方向值和观测边长，见图 8-24。

序号	点号	属性	X	Y
1	1	10	31250.2500	11500.4100
2	2	10	33256.5700	10900.8400
3	3	00		
4	4	00		
5	5	00		

图 8-23

三、数据解算流程

(一) 软件解算类型

(1) 高程控制网类型有水准网、三角高程网、三维导线网；

(2) 计算方案中要注意如果是三角高程网，则需要在计算方案中进行修改。

(二) 水准数据解算

(1) 在“计算方案”中要选择“一般水准”。

“一般水准”所需要输入的观测数据为：观测边长和高差。

“三角高程”所需要输入的观测数据为：观测边长、垂直角、站标高、仪器高。

(2)在一般水准的观测数据中输入了测段高差就必须要输入相对应的观测边长,否则平差计算时该测段的权为零,因此导致计算结果错误。高程控制网解算流程参见图 8-25。

测站点：1

序号	照准点	方向值	观测边长
	2	0	
	3	57.20321	2300.06
	4	113.140635	3090.353

测站点：5

序号	照准点	方向值	观测边长
	4	0	
	3	39.001779	
	2	70.195151	

测站点：2

序号	照准点	方向值	观测边长
	5	0	3643.2340
	3	32.122292	2115.919
	4	57.501530	4363.611
	1	98.261273	

测站点：4

序号	照准点	方向值	观测边长
	1	0	3090.3530
	2	26.095412	
	3	46.361798	
	5	77.594671	3922.860

测站点：3

序号	照准点	方向值	观测边长
	1	0	
	2	56.253779	
	5	172.533944	2169.073
	4	282.295383	2620.909

图 8-24　测站信息录入图

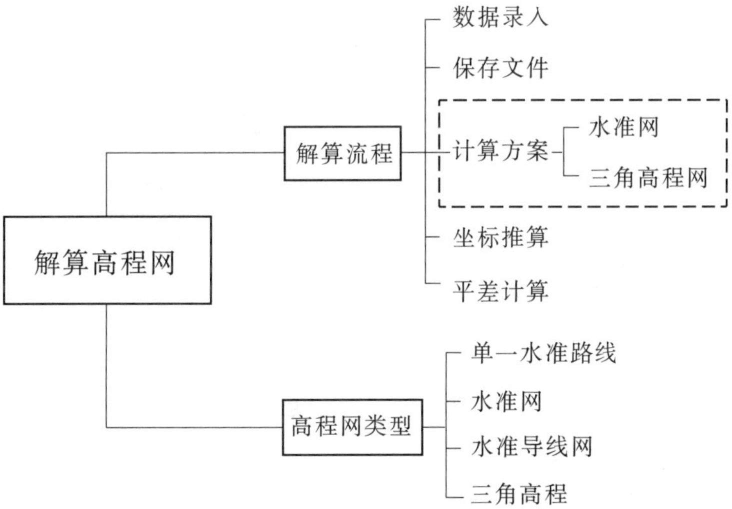

图 8-25　高程控制网解算流程

任务四　水准路线数据解算

一、单一水准路线案例数据

(一) 已知数据与观测数据

如图 8-26 所示附合水准路线,有两个已知点 A 和 B,观测 A 点至 P_1 点,P_2 点至 B 点和 P_2 点至 P_1 点三条线路的高差和路线长,计算 P_1 点 P_2 点的高程。附合水准路线数据见表 8-4。

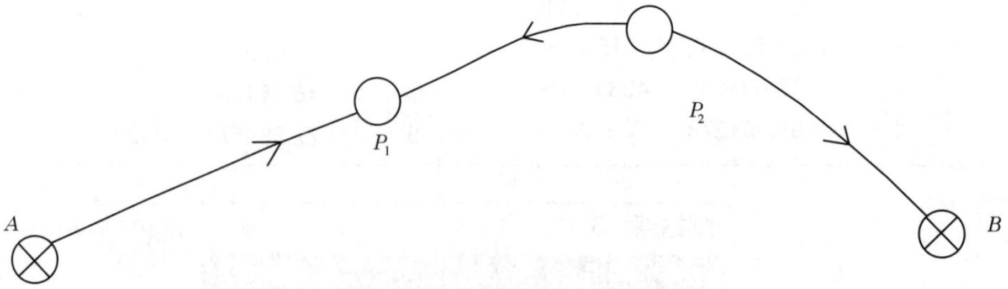

图 8-26　附合水准路线图

表 8-4　附合水准路线数据表

点号	H/m	观测高差	观测边长/km
A	62. 222	$h_{AP_1}=-1.003$	$S_{AP_1}=2$
B	61. 222	$h_{P_2P_1}=-0.500$	$S_{P_2P_1}=1$
		$h_{P_2B}=-0.501$	$S_{P_2B}=0.5$

(二) 测站信息区

测站信息见图 8-27。

序号	点号	属性	X	Y	H
1	A	**01**			62.222
2	B	**01**			61.222
3	P1	00			
4	P2	00			

图 8-27　测站信息

本案例测站录入注意事项如下:

(1) 录入单一水准路线中所有点的点号,注意区分大小写;

(2) A、B 两个点的属性录入为“01”;

(3) P_1、P_2 两个点的属性录入为“00”;

(4) 录入两个已知高程点的 H 数值;

(5)点号录入可不按线路和走向的顺序录入。

(三)观测信息区

观测信息区输入每个测站点的观测信息，根据控制网的类型选择数据输入格式，此控制网为水准网，选择水准格式。

测段 A 点至 P_1 号点的观测数据输入(观测边长为平距)，见图 8-28。

序号	照准名	观测边长	高差
1	P1	2000	-1.003

图 8-28

测段 P_2 点至 P_1 点和 P_2 点至 B 点的观测数据输入(观测边长为平距)，见图 8-29。

测 站 点 ： P 2　　　　格 式 ： 水 准

序号	照准名	观测边长	高差
1	P1	1000	-0.500
2	B	500	-0.501

图 8-29

录入中需要注意，观测边长的单位为米(m)。一个测站下可以录入多个数据。数据录入完成后，保存文件，文件名为：单一附合水准路线. pc。

(四)数据解算流程

水准数据解算过程包括数据录入、保存文件、录入控制网属性、选择计算方案，在计算方案中选择一般水准测量、闭合差计算、坐标概算、平差计算、查看平差报告。

南方平差易软件解算水准数据流程

1. 软件解算类型

(1)高程控制网类型有水准网、三角高程网、三维导线网；

(2)计算方案中要注意如果是三角高程网，则需要在计算方案中进行修改。

2. 水准数据解算

在“计算方案”中要选择“一般水准”。

“一般水准”所需要输入的观测数据为：观测边长和高差。

“三角高程”所需要输入的观测数据为：观测边长、垂直角、站标高、仪器高。

在一般水准的观测数据中输入了测段高差就必须要输入相对应的观测边长，否则平差计算时该测段的权为零，因此导致计算结果错误。

(五)查看平差报告

控制网平差报告见图 8-30。

控制网平差报告

[控制网概况]

计算软件：南方平差易2002

网名：

计算日期：: 2021-10-02

观测人：

记录人：

计算者：

测量单位：

备注：

高程控制网等级：国家四等

每公里高差中误差 = 2.14 (mm)

起始点高程

A = 62.2220(m)　　　　B = 61.2220(m)

[高差观测成果表]

测段起点点号	测段止点点号	测段距离	测段高差(m)	备注
A	P1	2000.0000	-1.0030	
P2	P1	1000.0000	-0.5000	
P2	B	500.0000	-0.5010	

[高程平差结果表]

点号	高差改正数(m)	改正后高差(m)	高程中误差(m)	平差后高程(m)	备注
A	0.0023	-1.0007	0.0000	62.2220	已知点
P1			0.0014	61.2213	
P2	-0.0011	-0.5011	0.0010	61.7224	
P1			0.0014	61.2213	
P2	0.0006	-0.5004	0.0010	61.7224	
B			0.0000	61.2220	已知点

[控制点成果表]

点名	X(m)	Y(m)	H(m)	备注
A			62.2220	已知点
B			61.2220	已知点
P1			61.2213	
P2			61.7224	

图 8-30　控制网平差报告

(六)数据文件源代码

数据文件源代码见图 8-31。

二、单一水准路线案例数据

南方平差易软件解算水准路线数据录入

(一)水准网路线已知数据与观测数据

有一水准网如图 8-32 所示,A、B 为已知点,$H_A = 21.400$ m,$H_B = 23.810$ m,各路线观测高差见表 8-5。根据观测高差和已知数据,求各待定点高程平差值及其中误差。

```
[STATION]                                   备注代码含义
A,01,,,62.222000,,,                         ______________
B,01,,,61.222000,,,
P1,00,,,,,,                                 ______________
P2,00,,,,,,
[OBSER]
A,P1,,2000.000000,-1.003000,,,,,,           ______________
P2,P1,,1000.000000,-0.500000,,,,,,
P2,B,,500.000000,-0.501000,,,,,,
解读代码含义:
______________________________________________
______________________________________________
```

图 8-31

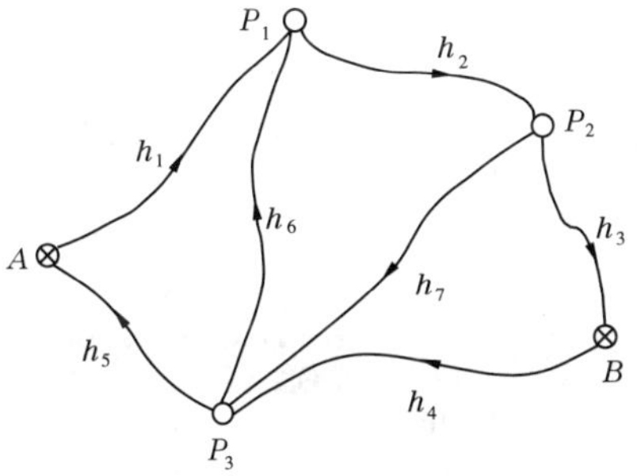

图 8-32　水准网示意图

表 8-5　各路线观测高差

路线号	观测高差/m	水准路线长/km
1	+1.058	1.1
2	+0.912	1.7
3	+0.446	2.3
4	−3.668	2.7
5	+1.250	2.4
6	+2.310	1.4
7	−3.225	2.6

(二)测站信息区

测站信息见图 8-33。

序号	点号	属性	X	Y	H
1	A	01			21.4
2	B	01			23.8
3	P1	00			
4	P2	00			
5	P3	00			

图 8-33　测站信息

本案例测站录入注意事项如下：

(1)水准路线中所有点的点号，注意区分大小写。

(2)A、B 两个点的属性录入为“01”；P_1、P_2、P_3 三个点的属性录入为“00”。

(3)录入两个已知高程点的 H 数值。

(4)要求全部点号均要录入。

南方平差易软件
解算水准网

(三)观测信息区

观测信息录入区输入每个测站点的观测信息，根据控制网的类型选择数据输入格式，此控制网为水准网，选择水准格式。观测信息录入见图 8-34。

测站点：A　　格式：水准

序号	照准名	观测边长	高差
	P_1	1100	1.058

测站点：P1　　格式：水准

序号	照准名	观测边长	高差
	P_2	1700	0.912

测站点：P2　　格式：水准

序号	照准名	观测边长	高差
	B	2300	0.446
	P3	2600	-3.225

测站点：P3　　格式：水准

序号	照准名	观测边长	高差
	A	2400	1.250
	P1	1400	2.310

测站点：B　　格式：水准

序号	照准名	观测边长	高差
	P3	2700	-3.668

图 8-34　观测信息录入

注：1. 观测边长的单位为米(m)。

2. 一个测站下可以录入多个数据。

3. 数据录入完成后，检查是否所有数据均录入完成。

4. 保存文件，文件名为：水准网. txt。

(四)数据文件源代码

数据文件源代码见图 8-35。

```
[STATION]
A,01,,,21.400000,,,
B,01,,,23.810000,,,
P1,00,,,,,,
P2,00,,,,,,
P3,00,,,,,,
[OBSER]
A,P1,,1100.000000,1.058000,,,,,,
B,P3,,2700.000000,-3.668000,,,,,,
P1,P2,,1700.000000,0.912000,,,,,,
P2,B,,2300.000000,0.446000,,,,,,
P2,P3,,2600.000000,-3.225000,,,,,,
P3,A,,2400.000000,1.250000,,,,,,
P3,P1,,1400.000000,2.310000,,,,,,
```

图 8-35

任务五　三角高程数据解算

一、三角高程已知数据与观测数据

如图 8-36 和表 8-6 所示为三角高程的测量,*A* 和 *C* 是已知高程点,2、3 和 4 是待测的高程点。

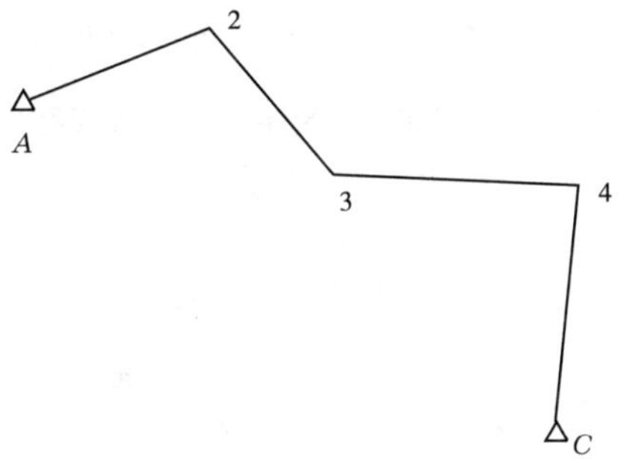

图 8-36　三角高程网示意图

二、数据解算

(一)录入过程

测站信息见图 8-37,观测信息见图 8-38。

表 8-6　三角高程的测量

测站点	距离/m	垂直角	仪器高	觇标高	高程
A	1 474. 444	1. 044 0	1. 30		96. 062 0
2	1 424. 717	3. 252 1	1. 30	1. 34	
3	1 749. 322	−0. 380 8	1. 35	1. 35	
4	1 950. 412	−2. 453 7	1. 45	1. 50	
C				1. 52	95. 971 6

序号	点名	属性	X(m)	Y(m)	H(m)	仪器高
001	A	01	0.0000	0.0000	96.0620	1.3
002	2	00	0.0000	0.0000	123.9011	1.3
003	3	00	0.0000	0.0000	209.1873	1.35
004	4	00	0.0000	0.0000	189.8304	1.45
005	C	01	0.0000	0.0000	95.9716	
006						

图 8-37　测站信息

测站点：A　　格式：(5)三角高程

序号	照准名	观测边长	高差	垂直角	觇标高
001	2	1474.4440	27.8420	1.044000	1.340000
002					

测站点：2　　格式：(5)三角高程

序号	照准名	观测边长	高差	垂直角	觇标高
001	3	1424.7170	85.2891	3.252100	1.350000
002					

测站点：3　　格式：(5)三角高程

序号	照准名	观测边长	高差	垂直角	觇标高
001	4	1749.3220	-19.3534	-0.380800	1.500000
002					

测站点：4　　格式：(5)三角高程

序号	照准名	观测边长	高差	垂直角	觇标高
001	C	1950.4120	-93.8549	-2.453700	1.520000
002					

图 8-38　观测信息

注：1. 没有进行平差计算的数据，高差不需要输入。

2. 仪器高在测站信息表录入。

(二)计算过程

(1)保存文件:三角高程 1. txt;

(2)计算方案→三角高程测量;

(3)坐标概算;

(4)平差计算。

南方平差易软件解算三角高程数据

三、查看平差报告

控制网平差报告见图 8-39。

控 制 网 平 差 报 告

[控制网概况]

计算软件:南方平差易2002

网名:

计算日期::2021-10-03

观测人:

记录人:

计算者:

测量单位:

备注:

高程控制网等级:国家四等

每公里高差中误差 = 5.15 (mm)

起始点高程

A = 96.0620(m)   C = 95.9716(m)

[三角高程观测成果表]

测站点	照准点	距离(m)	垂直角(dms)	仪器高(m)	觇标高(m)
A	2	1474.4440	1.0440	1.3000	1.3400
2	3	1424.7170	3.2521	1.3000	1.3500
3	4	1749.3220	-0.3808	1.3500	1.5000
4	C	1950.4120	-2.4537	1.4500	1.5200

[高差观测成果表]

测段起点点号	测段止点点号	测段距离	测段高差(m)	备注
A	2	1474.4440	27.8420	
2	3	1424.7170	85.2891	
3	4	1749.3220	-19.3534	
4	C	1950.4120	-93.8549	

[高程平差结果表]

点号	高差改正数(m)	改正后高差(m)	高程中误差(m)	平差后高程(m)	备注
A	-0.0030	27.8391	0.0000	96.0620	已知点
2			0.0039	123.9011	
2	-0.0029	85.2862	0.0039	123.9011	
3			0.0046	209.1873	
3	-0.0035	-19.3570	0.0046	209.1873	
4			0.0043	189.8304	
4	-0.0039	-93.8588	0.0043	189.8304	
C			0.0000	95.9716	已知点

图 8-39 控制网平差报告

控制点成果表

点名	X(m)	Y(m)	H(m)	备注
A			96.0620	已知点
2			123.9011	
3			209.1873	
4			189.8304	
C			95.9716	已知点

续图 8-39

四、程序代码

程序代码见图8-40。

```
[STATION]
A,01,,,96.062000,1.300000,,
2,00,,,,1.300000,,
3,00,,,,1.350000,,
4,00,,,,1.450000,,
C,01,,,95.971600,,,

[OBSER]
A,2,,1474.444000,,,1.044000,1.340000,,,
2,3,,1424.717000,,,3.252100,1.350000,,,
3,4,,1749.322000,,,-0.380800,1.500000,,,
4,C,,1950.412000,,,-2.453700,1.520000,,,

[PARA]
M0:2.5
MS:5.0
MR:5.0
DistanceError:0.0000
DistanceMethod:0
LevelMethod:0
Mothed:0
LevelTrigon:1
TrigonObser:1
Times:45
Level:2
Level1:2
Limit:3
Format:5
```

图 8-40

项目九　清华山维 NASEW 软件应用

知识目标：

- 掌握软件平差解算方案；
- 掌握概略坐标计算流程；
- 能够区分平差和精度估算的区别。

能力目标：

- 能利用软件解算平面控制网；
- 能根据软件特点分析软件解算控制网的优势和劣势；
- 能根据具体项目案例确定观测值类型的属性。

思政目标：

- 深入了解软件的特点，培养学生作为数据处理人员应具备的扎实基础，增强社会责任感。

工程测量控制网平差系统（Networks Adjustment of Surveying Engineering for Windows，NASEW）一个适用于各种测量控制网平差的工具。NASEW 始于 1993 年 8 月的 1.0 版，在 NASEW v2.50 的基础上，结合测绘行业和计算机技术的新发展，推出了 Windows 版本。NASEW 与支持各种全站仪进行等级测量的清华山维新技术开发有限公司的 Eps 系列程序保持了程序级的连接，真正实现了从数据采集、记簿整理、平差和成果打印的一体化。NASEW 具有如下特点：

（1）适用于任意形式、任意规模的平面和高程控制网的概算、平差和设计，无需编码。

（2）自动求解控制网各种路线闭合差，提供了多种粗差定位和自动剔除功能，可以选择例如验后定权法等多种平差方法。

（3）具有现代电子表格效能的数据编辑和操作环境，在输入过程中，自动计算坐标、高程、差值等，并辅以网图动态显示。观测输入可选标准格式和多种常用网格式，还可自定格式；可选具有内联的文本编辑方式。

（4）提供了与打印机和纸张自适应的网图打印、成果打印，格式和有效位数等可控易控，并具有打印前的预览功能。

（5）操作上简单易学，图、文、数、控四者融为一体，具有丰富的说明和联机帮助，具有工作现场保护功能。

（6）互用性强，支持网内多区域数据合并。可直接读入 ERCD 电子测量记簿的整理数据，可直接读入武测平差系统的数据文件。

NASEW 软件功能与界面图见图 9-1。

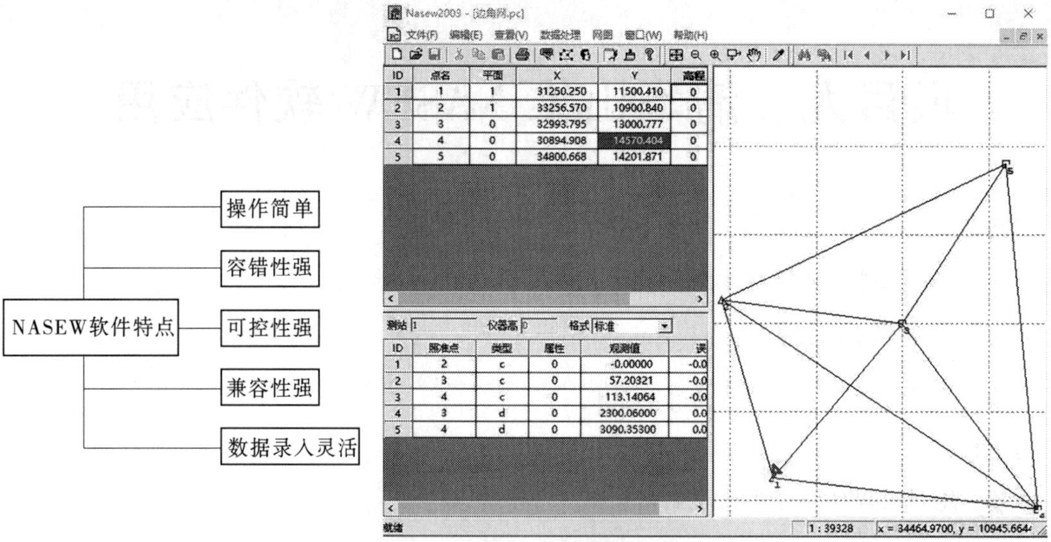

图 9-1　NASEW 软件功能与界面图

任务一　使用 NASEW 解算附合导线

一、附合导线的已知数据与观测数据

附合导线的已知数据与观测数据见图 7-4 和表 7-1。

二、数据解算过程

(一)测站信息录入

软件界面分 3 个主要区域:测站信息显示区、观测信息显示区、图形显示区。在录入测站信息部分,需要录入所有的测站点名、属性、位置信息,如图 9-2 和图 9-3 所示。

观测信息与上面的测站信息是相互对应的,当某测站点被选中时,观测信息区中就会显示当该点为测站点时所有的观测数据。因此,当输入了测站点时需要在观测信息区的电子表格中输入其观测数值。

(1)录入测站仪器高。

(2)录入测站信息时,在测站信息区点选测站行,则观测信息区的测站点会自动显示选中的点号。

(3)格式可以显示为“标准”,也可以选择适合本案例的“边角”或“HZ”等。

测站信息录入注意事项:

(1)录入导线中所有的点号,注意区分大小写;

(2)A、B、C、D 四个点的坐标属性选择“1 固定”;

(3)2、3、4 三个点的坐标属性选择“0 待定”;

(4)录入 4 个已知点的 X、Y 坐标。

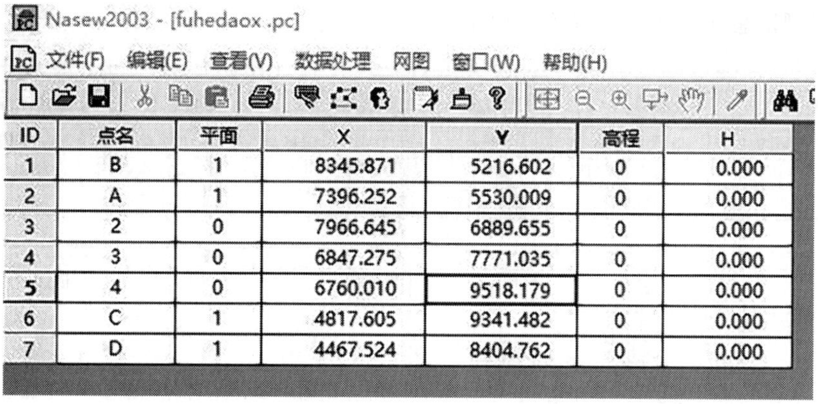

ID	点名	平面	X	Y	高程	H
1	B	1	8345.871	5216.602	0	0.000
2	A	1	7396.252	5530.009	0	0.000
3	2	0	7966.645	6889.655	0	0.000
4	3	0	6847.275	7771.035	0	0.000
5	4	0	6760.010	9518.179	0	0.000
6	C	1	4817.605	9341.482	0	0.000
7	D	1	4467.524	8404.762	0	0.000

图 9-2 测站信息录入图

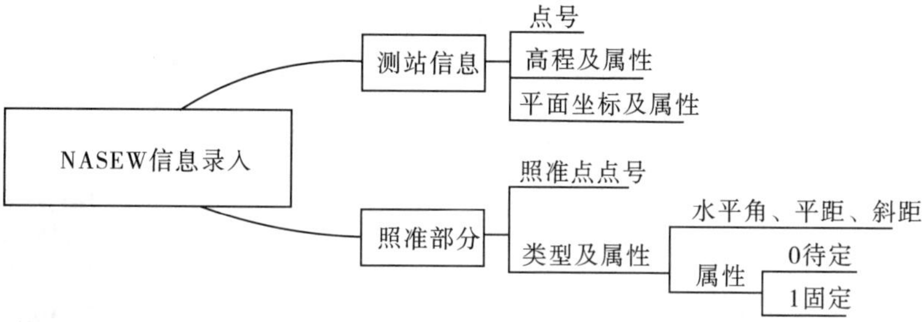

图 9-3 信息录入图

(二)观测信息区

观测信息区需要输入每个测站点的观测信息。观测区第一行元素有测站、仪器高、格式。修改格式为边角,边角格式需要录入观测角度和边长,第一行照准点为角度观测方向值的零方向。观测信息格式录入类型具体参见图 9-4。

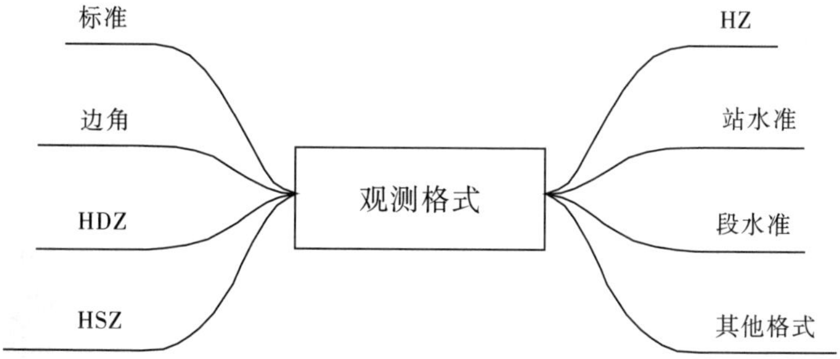

图 9-4 观测格式类型

数据观测信息录入界面如图9-5所示。

测站 A　仪器高 0　格式 边角

ID	照准点	水平方向	平距
1	B	-0.00000	-999.000
2	2	85.30211	1474.4440

测站 2　仪器高 0　格式 边角

ID	照准点	水平方向	平距
1	A	-0.00000	-999.000
2	3	254.32322	1424.7170

测站 3　仪器高 0　格式 边角

ID	照准点	水平方向	平距
1	2	-0.00000	-999.000
2	4	131.04333	1749.3220

测站 C　仪器高 0　格式 边角

ID	照准点	水平方向	平距
1	4	-0.00000	-999.000
2	D	244.18300	-999.000

测站 4　仪器高 0　格式 边角

ID	照准点	水平方向	平距
1	3	-0.00000	-999.000
2	C	272.20202	1950.4120

图9-5　数据观测信息录入界面

在具体录入过程中需要注意以下几点。

(1)录入格式选择“边角”;

(2)本数据共7个点,其中 *B*、*D* 两个点未设站;

(3)每测站录入的数据均为角度与边长;

(4)在录入前先在测站信息区选取本测站点;

(5)角度录入均为归零方向值,归零方向值要先设定零方向,所以每测站第一行的方向值均为“0”;

清华山维软件解算
附合导线数据录入过程

(6)水平方向数值要求是以零方向为起始边顺时针转至本方向的角值;

(7)观测边长录入在测站点与照准点对应的位置,需要注意观测边长可以重复录入,但一定要录入正确的数据;

(8)所有观测数据全部录入软件;

(9)数据录入完成后保存文件,文件扩展名为“附合导线1. pc”;

(10)保存的数据文件可以使用记事本形式打开。

录入数值注意事项:

(1)所有角度量均以“度分秒”为单位。如32°36′42.6″,表示为32.36426。

(2)所有长度量均以“米”为单位,如坐标、高差、水准路线长度等。

(3)距离的比例误差以PPM(百万分之一)为单位。

三、平差计算

(一)平差计算流程

数据解算流程见图9-6。

清华山维软件解算
数据流程

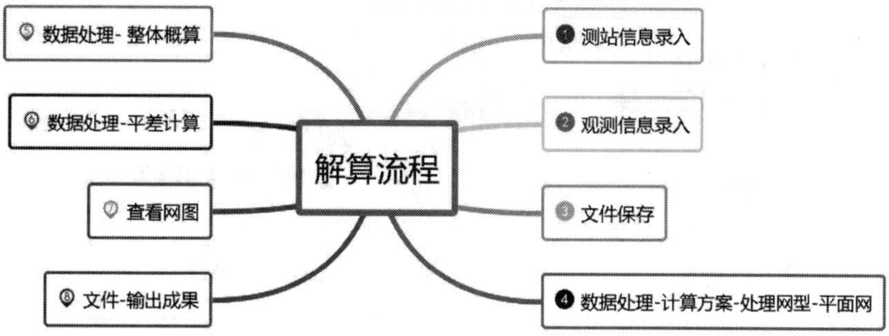

图 9-6　数据解算流程图

(二)平差方案

计算方案包括工程、概算、平差三部分内容,如图 9-7 所示。

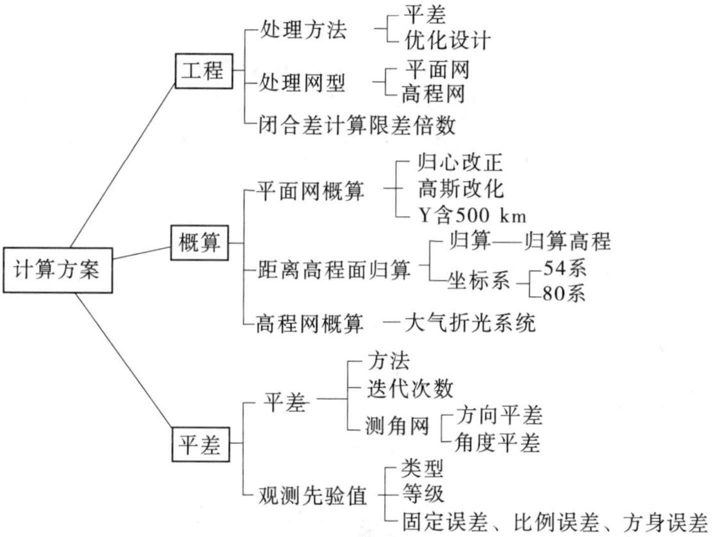

图 9-7　计算方案图

应注意以下几点:

(1)处理网型有平面网和高程网。

(2)平面网概算包括计算平面坐标 X、Y 值,归心改正,高斯改化,距离高程面归算等。

(3)高程网概算是计算出高程;其中大气折光系数可以根据实际输入。

(4)计算方案对话框的中间的“闭合差计算限差倍数”项,其后的编辑框可由用户输入,其值是用来计算限差的,即限差=“闭合差计算限差倍数”×观测值先验中误差。“闭合差计算限差倍数”的默认值为 2。

1. 坐标概算

坐标概算流程见图 9-8。

坐标、高程概算是由观测值计算出待定点的坐标或高程,对多余观测计算出其坐标或高程的差值。

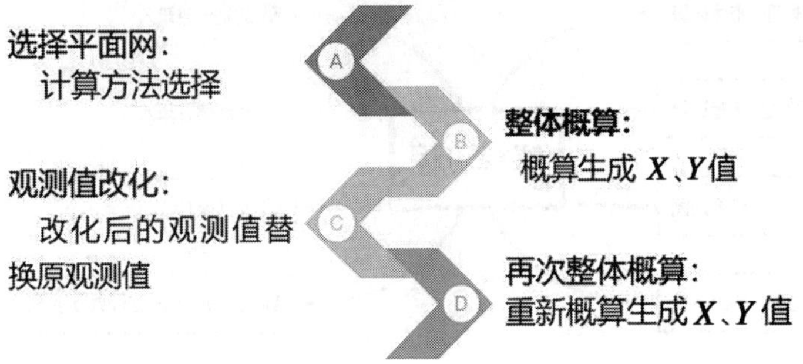

图 9-8　坐标概算流程

1)当前测站概算

由已知点推算出当前点的坐标或高程;将当前测站待定的坐标或高程置为 0.000,然后用当前测站观测值计算坐标或高程。

2)整体概算

先将所有待定点的坐标或高程置为 0.000,然后用观测值全部重算。

控制网可由平面和高程数据组成,这两类数据可以并存于同一数据库中,但对数据的概算和平差则应分开进行。系统保证了两类数据的分离,并允许在平面数据处理和高程数据处理间进行切换。

2. 归心改正

归心改正流程见图 9-9。

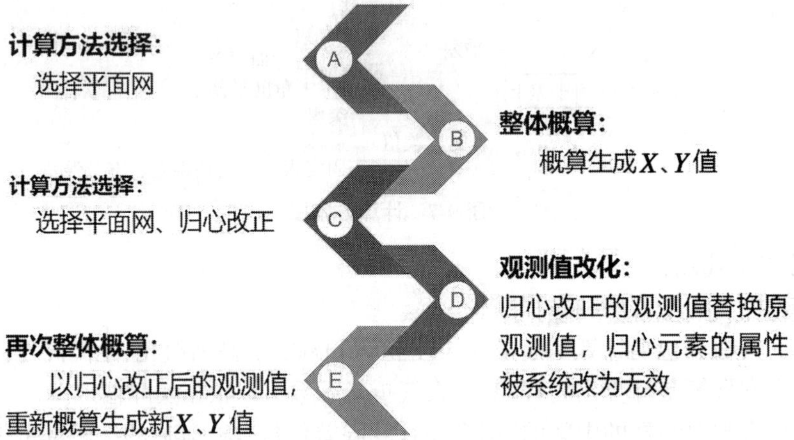

图 9-9　归心改正流程

归心改正是根据归心元素对控制网中的相应方向做归心改正的。

归心元素值按观测值输入,属性为零类,改正后归心元素的属性被系统改为无效,以标志观测值已被归心改正过,在以后的处理中对观测值不得再进行归心改正。

3. 高斯改化

高斯改化流程见图 9-10。

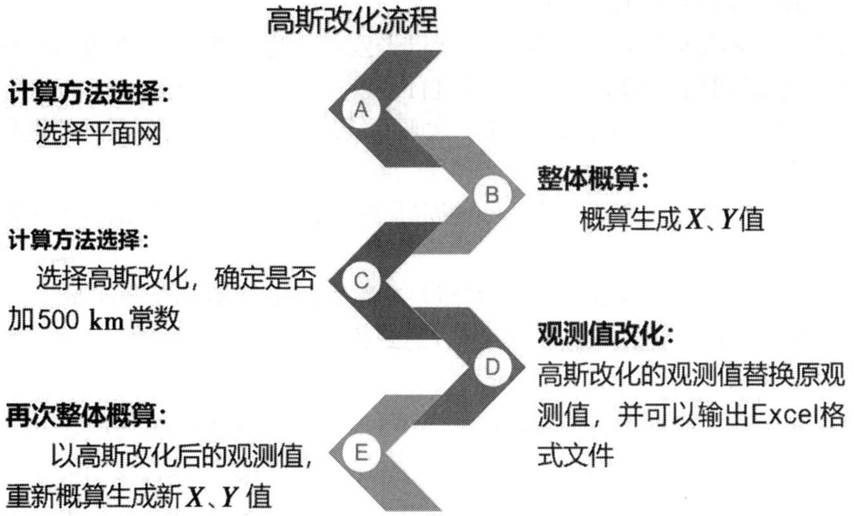

图 9-10　高斯改化流程

高斯改化是按三、四等网的改化公式对控制网中的方向和距离观测值进行高斯改化的。

4. 平差方案

平差方案见图 9-11。

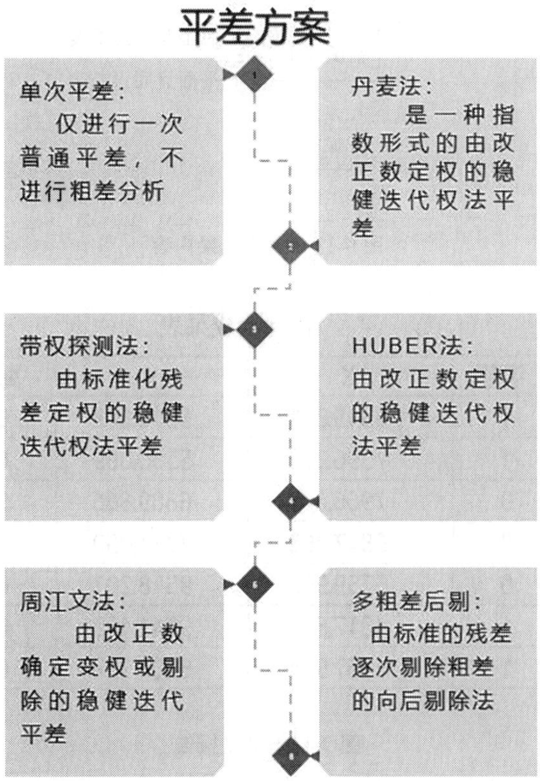

图 9-11　平差方案图

平差和精度估算区别有以下几点：

(1)因NASEW是按站来组织数据的，所以平差对象与传统网形(按边角等)分类无关。只要所有待定点均可被观测值推算出，就可进行平差(且至少有一个多余观测)和精度估算。

(2)平差中若概算坐标误差很大，第一次平差结果也会有误差，可通过纯迭代平差得到精确的平差结果。

(3)对固定观测值，认为无误差，系统规定其权为相应零类观测值的权的100万倍。可用于解决独立网的平差。

(4)对高程网，系统取权的规则为：对高差观测值，一般取其测站数或路线长度的倒数。对天顶距或竖直角则一般取两点间平距平方的倒数。

(三)平差报告

输出成果如图9-12所示，平差报告如图9-13所示。观测类型字母含义见表9-1。

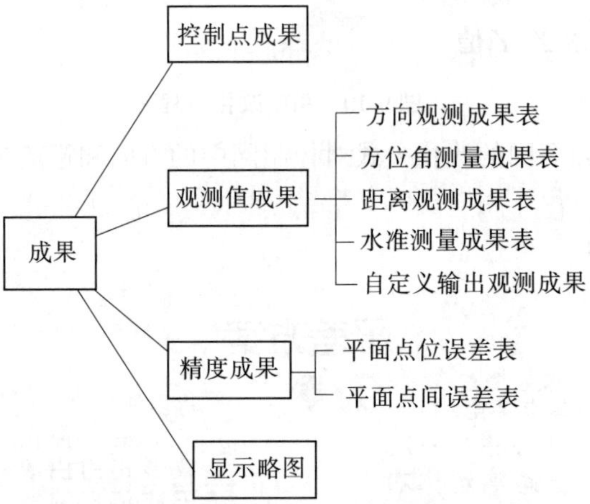

图9-12　平差成果内容

控制点成果表

ID	点名	平面	X	Y	高程	H
1	B	1	8345.871	5216.602	0	0.000
2	A	1	7396.252	5530.009	0	0.000
3	2	0	7966.645	6889.666	0	0.000
4	3	0	6847.268	7771.050	0	0.000
5	4	0	6759.996	9518.207	0	0.000
6	C	1	4817.605	9341.482	0	0.000
7	D	1	4467.524	8404.762	0	0.000

图9-13　平差报告

基本点位误差表

序号	点名	长轴	短轴	长轴方位	点位中误差
1	2	0.0144	0.0110	77.235	0.0181
2	3	0.0151	0.0143	50.104	0.0208
3	4	0.0165	0.0134	-18.556	0.0213

方向观测成果表

测站	照准点	方向值	改正数	改正后值
A	B	-0.00000	-0.00000	-0.00000
	2	85.30211	0.00006	85.30217
2	A	-0.00000	-0.00000	-0.00000
	3	254.32322	-0.00004	254.32318
3	2	-0.00000	-0.00000	-0.00000
	4	131.04333	0.00007	131.04340
4	3	-0.00000	-0.00000	-0.00000
	C	272.20202	0.00004	272.20206
C	4	-0.00000	-0.00000	-0.00000
	D	244.18300	0.00027	244.18327

距离观测成果表

测站	照准点	平距	改正数	改正后值
A	2	1474.44400	0.00973	1474.45373
2	3	1424.71700	0.00867	1424.72567
3	4	1749.32200	0.01352	1749.33552
4	C	1950.41200	0.00160	1950.41360

平面点位误差表

序号	点名	长轴	短轴	长轴方位	点位中误差
1	2	0.0144	0.0110	77.235	0.0181
2	3	0.0151	0.0143	50.104	0.0208
3	4	0.0165	0.0134	-18.556	0.0213

平面点间误差表

序号	点名	点名	MT	MD	D/MD	T-方位	D-距离
1	A	2	0.011077	0.014292	103163.127	67.1429	1474.454
2	2	3	0.010866	0.013250	107530.000	141.4701	1424.726
3	3	4	0.012911	0.014291	122406.554	92.5135	1749.336
4	4	C	0.013971	0.016029	121681.738	185.1155	1950.414

续图 9-13

基本精度表

======== 网平差后精度如下 =========

单位权中误差 = 0.000162

测距固定误差(米)：0.008996, 0.017992

测距比例误差(米)：4.498103, 8.996206

方向中误差(d.mmss)：0.000162, 0.000324

平面网中最弱点为 4, 点位中误差 = 0.021262

平面网中最弱相邻点为 4-C, 相对点位中误差 = 0.021263

最大边长比例误差边为 A-2, 比例误差 = 1 / 103163

闭合差信息表

闭合差信息

ID	类 型	闭合差	权倒数	限 差	超 限
1	附合方向	-0.000390	5.000000	0.001138	否
2	附合导线	-0.000390	5.000000	0.001138	否

续图 9-13

表 9-1　观测类型字母含义表

字母	类型	字母	类型	字母	类型
c	归零观测值	i	仪器高	1	测站偏心距
a	方位角	v	照准高	2	测站偏心角
<	水平角	h	直接高差	3	测站偏心距
d	平距	$	间接高差		
s	斜距	n	高差路线站数		
z	天顶距	l	高差路线长度		
b	竖直角				

将格式改为标准后如图 9-14 所示。

测站 A　　仪器高 0　　格式 标准

ID	照准点	类型	属性	观测值	误差
1	B	c	0	-0.00000	-0.00000
2	2	c	0	85.30211	-0.00000
3	2	d	0	1474.44400	0.00000

图 9-14

(四)程序代码

程序代码见图 9-15。

```
编辑->文本编辑框                                          代码含义
[<<
B   10  8345.8709   5216.6021   0.0000           ____________________
A   10  7396.2520   5530.0090   0.0000           ____________________
2   00  7966.6447   6889.6656   0.0000           ____________________
3   00  6847.2680   7771.0502   0.0000
4   00  6759.9956   9518.2074   0.0000
C   10  4817.6050   9341.4820   0.0000
D   10  4467.5243   8404.7624   0.0000

<<

A   B   c0  -0.000000                            ____________________
    2   c0  85.302110                            ____________________
    2   d0  1474.444000                          ____________________
2   A   c0  -0.000000                            ____________________
    3   c0  254.323220
    3   d0  1424.717000
3   2   c0  -0.000000
    4   c0  131.043330
    4   d0  1749.322000
4   3   c0  -0.000000
    C   c0  272.202020
    C   d0  1950.412000
C   4   c0  -0.000000
    D   c0  244.183000
```

图 9-15 附合导线代码示意图

任务二 使用 NASEW 解算闭合导线

一、软件文本编辑框

(一)文本编辑框

在主编辑窗口对控制点信息和观测信息进行输入和编辑,并设置一些控制信息,其操作功能在"编辑"菜单中。文本编辑内容见图 9-16。

(二)测站区格式

测站区每种格式在观测区显示的观测记录内容不同;格式有标准、边角、HDZ、HSZ、HZ、站水准、段水准及其他格式,见图 9-17。

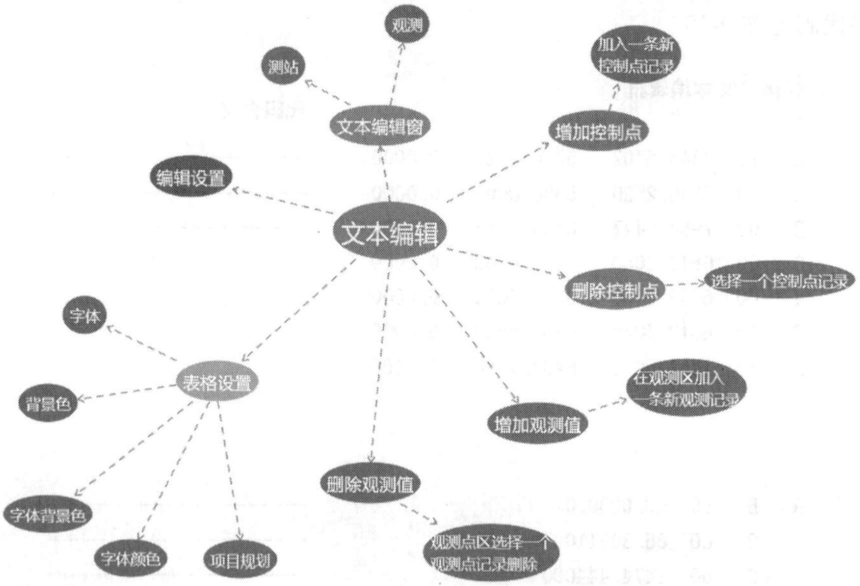

图 9-16　文本编辑内容图

格式	含义
标准	最常用的格式，含类型、属性、观测值和误差；在标准格式下可以通过选择不同的数据类型，支持18种观测量和相关属性。
边角	含**方向观测值**和**平距**的控制网，如平面导线
HDZ	含**方向**、**平距**、**天顶距**的控制网
HSZ	含**方向**、**斜距**、**天顶距**的控制网
HZ	含**方向**和**天顶距**的测角控制网
站水准	水准测量，以**测站数**定权
段水准	水准测量，以**测段长**定权

图 9-17　测站区格式

二、闭合导线已知数据与观测数据

如图 7-9 所示单一闭合导线，A 点北方向虚拟一个已知点 F。因为 F 点在 A 点的正北方，也即 F 点的 Y 坐标与 A 点的 Y 坐标一致。再考虑软件解算出的网图的比例协调性，假设 F 点距 A 点 200 m。导线观测数据见表 8-1。

清华山维软件解算闭合导线

三、数据录入

(一) 测站信息区

测站信息图见图 9-18。

ID	点名	平面	X	Y	高程	H
1	F	1	700	500	0	0.000
2	A	1	500	500	0	0.000
3	B	0	0.000	0.000	0	0.000
4	C	0	0.000	0.000	0	0.000
5	D	0	0.000	0.000	0	0.000

图 9-18　测站信息图

本案例测站录入注意事项：

(1)按照顺序录入导线中所有的点号,注意区分大小写；

(2)*A*、*F* 两个点的属性选择“1 固定”；

(3)*B*、*C*、*D* 三个点的属性选择“0 待定”；

(4)录入两个已知点的 *X*、*Y* 坐标。

(二)观测信息区

观测信息区：输入每个测站点的观测信息。

以 *A* 为测站点,*F* 为定向点时(定向点的方向值必须为零),照准 *D* 号点的数据输入,照准 *B* 点数据输入,具体数据如图 9-19 所示：

测站 A　　仪器高 0　　格式 边角

ID	照准点	水平方向	平距
1	F	-0.00000	-999.000
2	D	30.45200	-999.000
3	B	120.00000	-999.000

图 9-19　观测信息录入图

30°45′20″计算由来

$$\angle FAD=\angle FAB-\angle DAB$$
$$\angle FAD=120°00'00''-89°14'40''$$
$$\angle FAD=119°59'60''-89°14'40''$$
$$\angle FAD=30°45'20''$$

思考：如果以 *D* 点为定向点,则数据要如何录入？填写表 9-2。

表 9-2　测站点信息表

测站点：2　　　　格式：边角

ID	照准点	水平方向	平距
	D		

以 *B* 为测站点,*A* 为定向点时(定向点的方向值必须为零),照准 *C* 号点的数据输入,见图 9-20。

测站 B　　仪器高 0　　格式 边角

ID	照准点	水平方向	平距
1	A	-0.00000	239.1800
2	C	87.30030	239.9300

图 9-20　测站 *B* 信息录入界面

以 *C* 为测站点,*B* 为定向点时(定向点的方向值必须为零),照准 *D* 号点的数据输入,见图 9-21。

测站 C　　仪器高 0　　格式 边角

ID	照准点	水平方向	平距
1	B	-0.00000	-999.000
2	D	107.20100	-999.000

图 9-21　测站 *C* 信息录入界面

以 *D* 为测站点,*A* 为定向点时(定向点的方向值必须为零),照准 *C* 号点的数据输入,见图 9-22。

测站 D　　仪器高 0　　格式 边角

ID	照准点	水平方向	平距
1	C	-0.00000	232.3900
2	A	75.55450	299.3000

图 9-22　测站 *D* 信息录入界面

四、数据处理流程

数据处理流程见图 9-23。

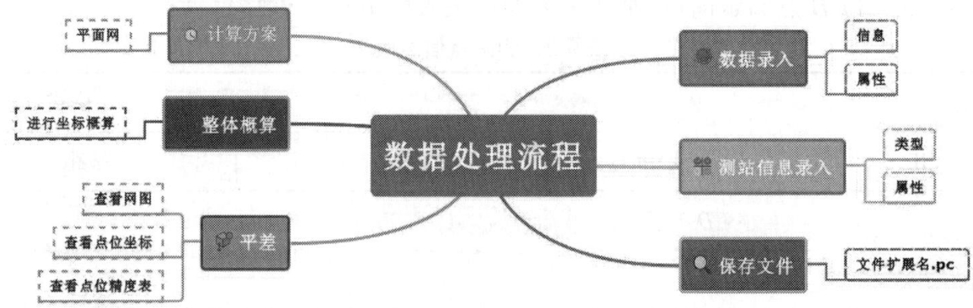

图 9-23　数据处理流程图

(1)文件源代码文件:闭合导线 1. pc。

(2)查看计算方案。

(3)整体概算。

(4)平差计算:查看计算结果,成果输出。

(5)结果比较,将 NASEW 计算结果与前面两种软件计算结果进行比较(结果比较表. xls)。

任务三　使用 NASEW 解算三角网

三角测量(triangulation)是通过观测相联系三角形内各水平角,并利用已知起始边长、方位角和起始点坐标确定其他各三角点水平位置的测量技术和方法。

20 世纪 50 年代以前,国家大地网以及工程测量和城市测量中精密控制网的建立,几乎一律采用三角测量法。此后,由于电磁波测距仪的迅速发展,测距精度不断提高,而采用光学经纬仪的传统三角测量方法的定位精度则已达到极限,很少有提高的可能,因此从发展趋势来看,三角测量将逐渐为三边测量、导线测量或测边测角布网方式所取代,但在目前仍在应用。

一、已知数据与观测数据

如图 8-20 所示三角网,已知点为 1、2;未知点 3、4、5;观测数据为归零方向值和观测边长,如表 8-3 和图 8-21 所示。

二、数据录入

(一)测站信息录入

信息录入包括点号、属性,见图 9-24。

ID	点号	属性	X	Y
1	1	1	31250. 2500	11500. 4100
2	2	1	33256. 5700	10900. 8400
3	3	0		
4	4	0		
5	5	0		

图 9-24　测站信息录入

(二)观测信息区

输入每个测站点的观测信息,分别以 1、2、3、4、5 为测站,录入观测方向值和观测边长,如图 9-25 所示。

清华山维软件解算三角网数据分析

测站点：1　　格式：边角

ID	照准点	水平方向	平距
1	2	0	
2	3	57.20321	2300.06
3	4	113.140635	3090.353

测站点：5　　格式：边角

ID	照准点	水平方向	平距
	4	0	
	3	39.001779	
	2	70.195151	

测站点：2　　格式：边角

ID	照准点	水平方向	平距
1	5	0	3643.2340
2	3	32.122292	2115.919
3	4	57.501530	4363.611
4	1	98.261273	

测站点：4　　格式：边角

ID	照准点	水平方向	平距
	1	0	3090.3530
	2	26.095412	
	3	46.361798	
	5	77.594671	3922.860

测　站　点　：　3　　格　式　：　边　角

ID	照准点	水平方向	平距
1	1	0	
2	2	56.253779	
3	5	172.533944	2169.073
4	4	282.295383	2620.909

图 9-25

三、数据解算流程

(1)文件源代码文件：三角网数据.pc。

(2)查看计算方案。

(3)整体概算。

(4)平差计算：查看计算结果，成果输出。

(5)结果比较，将平差易计算结果与前面两种软件计算结果进行比较(结果比较表.xls)。

清华山维软件解算
三角网数据录入流程

任务四　使用 NASEW 解算高程控制网

一、解算流程

(1)概算方法处理网型修改为高程网。

(2)观测数据信息格式可选择站水准、段水准。

(3)高程网没有图形略图。

(4)计算过程参照平面控制网处理。

高程控制网解算流程见图 9-26。

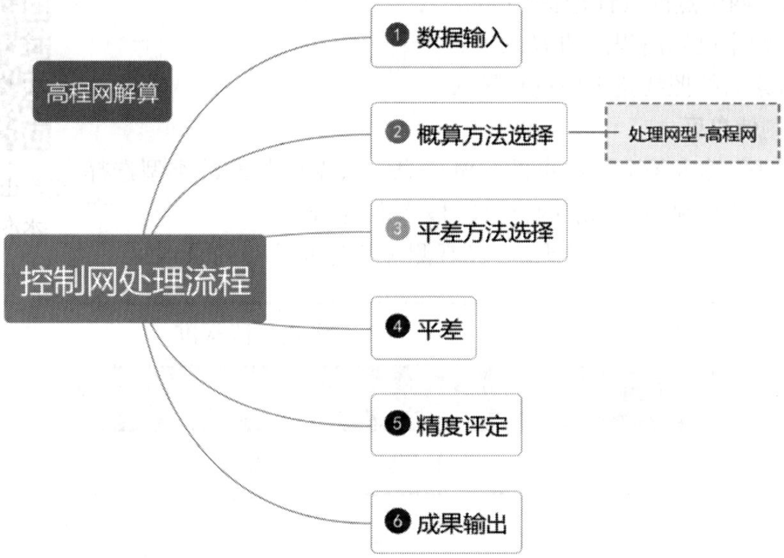

图 9-26　高程控制网解算流程

二、水准路线解算

(一)附合水准路线已知数据与观测数据

如图 8-25 所示单一附合水准路线,有两个已知点 A 和 B。观测 A 点至 P_1 点、P_2 点至 B 点和 P_2 点至 P_1 点三条线路的高差和路线长,计算 P_1 点和 P_2 点的高程。附合水准路线已知数据和观测数据见表 8-4。

(二)测站信息区

测站信息区见图 9-27。

ID	点号	平面	X	Y	高程	H
1	A				1	62. 222
2	B				1	61. 222
3	P1				0	
4	P2				0	

图 9-27

本案例测站录入应注意以下几点:

(1)录入单一水准路线中所有点的点号,注意区分大小写;

(2)A、B 两个点的高程属性选择“1 固定”;

(3) P_1、P_2 两个点的属性选择“0 待定”;

(4) 录入两个已知高程点的 H 数值;

(5) 点号录入按照线路走向进行录入。

清华山维软件解算水准路线分析

(三) 观测信息区

观测信息区:输入每个测站点的观测信息。根据控制网的类型选择数据输入格式,此控制网为水准网,选择“段水准”格式。

测段 A 点至 P_1 点的观测数据输入(观测边长为平距),见图 9-28。

测站点：A　　格式：段水准

ID	照准名	水准高差	路线长
1	P1	-1.003	2000

图 9-28

测段 P_2 点至 P_1 点和 P_2 点至 B 点的观测数据输入(观测边长为平距),见图 9-29。

测站点：P2　　格式：段水准

ID	照准名	水准高差	路线长
1	P1	-0.5	1000
2	B	-0.501	500

图 9-29

注:1. 观测边长的单位为米(m)。

2. 一个测站下可以录入多个数据。

3. 数据录入完成后,保存文件,文件名为:单一附合水准路线.pc。

清华山维软件解算水准数据录入过程

(四) 平差报告

平差报告见图 9-30。

======== 网平差后精度如下 =========

单位权中误差 = 0.002530

直接高程误差(米)：0.002530

间接高程误差(米)：0.005060

高程网中最弱点为 P1，高程中误差 = 0.001960

高程网中最弱相邻点为 A-P1，相对点位中误差 = 0.001960

图 9-30　平差报告略图

高程点位误差表

序号	点名	MH	备注
1	P1	0.0020	
2	P2	0.0016	

高程点间误差

序号	点名	点名	MH	备注
1	A	P1	0.001960	
2	P2	P1	0.001960	
3	P2	B	0.001600	

水准测量成果表

测站	照准点	高差	改正数	改正后值
A	P1	-1.00300	0.00160	-1.00140
P2	P1	-0.50000	-0.00160	-0.50160
	B	-0.50100	0.00080	-0.50020

控制点成果表

序号	点名	等级	标石	X	Y	H
1	A			0.0000	0.0000	62.222
2	B			0.0000	0.0000	61.222
3	P1			0.0000	0.0000	61.221
4	P2			0.0000	0.0000	61.722

续图 9-30

(五)数据文件源代码

数据文件源代码见图 9-31。

数据文件源代码

```
<<
A    01   0.0000   0.0000   62.2220
B    01   0.0000   0.0000   61.2220
P1   00   0.0000   0.0000   0.0000
P2   00   0.0000   0.0000   0.0000
<<
A    P1   h0   -1.003000
     P1   10   1000.000000
B    P1   h0   -0.500000
     B    h0   -0.501000
     P1   10   1000.000000
     B    10   500.000000
```

备注代码含义

____

____

____

____

____

图 9-31　数据源代码界面

三、水准网数据解算

(一) 已知数据与观测数据

有一水准网如图 8-31 所示，A、B 为已知点，$H_A = 21.400$ m，$H_B = 23.810$ m，各观测路线高差见表 8-5。根据观测高差和已知数据，求各待定点高程平差值及其中误差。

(二) 测站信息录入

本数据为水准网数据，录入格式与单一水准路线一致，见图 9-32。

ID	点号	平面	X	Y	高程	H
1	A	0			1	21.4
2	B	0			1	23.8
3	P1	0			0	
4	P2	0			0	
5	P3	0			0	

图 9-32　数据测站信息界面

本案例测站录入应注意以下几点：

(1) 水准路线中所有点的点号，注意区分大小写；

(2) A、B 两个点的高程属性选择 1；

(3) P_1、P_2、P_3 三个点的属性选择 0；

(4) 录入两个已知高程点的 H 数值。

清华山维软件
计算水准网

(三) 观测信息录入

观测信息区：输入每个测站点的观测信息。根据控制网的类型选择数据输入格式，此控制网为水准网，选择水准格式，如图 9-33 所示。

测站点：A　　格式：段水准

ID	照准名	水准高差	路线长
1	P_1	1.058	1100
2			

测站点：P1　　格式：段水准

ID	照准名	水准高差	路线长
1	P_2	0.912	1700
2			

测站点：P2　　格式：段水准

ID	照准名	水准高差	路线长
1	B	0.446	2300
2	P3	-3.225	2600

测站点：P3　　格式：段水准

ID	照准名	水准高差	路线长
1	A	1.250	2400
2	P1	2.310	1400

测站点：B　　格式：段水准

ID	照准名	水准高差	路线长
	P3	-3.668	2700

图 9-33

注：1. 观测边长的单位为米；一个测站下可以录入多个数据。
2. 数据录入完成后，检查是否所有数据均录入完成。

四、三角高程数据解算

（一）已知数据与观测数据

三角高程的测量数据和简图见表 8-6 和图 8-35，*A* 和 *B* 是已知高程点，2、3 和 4 是待测的高程点。

（二）测站数据录入

测站信息见图 9-34，观测信息见图 9-35。

序号	点号	平面...	高程	H
1	A			
2	2			
3	3			
4	4			
5	C			

图 9-34　测站信息

测站点：A	仪器高：		格式：标准		测站点：2	仪器高：		格式：标准	
ID	照准名	类型	属性	观测值	ID	照准名	类型	属性	观测值
测站点：3	仪器高：		格式：标准		测站点：4	仪器高：		格式：标准	
ID	照准名	类型	属性	观测值	ID	照准名	类型	属性	观测值

图 9-35　观测信息

（三）计算过程

（1）保存文件：三角高程 1. pc。

（2）计算方案→高程测量。

（3）坐标概算。

（4）平差计算。

(四)查看平差报告

平差报告见图 9-36。

控制网平差报告

======== 网平差后精度如下 =========

单位权中误差 = 0.000913

直接高程误差(米)：0.000913

间接高程误差(米)：0.001825

高程网中最弱点为 3，高程中误差 = 0.014736

高程网中最弱相邻点为 4-C，相对点位中误差 = 0.014420

控制点成果

ID	点名	平面	X	Y	高程	H
1	A	0	0.000	0.000	1	96.062
2	2	0	0.000	0.000	0	123.901
3	3	0	0.000	0.000	0	209.188
4	4	0	0.000	0.000	0	189.831
5	C	0	0.000	0.000	1	95.972

距离观测成果表

测站	照准点	平距	改正数	改正后值
A	2	1474.44400	0.00000	1474.44400
2	3	1424.71700	0.00000	1424.71700
3	4	1749.32200	0.00000	1749.32200
4	C	1950.41200	0.00000	1950.41200

高程点间误差表

序号	点名	点名	MH	备注
1	A	2	0.012063	
2	2	3	0.011750	
3	3	4	0.013580	
4	4	C	0.014420	

高程点位误差表

序号	点名	MH	备注
1	2	0.0121	
2	3	0.0147	
3	4	0.0144	

图 9-36　平差报告界面

(五) 程序代码

程序代码见图 9-37。

```
空白处写下代码的含义
<<
A   01   0.0000   0.0000   96.0620
2   00   0.0000   0.0000   123.9014
3   00   0.0000   0.0000   209.1881
4   00   0.0000   0.0000   189.8310
C   01   0.0000   0.0000   95.9716
<<
A   2   i0   1.300000
    2   b0   1.044000
    2   d0   1474.444000
    2   v0   1.340000
    2   $0   27.845406
2   3   i0   1.300000
    3   b0   3.252100
    3   d0   1424.717000
    3   v0   1.350000
    3   $0   85.292237
3   4   i0   1.350000
    4   b0   -0.380800
    4   d0   1749.322000
    4   v0   1.500000
    4   $0   -19.348709
4   C   i0   1.450000
    C   b0   -2.453700
    C   d0   1950.412000
    C   v0   1.520000
    C   $0   -93.848972
```

图 9-37　程序代码界面

项目十　COSA-CODAPS 软件应用

知识目标：

- 掌握软件基本功能；
- 掌握概算数据文件格式；
- 掌握软件平差计算代码书写格式。

能力目标：

- 能利用软件解算平面控制网，并进行精度估算；
- 能利用软件解算高程控制网，并进行精度估算。

思政目标：

- 树立学生对知识的知其然而知其所以然的学习态度，提高学生的逻辑思维能力。

地面测量工程控制与施工测量内外业一体化和数据处理自动化系统(简称科傻系统)将测量基本原理和现代科技相结合，对电子全站仪、电子水准仪以及常规地面测量仪器进行系统的开发，以地面控制测量、施工测量和碎部测量等测量工程为对象，实现从外业数据采集、质量检核、预处理到内业数据处理、成果报表输出的一体化和自动化作业流程，如图 10-1 所示。

该系统由两个子系统组成："基于掌上型电脑的测量数据采集和处理系统"(简称 COSA-HC)，在掌上型电脑 RD-EB2 上运行，能自动控制和引导整个作业过程并进行质量检测，一体化程度高，操作方便。该子系统具有水准测量，二、三维控制，碎部测量，道路测设，工程放样等测量作业模块；具有小规模水准网，二、三维工程网的平差功能；具有文件管理和数据通信功能；该系统灵活方便，适合外业环境。

"地面测量工程控制测量数据处理通用软件包"(简称 CODAPS 或 COSAWIN)在微机 Windows 环境下运行既可独立使用，也可与 COSA-HC 联合使用，对 RD-EB2 传输过来的原始观测数据进行转换，完成从概算到平差的数据自动化处理，同时具有粗差探测与剔除、方差分量估计、闭合差计算、贯通误差影响值估算、报表打印、网图显绘、坐标转换与换带计算、控制网优化设计以及叠置分析等功能。

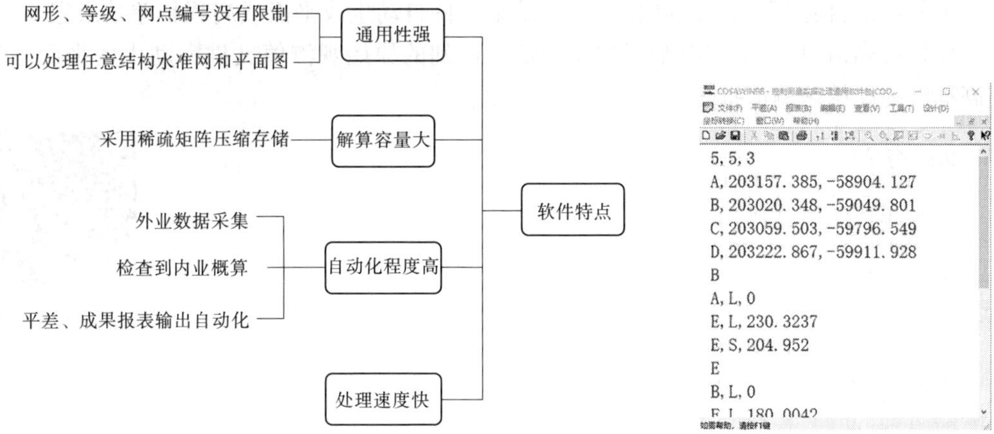

图 10-1　软件特点图

任务一　软件功能介绍

软件系统菜单包括文件、平差、报表、查看和工具。

一、文件

文件菜单的主要功能如下：

新建：新建文本文件，如平面观测文件等。

打开：打开任意文件。

打印设置：打印机设置，单击将打开【Windows 打印机设置】对话框。

二、平差

平差菜单的主要功能有：

平面网：对平面网进行平差。单击将打开【输入平面观测值文件】对话框，选择平面观测值文件进行平面网平差。

高程网：对水准（高程）网进行平差。单击将打开【打开】对话框，选择水准（高程）观测值文件进行高程平差。

粗差探测：自动探测平面控制网观测值中的粗差，若发现粗差则自动剔除。

方差分量估计：对于平面网中一组或有多组不同种类或（和）精度观测值的情况，通过方差分量估计，可以使各组观测值的精度获得最佳估计，保证平差随机模型和成果的正确性。

设置与选项：概算、平差、粗差探测以及坐标转换前作相应的设置和选项。

生成概算文件：作概算时需要调用此项，然后进行平差。

三、报表

报表菜单的主要功能有：

平差结果:根据平面网或高程网平差结果文件自动生成平面或高程平差结果报表。

原始观测值:将掌上型电脑经数据通信所得到的原始观测值文件自动生成平面高程网或高程网的原始观测值报表。

四、查看

打开或关闭工具栏和状态栏。

五、工具

科傻软件特点介绍

工具菜单的主要功能按钮有:

文件类:新建、打开、保存文件。

编辑类:剪切、复制、粘贴功能(对活动文档有效)。

打印类:打印当前活动文档(包括图形)。

平差类:平面网平差,高程网平差,平面网网图显绘。

平面网网图显绘类:图形放大、缩小,开窗放大,返回前级,切换误差椭圆、点名和比例显示。

关于类:显示系统关于信息。

软件功能见图 10-2。

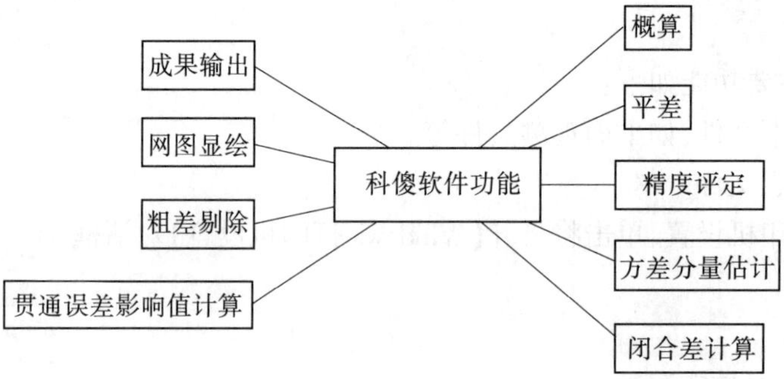

图 10-2　科傻软件功能

任务二　附合导线计算案例

一、解算案例数据

使用软件解算如图 7-4 所示有 4 个已知点附合导线,观测了 5 个角,4 条边。已知数据参照表 7-1。

二、平面网观测文件

(一)创建平面观测文件

在进行平差之前,必须要准备好控制网观测文件,即平面观测文件(取名规则为"网名.in2")。观测文件采用网点数据结构,除包含控制网的所有已知点、未知点和观测值信息外,还隐含了控制网的拓扑信息。

可以使用系统菜单中“文件”栏下拉“新建”子菜单项或单击工具栏左边第一个快捷键建立平面或高程观测文件。

(二)平面观测文件格式

平面观测文件为标准的 ASCⅡ 码文件,可以使用任何文本编辑器建立编辑和修改。其结构如下:

方向中误差 1,测边固定误差 1,比例误差 1[,精度号 1]
方向中误差 2,测边固定误差 2,比例误差 2,精度号 2
…,…,…,…
方向中误差 n,测边固定误差 n,比例误差 n,精度号 n

已知点点号,X 坐标,Y 坐标

…,…,…

测站点点号
照准点点号,观测值类型,观测值[,观测值精度]

…,…,…[,…]

该文件分为两部分:

(1)已知数据。

第一部分为控制网的已知数据,包括先验的方向观测精度、先验测边精度和已知点坐标。

第一行为方向中误差,测边固定误差,测边比例误差。

若为纯测角网,则测边固定误差和比例误差不起作用;若为纯测边网,方向误差也不起作用,这时可输一个默认值“1”。程序始终将第一行的方向中误差值作为单位权中误差。若只有一种(或称为一组)测角、测边精度,则可不输入精度号。这时,从第二行开始为已知点点号及其坐标值,每一个已知点数据占一行。若有几种测角测边精度,则需按精度分组,组数为测角、测边中最多的精度种类数,每一组占一行,精度号输 1、2、…如两种测角精度,三种测边精度,则应分成三组。

方向中误差单位为秒(″),测边固定误差单位为毫米(mm),测边比例误差单位为 ppm。第一行的三个值都必须赋值,对于纯测角网,测边的固定误差和比例误差可输任意两个数值,如 5,3;对于纯测边网,方向中误差赋为 3。

已知点点号(或点名,下同)为字符型数据,可以是数字、英文字母(大小写均可)、汉字或它们的组合(测站点、照准点亦然),X、Y 坐标以米(m)为单位。

(2)测站观测数据。

第二部分为控制网的测站观测数据,包括方向、边长、方位角观测值。为了文件的简洁和统一,将已知边和已知方位角也放到测站观测数据中,它们和相应的观测边和观测方位角有相同的“观测值类型”,但其精度值赋“0”,即权为无穷大。

第一行为测站点点号。

第二行开始为照准点点号、观测值类型、观测值和观测值精度。每一个有观测值的测站在文件中只能出现一次。没有设站的已知点(如附合导线的定向点)和未知点(如前方交会点)在第二部分不必也不能给出任何虚拟测站信息。观测值分三种,分别用一个字符(大小写均可)表示:L 表示方向,以度分秒(° ′ ″)为单位;S 表示边长,以米(m)为单位;A 表示方位角,以度分秒(° ′ ″)为单位。观测值精度与第一部分中的精度号相对应,若只有一组观测精度,则可省略;否则在观测值精度一栏中须输入与该观测值对应的精度号。

已知边长和已知方位角的精度值一定要输"0"。在同测站上的方向和边长观测值按顺时针顺序排列,边角同测时,边长观测值最好紧放在方向观测值的后面。

(三)程序源代码

程序源代码见图 10-3。

```
5,5,3
A,7396.252,5530.009
B,8345.871,5216.602
C,4817.605,9341.482
D,4467.524,8404.762
A
B,L,0
2,L,85.30211
2,S,1474.444
2
A,L,0
3,L,254.32322
3,S,1424.717
3
2,L,0
4,L,131.042333
4,S,1749.322
4
3,L,0
C,L,272.2020
C,S,1950.412
```

图 10-3

(四)程序源代码解读

程序源代码解读见图 10-4,源代码含义见图 10-5,观测值类型见图 10-6。

科傻软件解算附合导线数据录入过程

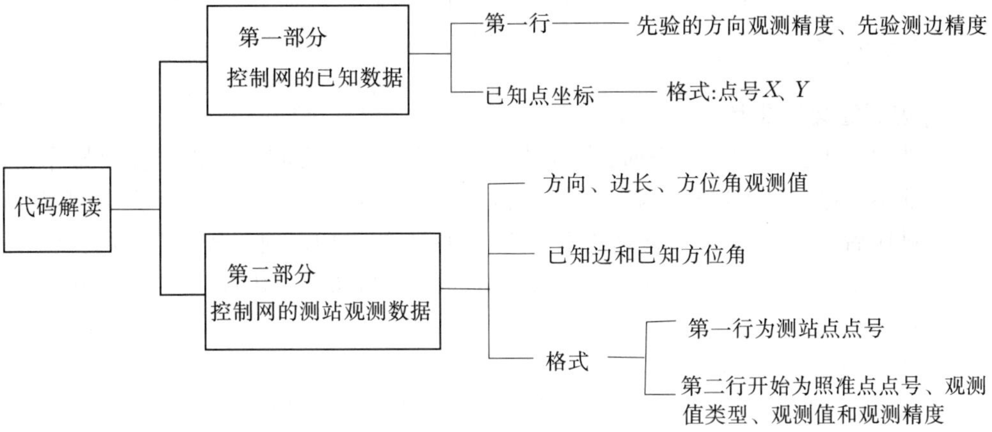

图 10-4　代码解读

源代码	含义
5, 5, 3	方向中误差，测边固定误差，测边比例误差
A, 7396. 252, 5530. 009	已知点点号，X 坐标，Y 坐标
B, 8345. 871, 5216. 602	
C, 4817. 605, 9341. 482	
D, 4467. 524, 8404. 762	
A	测站点点号
B, L, 0	照准点点号，**观测值类型**，观测值[，观测值精度]
2, L, 85. 30211	
2, S, 1474. 444	
注：方向中误差单位为秒(″)，测边固定误差单位为毫米(mm)，测边比例误差单位为 ppm。观测值类型中，*L* 表示方向值，以度分秒(° ′ ″)为单位；*S* 表示边长，以米(m)为单位。	

图 10-5

序号	观测值类型	含义
1	L	表示方向，以度分秒为单位。
2	S	表示边长，以米为单位
3	A	表示方位角，以度分秒为单位

图 10-6　观测值类型

原代码存储完成后保存文件,文件保存为“附合导线. in2”。

三、平差计算

(一)观测值文件排序

当该选项处于选中(开)状态时,表示平差前先要对原始观测文件进行优化排序,否则表示平差前不排序。这项选择一般适合于大网(点数>500)或特殊网。对于大型网,观测值文件优化排序后,可以提高平差计算速度。此外,通过该项选择,对于较复杂的网,点的近似坐标计算会有影响,如增减迭代计算次数,迭代收敛或不收敛等。因此,是否选择此项,可通过试算确定。

(二)观测值概算

当该选项处于“开”状态时,表示在平差前首先要对原始观测值进行概算。

若要进行概算,需要首先在“平差”栏中点击“生成概算文件”,并对该文件作必要编辑。若不进行概算,则关闭该项。

(三)近似坐标用边长交会

当该选项处于“开”状态时,表示推算近似坐标用边长前方交会,否则在推算近似坐标时不使用边长交会。这项选择适用于只有少量方向的边角网或混合网,对于单纯的测边网,必须打开该项,否则网点近似坐标推算将不能进行。

概略坐标可以很粗糙,且只需要有二义性的交会点。为了避免上述问题,布设纯测边网时,最好不要采用单三角形,应多增加跨三角形的长边,每个网点至少有3条边通过,这样可减少边长交会的二义性。

(四)单位权选择

该选项是用来设置系统在进行精度评定时是使用先验单位权中误差还是使用后验单位权中误差,用鼠标单击【先验单位权】按钮,则设置使用先验单位权中误差;用鼠标单击【后验单位权】按钮,则设置使用后验单位权中误差。当多余观测数较多时,使用后验单位权中误差较好。当多余观测数很少(例如小于8)时,则用先验单位权中误差为宜。在平差结果文件“网名. OU2”中的最末部分,有先验和后验单位权中误差信息,若两者相差较大,对于边角网或有多组精度的网,已知坐标或观测值中可能含有粗差,或边角精度不匹配。若后验单位权特别大,则首先应怀疑观测值文件有错误,或者近似坐标推算出错。

(五)边长定权公式

该选项是用来设置系统在平差时采用什么公式来确定边长观测值的中误差,本系统中提供了两种边长定权公式,一种是按下式计算边长的中误差:

$$m_D = A + B \times S$$

另一种计算边长中误差的公式为:

$$m_D = \sqrt{A^2 + B^2 \times S^2}$$

式中 A、B——测距仪的固定误差和比例误差,取自“网名. in2”文件;

S——边长值,km。

由于边长定权公式不同,平差结果有一定差别,可以用“工具”中的“叠置分析”进行比较。系统的缺省设置是后一种定权公式。

(六)平差迭代限值

平差迭代限值是平差迭代计算中最大的坐标改正数限值,COSAWIN 系统的缺省值为 10 cm。若需要改变此项设置,可以直接在编辑框中输入所要设定的值。当最大坐标改正数小于限值时,停止迭代,进行平差精度评定。对于精度要求很高的网,可设置小一些(如 1 cm)。如果平差迭代计算中最大坐标改正数很大且不收敛,则应考虑观测文件的数据有错,或推算近似坐标出错。

设置完上述相应的选项后,用鼠标单击【确认】或【应用(A)】按钮,则接受更改的设置,否则单击【取消】则放弃更改的设置而保持以前的设置(以后各项设置的确认和取消操作和此处相同)。

平差设置见图 10-7。

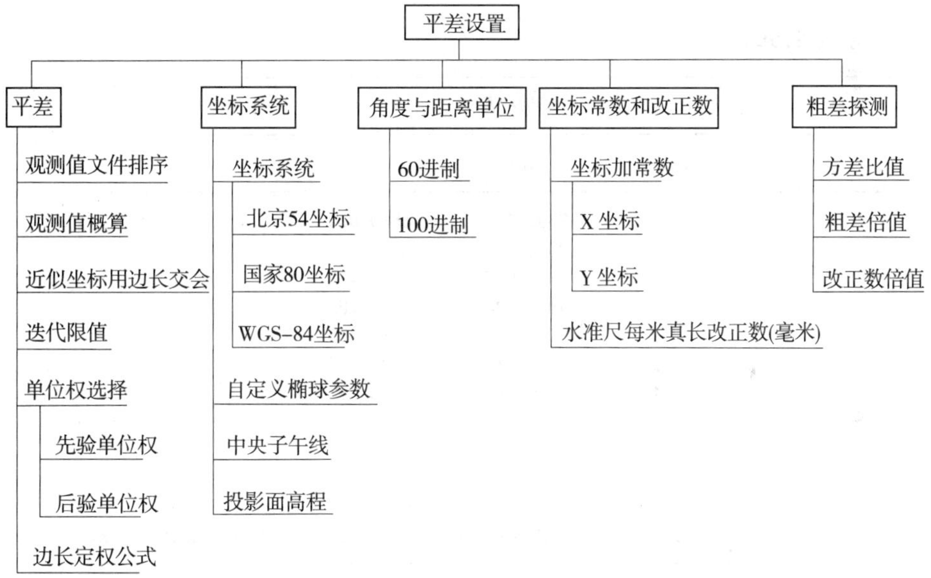

图 10-7　平差设置图

平差设置完成后,点击菜单“平差”→“平面网”→“选择保存的 *. in2”文件。

四、成果输出

平差完成后,系统自动输入平差结果,文件存储在“附合导线 1. ou2”。另外,还会自动生成“附合导线 1. cor”“附合导线 1. map”,见图 10-8。“附合导线 1. cor”文件中存储平差后点位坐标;“附合导线 1. map”存储导线略图;“附合导线 1. ou2”文件内容见图 10-9。

五、进阶案例

(一)数据 1

如图 10-10 所示导线,观测数据如表 10-1 所示。

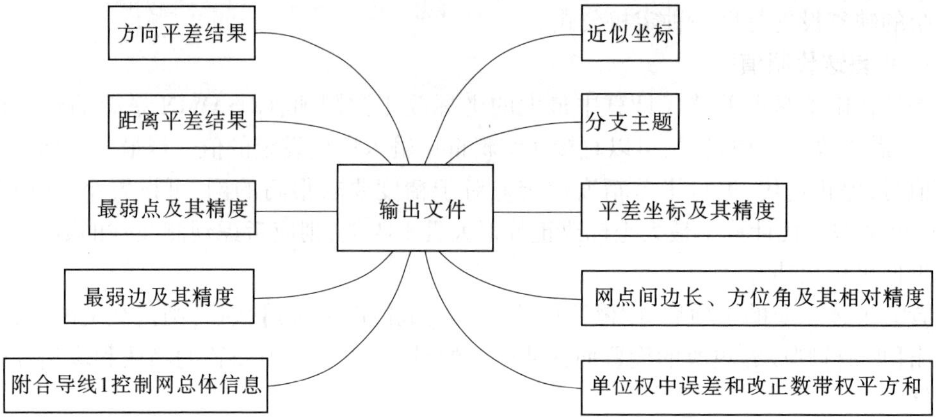

图 10-8　文件输出图

"附合导线 1.ou2"文件内容

近似坐标

Name	X(m)	Y(m)
A	7396.252	5530.009
B	8345.871	5216.602
C	4817.605	9341.482
D	4467.524	8404.762
2	7966.645	6889.655
3	6847.275	7771.035
4	6759.992	9518.233

方向平差结果

FROM	TO	TYPE	VALUE(dms)	M(sec)	V(sec)	RESULT(dms)	Ri
A	B	L	0.000000	5.00	-1.82	-0.000182	0.36
A	2	L	85.302110	5.00	1.82	85.302292	0.36
C	4	L	0.000000	5.00	-3.33	-0.000333	0.44
C	D	L	244.183000	5.00	3.33	244.183333	0.44
2	A	L	0.000000	5.00	-0.18	-0.000018	0.23
2	3	L	254.323220	5.00	0.18	254.323238	0.23
3	2	L	0.000000	5.00	-1.30	-0.000130	0.10
3	4	L	131.042333	5.00	1.30	131.042463	0.10
4	3	L	0.000000	5.00	-0.40	-0.000040	0.34
4	C	L	272.202000	5.00	0.40	272.202040	0.34

方向最小多余观测分量:0.10(　3--->　2)
方向最大多余观测分量:0.44(　C--->　4)
方向平均多余观测分量:0.30
方向多余观测数总和:　2.96

图 10-9

距离平差结果

FROM	TO	TYPE	VALUE(m)	M(cm)	V(cm)	RESULT(m)	Ri
A	2	S	1474.4440	0.67	0.04	1474.4444	0.01
2	3	S	1424.7170	0.66	0.05	1424.7175	0.01
3	4	S	1749.3220	0.72	0.06	1749.3226	0.02
4	C	S	1950.4120	0.77	0.02	1950.4122	0.01

边长最小多余观测分量:0.01(　4--->　C)
边长最大多余观测分量:0.02(　3--->　4)
边长平均多余观测分量:0.01
边长多余观测数总和:　0.04

平差坐标及其精度

Name	X(m)	Y(m)	MX(cm)	MY(cm)	MP(cm)	E(cm)	F(cm)	T(dms)
A	7396.2520	5530.0090						
B	8345.8710	5216.6020						
C	4817.6050	9341.4820						
D	4467.5240	8404.7620						
2	7966.6209	6889.6654	2.44	1.18	2.71	2.63	0.67	157.2701
3	6847.2340	7771.0240	2.90	2.31	3.71	2.93	2.27	13.0931
4	6759.9976	9518.1701	0.79	2.35	2.48	2.36	0.77	94.5517

Mx均值:　2.05　　My均值:　1.95　　Mp均值:　2.97

最弱点及其精度

Name	X(m)	Y(m)	MX(cm)	MY(cm)	MP(cm)	E(cm)	F(cm)	T(dms)
3	6847.2340	7771.0240	2.90	2.31	3.71	2.93	2.27	13.0931

网点间边长、方位角及其相对精度

FROM	TO	A(dms)	MA(sec)	S(m)	MS(cm)	S/MS	E(cm)	F(cm)	T(dms)
A	2	67.143192	3.68	1474.4444	0.67	222000	2.63	0.67	157.2701
C	4	5.115121	2.49	1950.4122	0.77	254000	2.36	0.77	94.5517
2	A	247.143192	3.68	1474.4444	0.67	222000	2.63	0.67	157.2701
2	3	141.470449	3.69	1424.7175	0.65	218000	2.55	0.65	52.3031
3	2	321.470449	3.69	1424.7175	0.65	218000	2.55	0.65	52.3031
3	4	92.513042	3.43	1749.3226	0.72	243000	2.91	0.72	2.0845
4	3	272.513042	3.43	1749.3226	0.72	243000	2.91	0.72	2.0845
4	C	185.115121	2.49	1950.4122	0.77	254000	2.36	0.77	94.5517

最弱边及其精度

FROM	TO	A(dms)	MA(sec)	S(m)	MS(cm)	S/MS	E(cm)	F(cm)	T(dms)
2	3	141.470449	3.69	1424.7175	0.65	218000	2.55	0.65	52.3031

单位权中误差和改正数带权平方和

先验单位权中误差:5.00
后验单位权中误差:3.32
多余观测值总数:3
平均多余观测值数:0.21
PVV1 = 33.02　PVV2 = 33.02

附合导线1控制网总体信息

已知点数:	4	未知点数:	3
方向角数:	0	固定边数:	0
方向观测值数:	10	边长观测值数:	4

续图 10-9

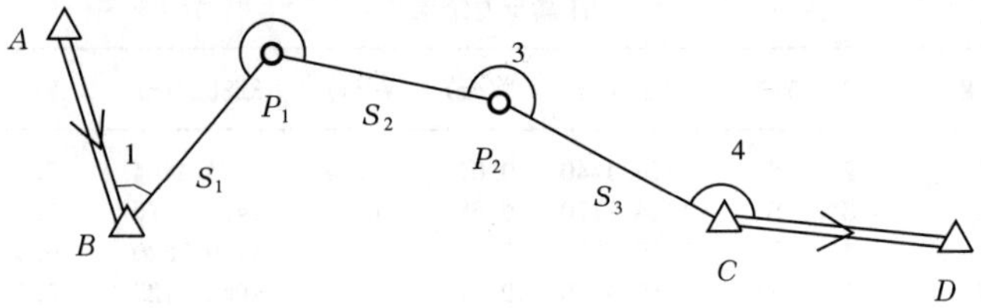

图 10-10　导线示意图

表 10-1　已知数据和观测数据表

点名	坐标/m		方位角
	X	*Y*	
B	3 143. 237	5 260. 334	$\alpha_{AB}=170°54'27.0''$
C	4 157. 197	8 853. 254	$\alpha_{CD}=109°31'44.9''$
角号	角度观测 (°　′　″)	边号	边长观测值/m
1	44　05　44. 8	1	2 185. 070
2	244　32　18. 4	2	1 500. 017
3	201　57　34. 0	3	1 009. 021
4	168　01　45. 2		

注:本数据为典型的附合导线,2 个已知点坐标,2 个已知方位角,2 个已知方位角在测站数据信息部分进行录入。

思考:本数据还可以使用哪些软件进行计算?

数据 1 参考答案:数据文件存放在“附合导线 2. in2”内,见图 10-11。

	代码含义
5, 5, 1	
B, 3143. 237, 5260. 334	________
C, 4157. 197, 8853. 254	
A	________
B, A, 170. 5427	
B, S, 200	________
B	
A, L, 0	________
P1, L, 44. 05448	
P1, S, 2185. 070	________
P1	
B, L, 0	________
P2, L, 244. 32184	
P2, S, 1500. 017	________
P2	
P1, L, 0	________
C, L, 201. 5734	
C, S, 1009. 021	________
C	
P2, L, 0	________

图 10-11　程序代码界面

平差结果见图 10-12。

平差后点位坐标

点名	X 坐标	Y 坐标	H 高程	代码
B	3143.2370	5260.3340	0.0000	K
C	4157.1970	8853.2540	0.0000	K
A	3340.7239	5228.7282	0.0000	U
P1	4933.1096	6513.6822	0.0000	U
P2	4684.4407	7992.9426	0.0000	U
D	4090.3398	9041.7483	0.0000	U

图 10-12　平差结果界面

(二)数据 2

如图 10-13 所示有两个已知点的导线,观测了 4 个角度和 3 条边长。已知测角中误差 $\sigma_\beta = 5''$,测边中误差 $\sigma_{S_i} = \pm(1 + 1 \times 10^{-6} \cdot S_i)$ (mm),S_i 以 km 为单位,各观测数据见表 10-2。

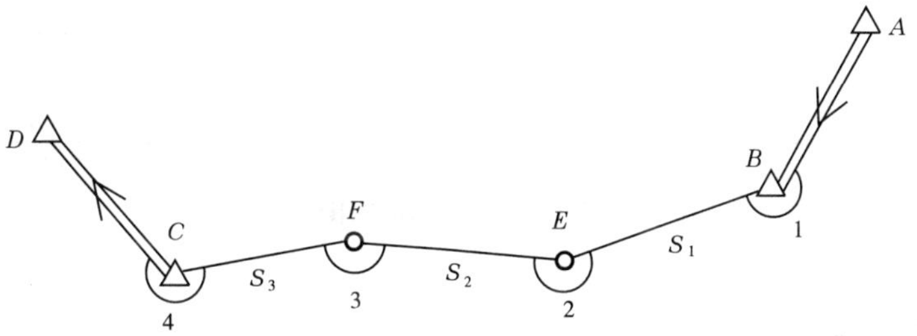

图 10-13　两个已知点导线示意图

表 10-2　附合导线已知数据与观测数据表

点名	坐标/m		方位角
	X	*Y*	
B	203 020. 348	−59 049. 801	$\alpha_{AB} = 226°44'59''$
C	203 059. 503	−59 796. 549	$\alpha_{CD} = 324°46'03''$
角号	角度观测 (°　′　″)	边号	边观测值
1	230　32　37	1	204. 952
2	180　00　42	2	200. 130
3	170　39　22	3	345. 153
4	236　48　37		

请在图 10-14 中填写代码。

图 10-14　代码编写图

平差后的坐标请填入表 10-3 中。

表 10-3　计算结果表

点号	*X*	*Y*	点位精度
E			
F			

任务三　闭合导线计算案例

一、闭合导线数据 1

(一)数据及图形

如图 7-9 所示单一闭合导线,*A* 点北方向虚拟一个已知点 *F*。因为 *F* 点正在 *A* 点的正北方,也即 *F* 点的 *Y* 坐标与 *A* 点的 *Y* 坐标一致。再考虑软件解算出的网图的比例协调性,假设 *F* 点距 *A* 点 200 m。导线观测数据见表 8-1。

(二)程序代码

程序代码见图 10-15。代码编写注意事项:

(1)代码中逗号为英文逗号;

(2)文件第一行数据要写;

(3)如果是已知方位角或已知边长,精度写为 0;

(4)平差计算完成后,查看点位精度。

5,5,1 F,700,500 A,500,500 **A** F,L,0 D,L,30.4520 B,L,120.0000 D,S,299.30 B,S,239.18	**B** A,L,0 C,L,87.3003 C,S,239.93 **C** B,L,0 D,L,107.2010 D,S,232.39 **D** C,L,0 A,L,75.5545	以 *A* 为测站点,*F* 为定向点时(定向点的方向值必须为零),照准 *D* 号点的数据输入,照准 *B* 点数据输入,具体数据如下所示: **注:30°45′20″计算由来** ∠FAD = ∠FAB − ∠DAB ∠FAD = 120°00′00″ − 89°14′40″ ∠FAD=**119**°59′60″ − 89°14′40″ ∠FAD = 30°45′20′

图 10-15　程序代码及注释

(三)数据处理过程

(1)录入数据;

(2)保存文件“闭合导线 1. in2”;

(3)平差→平面网→选择文件“闭合导线 1. in2”;

(4)查看平差结果,见图 10-16。

科傻软件解算闭合导线

平差后点位坐标
=============

点名	X 坐标	Y 坐标	H 高程	代码
F	700.0000	500.0000	0.0000	K
A	500.0000	500.0000	0.0000	K
B	380.4470	707.1359	0.0000	U
C	593.3043	817.8951	0.0000	U
D	757.1690	653.0798	0.0000	U

图 10-16

(四)解法 2

程序代码见图 10-17。

5, 5, 1	B	
A, 500, 500	A, L, 0	
A	C, L, 87. 3003	
F, L, 0	C, S, 239. 93	
D, L, 30. 4520	C	
B, L, 120. 0000	B, L, 0	
D, S, 299. 30	D, L, 107. 2010	
B, S, 239. 18	D, S, 232. 39	
F, A, 0, 0	D	
F, S, 200	C, L, 0	
	A, L, 75. 5545	

图 10-17　闭合导线代码界面

解算流程:

(1)代码完成后存储文件,文件名为“闭合导线 1-无 F. in2”。

(2)平差→平面网。

(五)解法 3

程序代码如图 10-18 所示。

5, 5, 1	B	
A, 500, 500	A, L, 0	
A	C, L, 87. 3003	
D, L, 0	C, S, 239. 93	
B, L, 89. 1440	C	
D, S, 299. 30	B, L, 0	
B, S, 239. 18	D, L, 107. 2010	
B, A, 120, 0	D, S, 232. 39	
	D	
	C, L, 0	
	A, L, 75. 5545	

图 10-18　程序代码解算界面

二、进阶数据

完成图 10-19 所示观测数据的解算,各观测数据见表 10-4。求解 P 点的坐标与点位精度。

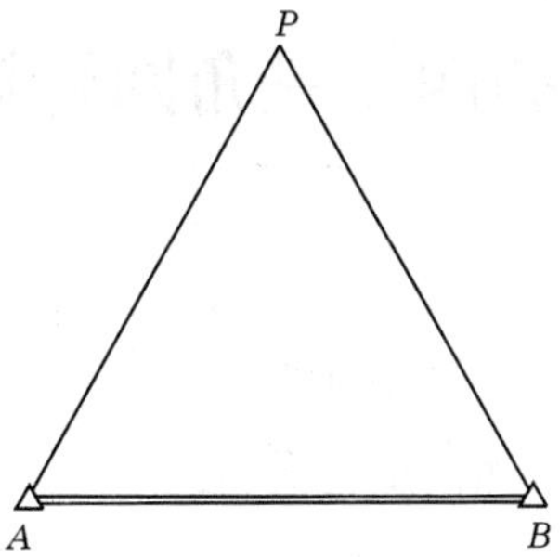

图 10-19　算例略图

表 10-4　算例观测数据表

点号	坐标		观测角度	观测边长/m
	X/km	Y/km	$\angle PAB=60°00'05''$	$S_{AP}=1\ 000.01$
A	0	0	$\angle ABP=59°59'58''$	$S_{BP}=999.99$
B	0	1	$\angle BPA=60°00'00''$	

程序代码：代码存储“特殊附合导线.in2”，见图 10-20。

```
5,5,1            B
A,0,0            A,L,0
B,0,1            P,L,60.0000
A                P,S,999.99
P,L,0            P
B,L,60.0005      B,L,0
P,S,1000.01      A,L,60.0000
```

图 10-20　闭合导线代码

计算结果如图 10-21 所示。

平差后点位坐标

点名	X 坐标	Y 坐标	H 高程	代码
A	0.0000	0.0000	0.0000	K
B	0.0000	1.0000	0.0000	K
P	0.9182	0.5000	0.0000	U

图 10-21　平差后坐标成果

任务四 三角网解算

一、已知数据与观测数据

如图 8-20 所示三角网,已知点为 1、2;未知点 3、4、5;观测数据为归零方向值和观测边长,见表 8-3。观测信息见图 8-21。

科傻软件解算
三角网数据分析

二、水准路线源代码

水准路线源代码见图 10-22。

```
5,5,1
1,31250.2500,11500.4100
2,33256.5700,10900.8400
1
2,L,0.000000
3,L,57.203210
4,L,113.140635
3,S,2300.060000
4,S,3090.353000
2
5,L,0.000000
3,L,32.122292
4,L,57.501530
1,L,98.261273
5,S,3643.234000
3,S,2115.919000
4,S,4363.611000
3
1,L,0.000000
2,L,56.253779
5,L,172.533944
4,L,282.295383
5,S,2169.073000
4,S,2620.909000
4
1,L,0.000000
2,L,26.095412
3,L,46.361798
5,L,77.594671
5,S,3922.860000
5
4,L,-0.000000
3,L,39.001779
2,L,70.195151
```

图 10-22

三、数据解算流程

(1)文件源代码文件:三角网 1. in2。
(2)查看计算方案。
(3)平差计算:查看计算结果,成果输出。

四、平差结果

平差结果见图 10-23。

科傻软件解算三角网数据录入过程

平差后点位坐标

点名	X 坐标	Y 坐标	H 高程	代码
1	31250.2500	11500.4100	0.0000	K
2	33256.5700	10900.8400	0.0000	K
3	32993.8998	13000.3966	0.0000	U
4	30895.1869	14570.2986	0.0000	U
5	34800.5953	14200.7063	0.0000	U

图 10-23　平差结果图

任务五　水准网数据

一、已知数据与观测数据

如图 10-24 所示水准网,各数据如表 10-5 所示。

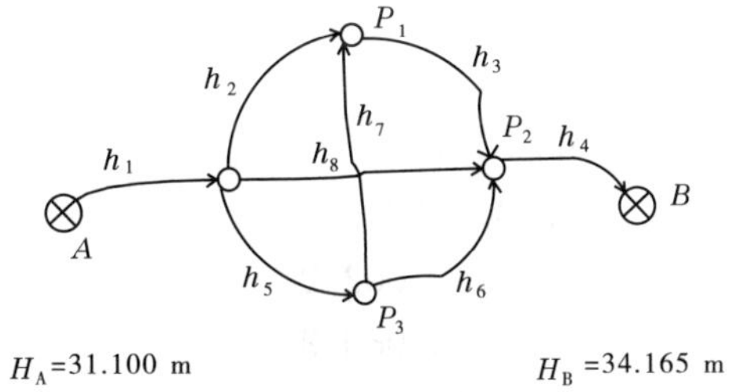

图 10-24　水准路线图

表 10-5　观测数据表

测段号	高差/m	距离/km	测段号	高差/m	距离/km
1	1.001	1	5	0.500	2
2	1.002	2	6	0.560	2
3	0.060	3	7	0.504	2.5
4	1.000	1	8	1.064	2.5

二、高程观测文件

高程观测文件也是标准的 ASCⅡ码文件,它的结构如下:

已知点点号,已知点高程值

…,…

测段起点,终点,高差,距离,测段测站数,精度号

…,…,…,…,…[,…]

该文件的内容也分为两部分,第一部分为高程控制网的已知数据,即已知高程点点号及其高程值。第二部分为高程控制网的观测数据,它包括测段的起点点号、终点点号、测段高差、测段距离、测段测站数和精度号。

第一部分中每一个已知高程点占一行,已知高程以米(m)为单位,其顺序可以任意排列。第二部分中每一个测段占一行,对于水准测量,两高程点间的水准线路为一测段,测段高差以米(m)为单位,测段距离以千米(km)为单位。对于光电测距三角高程网,测段表示每条光电测距边,测段距离为该边的平距[单位千米(km)]。如果平差时每一测段观测按距离定权,则“测段测站数”这一项不需要输入或输入一个负整数,如-1。若输了测站测段数,则平差时自动按测段测站数定权。该文件中测段的顺序可以任意排列。当只有一种精度时,精度号可以不输。对于多种精度(多等级)的水准网,第一部分的前面还要增加几行,每行表示一种精度,有三个数据,即水准等级、每千米精度值(单位 mm/km)、精度号。

科傻软件解算水准数据

三、文件源代码

文件源代码见图 10-25。

```
HA,31.1
HB,34.165
A,P4,1.001,1
P4,P1,1.002,2
P1,P2,0.060,3
P2,B,1,1
P4,P3,0.5,2
P3,P2,0.560,2
P3,P1,0.504,2.5
P4,P2,1.064,2.5
```

图 10-25　水准代码界面

第三篇 地形地籍图绘制

项目十一 CASS软件绘图

知识目标：

➢ 掌握等高线绘制原理；

➢ 掌握地物类型；

➢ 掌握地形图的定义。

能力目标：

➢ 能利用软件进行数据下载；

➢ 能利用软件绘制地形图，并进行图形整饰；

➢ 能利用高程数据进行等高线绘制。

思政目标：

➢ 培养学生认真、谨慎、客观的工作态度，逐渐形成通过软件使用进行技能练习的习惯，增强学生学以致用的自信心和成就感。

CASS地形地籍成图软件是基于AutoCAD平台技术的GIS前端数据处理系统，广泛应用于地形成图、地籍成图、工程测量应用、空间数据建库、市政监管等领域，全面面向GIS，彻底打通数字化成图系统与GIS接口，使用骨架线实时编辑、简码用户化、GIS无缝接口等先进技术。自CASS软件推出以来，已经成为用户量最大、升级最快、服务最好的主流成图系统。

随着计算机辅助设计(CAD)与地理信息系统(GIS)技术的飞速发展，同时社会对空间信息的采集、动态更新的速度要求越来越快，特别是对城市建设所需的大比例尺空间数据方便获取方面的要求越来越高，GIS数据的建设成为"数字城市"发展的短板。与空间信息获取密切相关的测绘行业在近十年来也发生了巨大而深刻的变化，基于GIS对数据新要求，测绘成图软件也正由单纯的"电子地图"功能转向全面的GIS数据处理，从数据采集、数据质量控制到数据无缝进入GIS系统，GIS前端处理软件扮演越来越重要的角色。

南方 CASS10. 1 软件集合了地形、地籍、空间数据建库、工程应用、土石方算量等功能于一体,自 CASS 软件推出以来,软件销量超过 18 000 套,市场占有率遥遥领先,已经成为业内应用最广、使用最方便快捷的软件品牌,也是用户量最大、升级最快、服务最好的主流成图和土石方计算软件系统。

CASS 软件界面见图 11-1。

图 11-1　CASS 软件界面

任务一　CASS10. 1 安装

选中软件压缩包,点击鼠标右键选择“解压到 CASS10. 1. 6”。解压文件夹,选中“CASS10. 1. 6 安装程序_64 位_20191014. exe”,鼠标右键点击“以管理员身份运行”,如图 11-2 所示。

跳出安装许可协议,点击“同意”“下一页”,如图 11-3 所示。

选择安装路径(默认为 C 盘,可点击浏览更改),建议安装路径和教程一致,不要出现中文。点击“下一页”,见图 11-4。

点击“开始安装”,如图 11-5 所示。

软件安装完成,勾选“添加到快速启动”,点击“安装完成”,如图 11-6 所示。

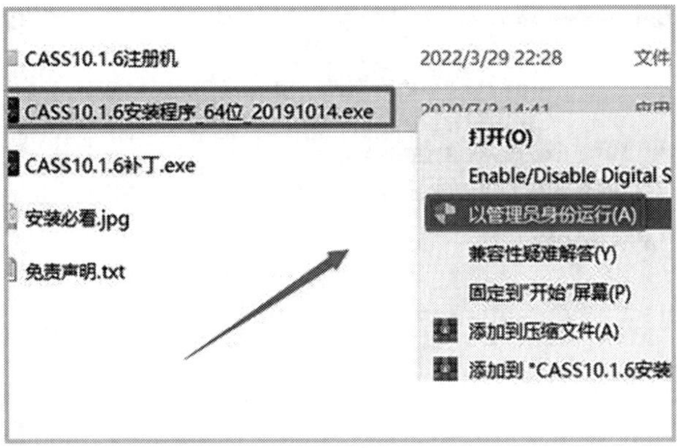

图 11-2　软件安装文件右键

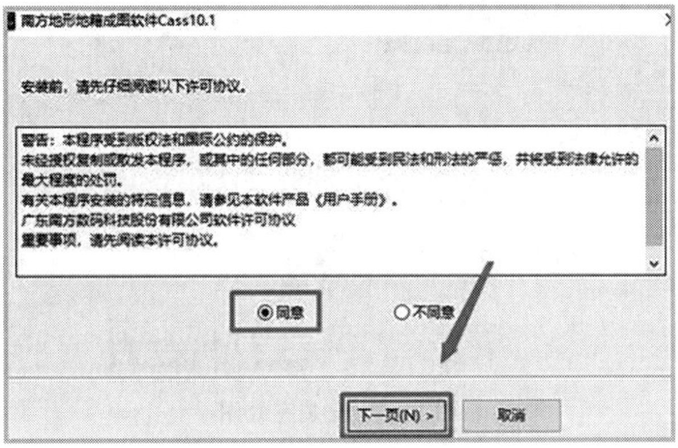

图 11-3　软件安装许可协议图

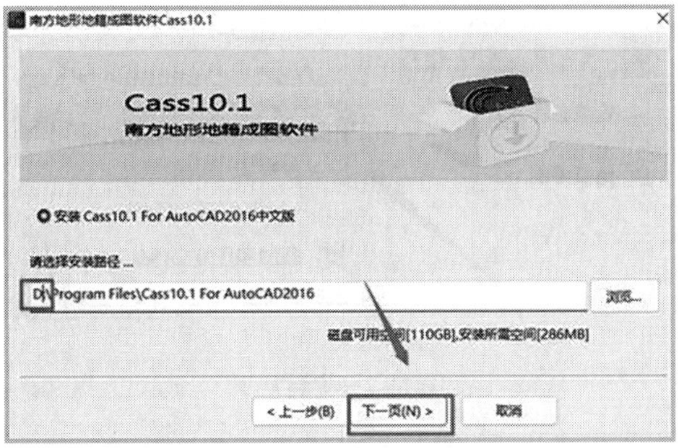

图 11-4　安装路径图

返回之前解压的 CASS 文件夹，找到并选中“CASS10. 1. 6 补丁. exe”，鼠标右键点击“以管理员身份运行”，如图 11-7 所示。

点击”安装“。软件安装完成，点击“完成”，如图 11-8 所示。

返回解压的 CASS 文件夹，双击打开“CASS10. 1. 6 注册机”文件夹，找到并选中“CASS_

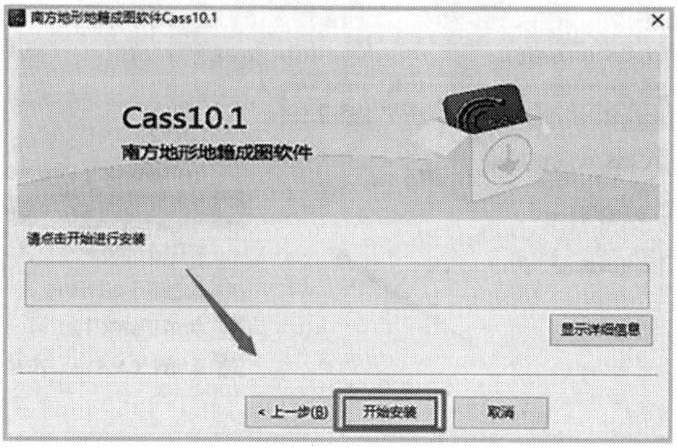

图 11-5　开始安装图

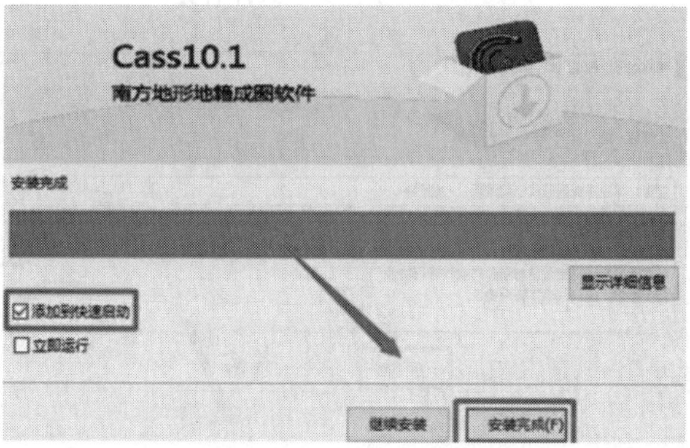

图 11-6　安装完成图

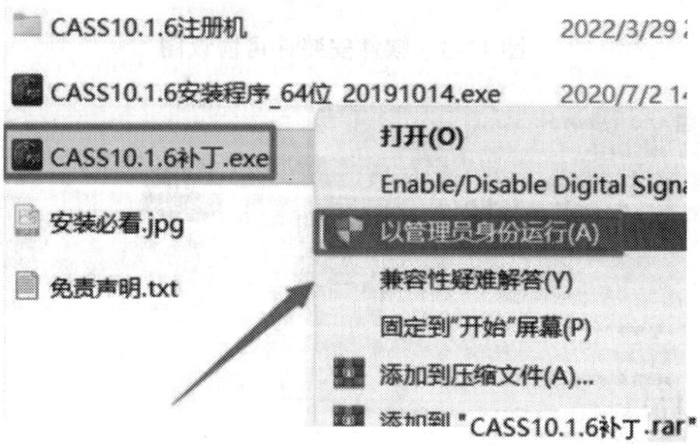

图 11-7　安装补丁

r 2. exe",鼠标右键点击"以管理员身份运行",如图 11-9 所示。

点击"Generate"。

点击左上角的"添加授权",完成任务。

输入 Customer 或 Custom Data,在桌面找到"Cass10. 1 For AutoCAD2016"软件图标,双击运行,软件弹出窗口,将弹窗中的机器码输入到"Hardware"中(一定不要填错),最后点击"Save"。

点击"生成授权",弹出生成文件夹对话框,点击"确定"。

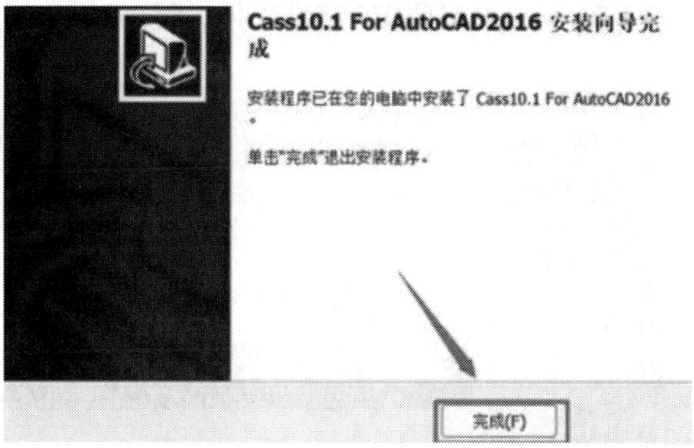

图 11-8　软件安装完成图

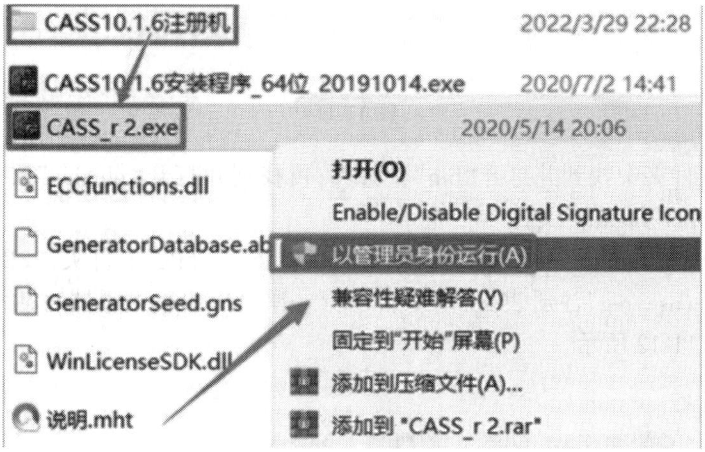

图 11-9

返回 CASS 解压文件夹，打开“CASS10.1.6 注册机”文件夹，找到并点击生成的文件夹，找到“regkey”文件，鼠标右键选择“复制”，如图 11-10 所示。

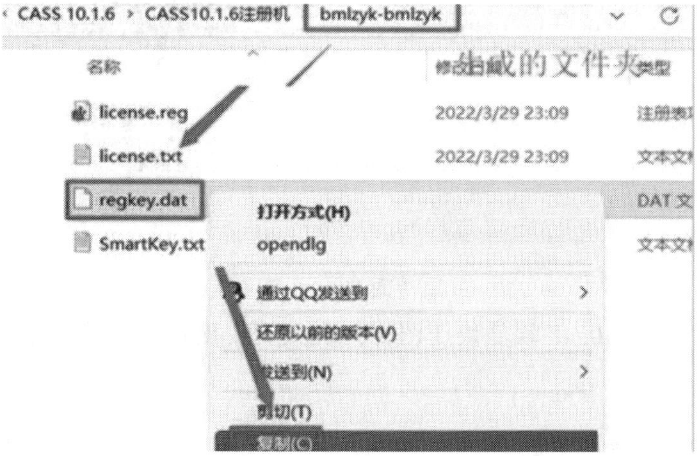

图 11-10　注册成功界面

在桌面找到“Cass10. 1 For AutoCAD2016”软件图标,鼠标右键单击“打开文件所在的位置”,如图 11-11 所示。

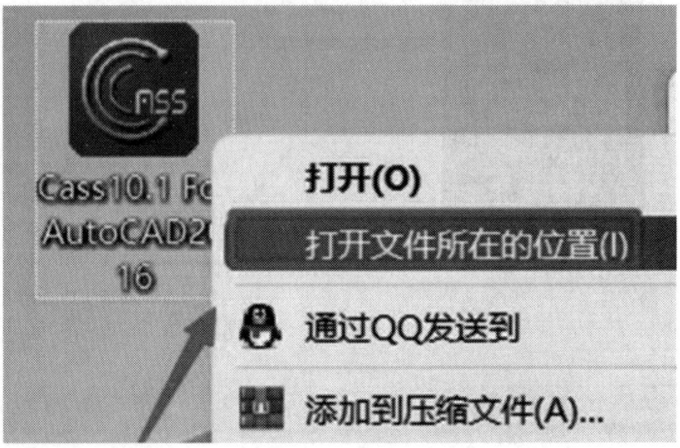

图 11-11

在打开的文件夹中找到并打开“bin”文件夹,再找到并打开“plugins”文件夹,然后鼠标右键“粘贴”复制的“regkey”文件。

再返回 CASS 解压文件夹,双击打开“CASS10. 1. 6 注册机”文件夹,找到生成的文件夹点进去,找到“license. reg”注册表文件,双击运行。弹出注册表编辑器对话框点击“是”,点击“确定”,如图 11-12 所示。

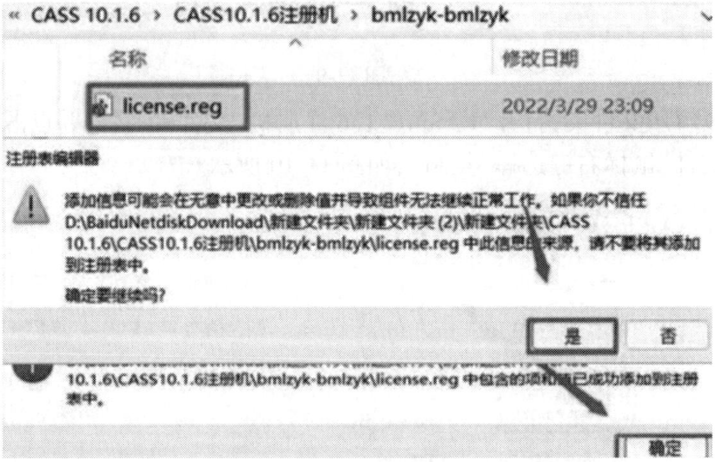

图 11-12

在桌面找到“CASS10. 1”软件快捷图标,双击运行,出现 1-1 等类似信息,证明授权成功。

任务二　CASS 软件绘地形图

地形图(topographic map)是将地面上的地物和地貌按水平投影的方法(沿铅垂线方向投影到水平面上),并按一定的比例尺缩绘到图纸上的图形。

CASS 绘制的地形图,有以下地图要素:

(1)地形要素——地物符号;

(2)地貌要素——等高线;

(3)文字注记;

(4)图廓要素。

CASS 绘制地形图的流程四个步骤:数据输入、平面图绘制、等高线绘制、数据输出,如图 11-13 所示。

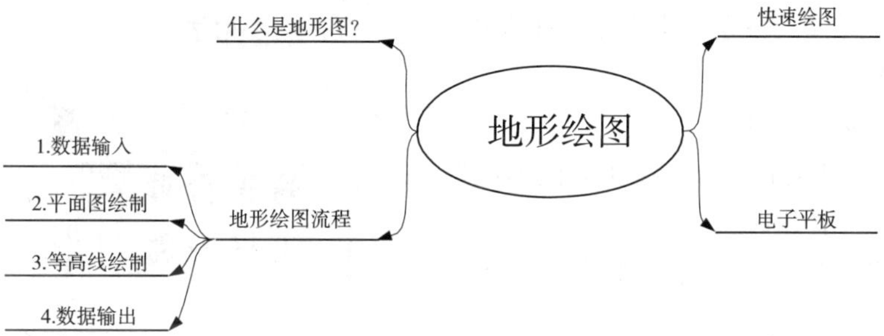

图 11-13　地形图绘制流程图

一、录入数据

用各种仪器采集的坐标数据,可以通过数据菜单下的功能,转换成 CASS 的坐标文件,如图 11-14 所示。目前提供全站仪、RTK 和测距仪采集的数据转换接口(菜单功能集中在“数据”菜单中)。如果使用南方系列仪器采集,可以直接输出 CASS 的坐标文件。

二、绘制地形图

(一)简码识别绘图

由带简编码格式的坐标数据文件自动绘图。简编码可通过 JCODE. def 文件定制。

简码识别:在采集数据的同时输入简编码,用“简码识别”成图,如图 11-15 所示。示例文件为 YMSJ. DAT。

编码引导:在采集数据时未输入简编码,编辑引导文件(* . yd),用 “编码引导”成图。编码引导的作用是将“引导文件”与“无码的坐标数据文件”合并成一个新的带简编码格式的坐标数据文件。(* . yd 文件格式参考说明书)。示例文件为 WMSJ. YD+WMSJ. DAT

注:测试数据存放路径:cass\demo。

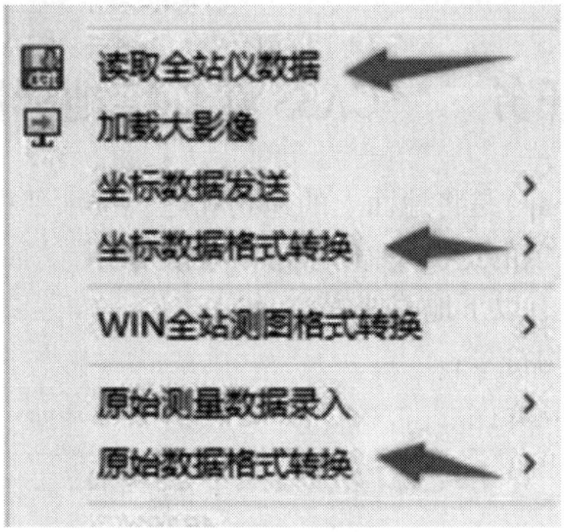

图 11-14　数据下载界面图

(二) 电子平板绘图

电子平板:全站仪+笔记本电脑,在采集数据的同时成图。

电子平板设置见图 11-16。

操作步骤如下:连接全站仪和笔记本电脑(操作与读取全站仪数据相同),在右侧屏幕菜单(见图 11-17)顶端选择“电子平板”,按提示操作即可进行数据采集及成图。

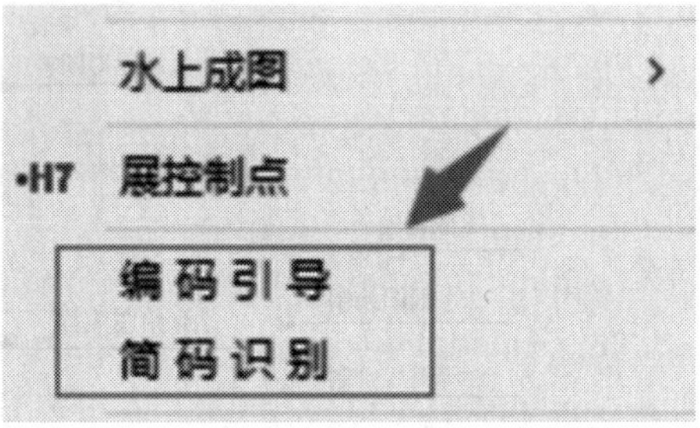

图 11-15　编码菜单

(三) 野外测点点号绘图

根据外业采集的测点点号,绘制相应的地物符号。

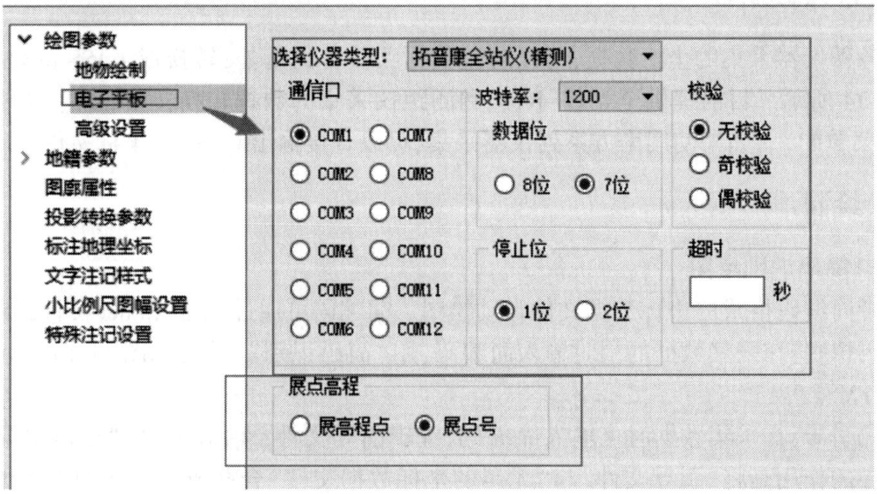

图 11-16　电子平板设置

1. 展野外测点点号

操作:点击菜单“绘图处理”→“展野外测点点号”,见图 11-18。

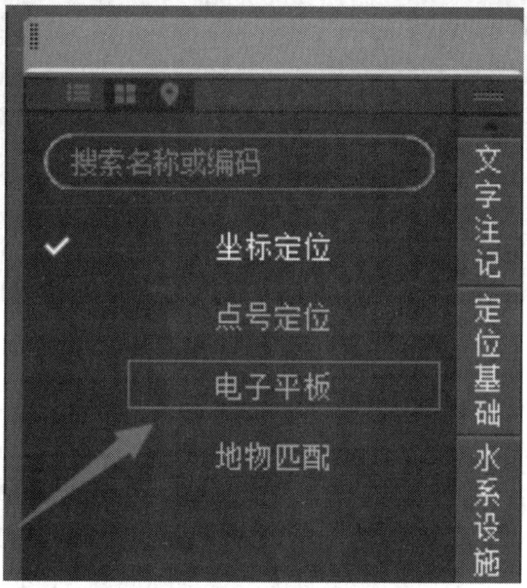

图 11-17　电子平板菜单

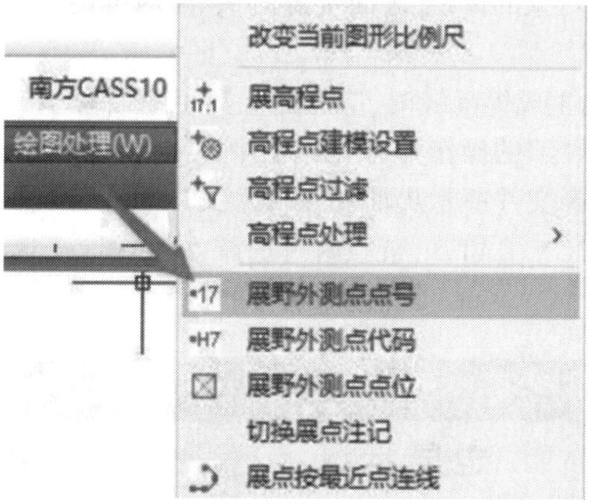

图 11-18　展野外测点点号图

2. 绘制地物符号

在右侧地物绘制面板,找到相应地物符号,结合草图,绘制地物符号,如图 11-19 所示。

三、绘制等高线

南方 CASS 在绘制等高线时,充分考虑到等高线通过地性线和断裂线时情况的处理,如陡坎、陡崖等。南方 CASS 能自动切除通过地物、注记、陡坎的等高线。由于采用了轻量线来生成等高线,南方 CASS 在生成等高线后,文件大小比其他软件小了很多。在绘等高线之前,必须先将野外测的高程点建立数字地面模型(DTM),然后在数字地面模型上生成等高线。

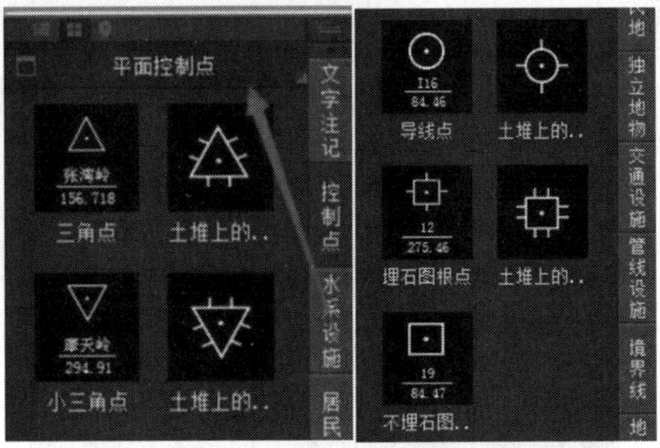

图 11-19　地物符号绘制面板

(一)建立数字地面模型(构建三角网)

数字地面模型(DTM)是在一定区域范围内规则格网点或三角网点的平面坐标(X,Y)和其地物性质的数据集合,如果此地物性质是该点的高程 Z,则此数字地面模型又称为数字高程模型(DEM)。这个数据集合从微分角度三维地描述了该区域地形地貌的空间分布。DTM 数据可以用于建立各种各样的模型解决一些实际问题,主要的应用有:按用户设定的等高距生成等高线图、透视图、坡度图、断面图、渲染图,与数字正射影像 DOM 复合生成景观图,或者计算特定物体对象的体积、表面覆盖面积等,还可用于空间复合、可达性分析、表面分析、扩散分析等方面。

使用南方 CASS 自动生成等高线时,应先建立数字地面模型。在这之前,可以先"定显示区"及"展点","定显示区"的操作与"草图法"中"点号定位"法的工作流程中的"定显示区" 的操作相同,出现选择文件所示界面要求输入文件名时找到该路径下的数据文件"C:南方 CASSSOUTHDEMODGX. DAT"。展点时可选择"展高程点"选项,如图 11-20 所示下拉菜单。

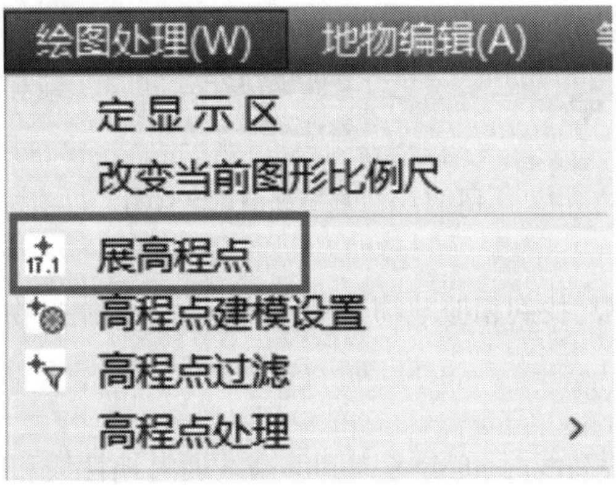

图 11-20　绘图处理下拉菜单

要求输入文件名时在"C:南方 CASSSOUTHDEMODGX. DAT"路径下选择"打开"DGX. DAT 文件后命令区提示,注记高程点的距离(米),根据规范要求输入高程点注记距离(注记高程点的密度),回车默认为注记全部高程点的高程。这时,所有高程点和控制点的高程均自动展绘到图上。

移动鼠标至屏幕顶部菜单“等高线”项，按左键，出现如图 11-21 所示菜单。

移动鼠标至“建立 DTM”项，该处以高亮度（深蓝）显示，按左键，出现如图 11-22 所示对话窗。

首先选择建立 DTM 的方式，分为两种方式：由数据文件生成和由图面高程点生成，如果选择由数据文件生成，则在坐标数据文件名中选择坐标数据文件；如果选择由图面高程点生成，则在绘图区选择参加建立 DTM 的高程点。选择结果显示分为三种：显示建三角网结果、显示建三角网过程和不显示三角网。最后选择在建立 DTM 的过程中是否考虑陡坎和地性线。点击“确定”后生成如图 11-23 所示的三角网。

图 11-21　“等高线”菜单

（二）修改数字地面模型（修改三角网）

在一般情况下，由于地形条件的限制在外业采集的碎部点很难一次性生成理想的等高线，如楼顶上控制点。另外，还因现实地貌的多样性和复杂性，自动构成的数字地面模型与实际地貌不太一致，这时可以通过修改三角网来修改这些局部不合理的地方。

1. 删除三角形

如果在某局部范围内没有等高线通过，则可将其局部范围内相关的三角形删除。删除三角形的操作方法是：先将要删除三角形的地方局部放大，再选择“等高线”下拉菜单的“删除三角形”项，命令区提示选择对象，这时便可选择要删除的三角形，如果误删，可用“U”命令将误删的三角形恢复。删除三角形后如图 11-24 所示。

2. 过滤三角形

可根据用户需要输入符合三角形中最小角的度数或三角形中最大边长最多大于最小边长的倍数等条件的三角形。如果出现南方 CASS 在建立三角网后点无法绘制等高线，可过滤掉部分形状特殊的三角形。另外，如果生成的等高线不光滑，也可以用此功能将不符合要求的三角形过滤掉再生成等高线。

3. 增加三角形

如果要增加三角形，可选择“等高线”菜单中的“增加三角形”项，依照屏幕的提示在要增加三角形的地方用鼠标点取，如果点取的地方没有高程点，系统会提示输入高程。

4. 三角形内插点

选择此命令后，可根据提示输入要插入的点：在三角形中指定点（可输入坐标或用鼠标直接点取），提示高程（米）= 时，输入此点高程。通过此功能可将此点与相邻的三角形顶点相连构成三角形，同时原三角形会自动被删除。

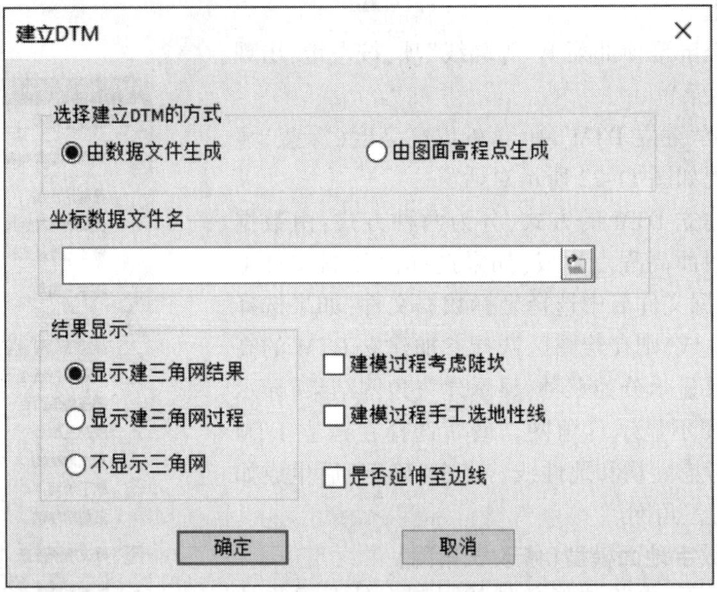

图 11-22　选择建模高程数据文件

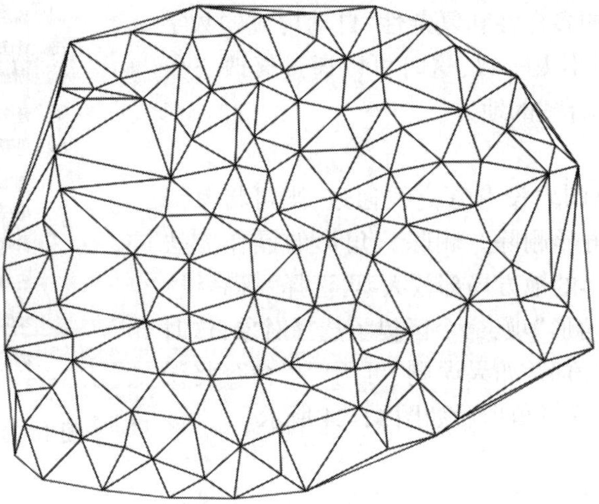

图 11-23　用 DGX. DAT 数据建立的三角网

5. 删三角形顶点

用此功能可将所有由该点生成的三角形删除。因为一个点会与周围很多点构成三角形,如果手工删除三角形,不仅工作量较大而且容易出错。这个功能常用在发现某一点坐标错误时,要将它从三角网中剔除的情况下。

6. 重组三角形

指定两相邻三角形的公共边,系统自动将两三角形删除,并将两三角形的另两点连接起来构成两个新的三角形,这样做可以改变不合理的三角形连接。如果因两三角形的形状特殊无法重组,会有出错提示。

7. 删三角网

生成等高线后就不再需要三角网了,这时如果要对等高线进行处理,三角网比较碍事,

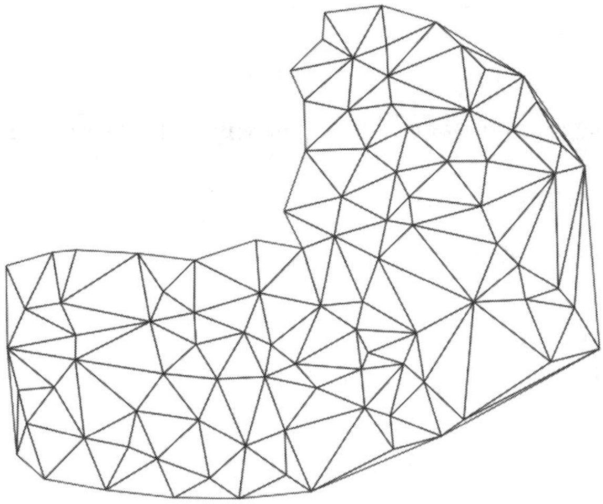

图 11-24　将右下角的三角形删除

可以用此功能将整个三角网全部删除。

8. 修改结果存盘

通过以上命令修改了三角网后，选择“等高线”菜单中的“修改结果存盘”项，把修改后的数字地面模型存盘。这样，绘制的等高线不会内插到修改前的三角形内。注意：修改了三角网后一定要进行此步操作，否则修改无效！

当命令区显示“存盘结束！”时，表明操作成功。

（三）绘制等高线

完成前面的准备操作后，便可进行等高线绘制。等高线的绘制可以在绘平面图的基础上叠加，也可以在“新建图形”的状态下绘制。如在“新建图形”状态下绘制等高线，系统会提示输入绘图比例尺。用鼠标选择下拉菜单“等高线”→“绘制等高线”项，弹出如图 11-25 所示对话框。

对话框中会显示参加生成 DTM 的高程点的最小高程和最大高程。如果只生成单条等高线，那么就在单条等高线高程中输入此条等高线的高程；如果生成多条等高线，则在等高距框中输入相邻两条等高线之间的等高距。最后选择等高线的拟合方式。

总共有四种拟合方式：不拟合（折线）、张力样条拟合、三次 B 样条拟合和 SPLINE 拟合。观察等高线效果时，可输入较大等高距并选择不光滑，以加快速度。如选张力样条拟合，则拟合步距以 2 m 为宜，但这时生成的等高线数据量比较大，速度会稍慢。测点较密或等高线较密时，最好选择光滑方法三次 B 样条拟合，也可选择不光滑，过后再用“批量拟合”功能对等高线进行拟合。选择 SPLINE 则用标准 SPLINE 样条曲线来绘制等高线，提示请输入样条曲线容差：<0.0>。容差是曲线偏离理论点的允许差值，可直接按回车键。SPLINE 线的优点在于即使其被断开后仍然是样条曲线，可以进行后续编辑修改，缺点是较选项 3 容易发生线条交叉现象。当命令区显示“绘制完成！”便完成绘制等高线的工作，如图 11-26 所示。

（四）等高线的修饰

1. 注记等高线

选择“等高线”下拉菜单之“等高线注记”的“单个高程注记”项，如图 11-27 所示。

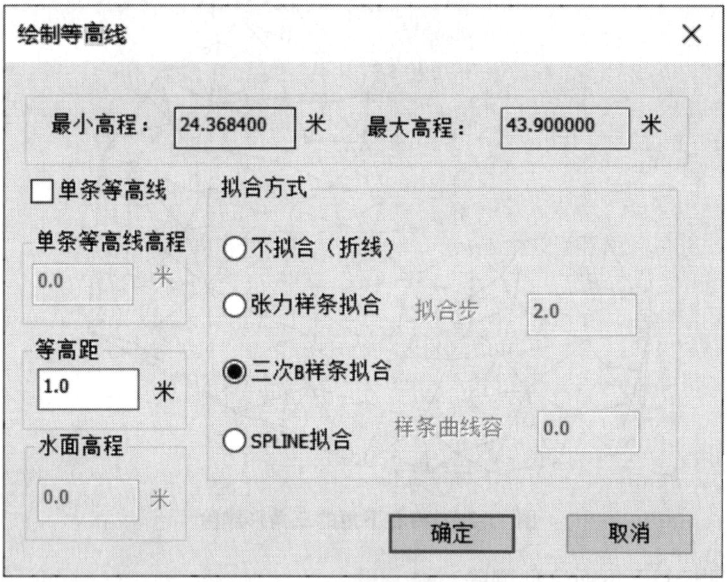

图 11-25　“绘制等高线”对话框

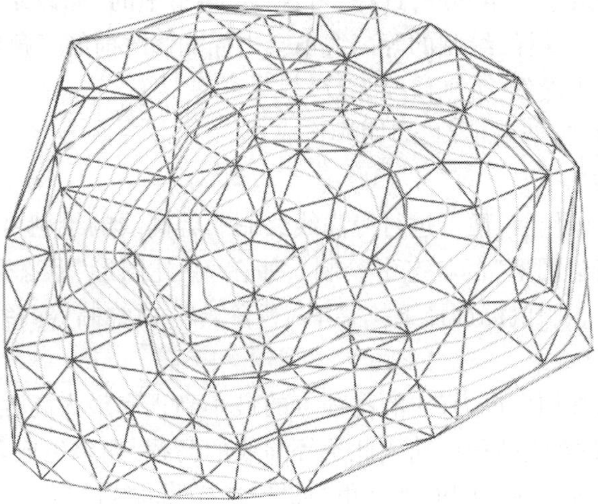

图 11-26　完成绘制等高线的工作

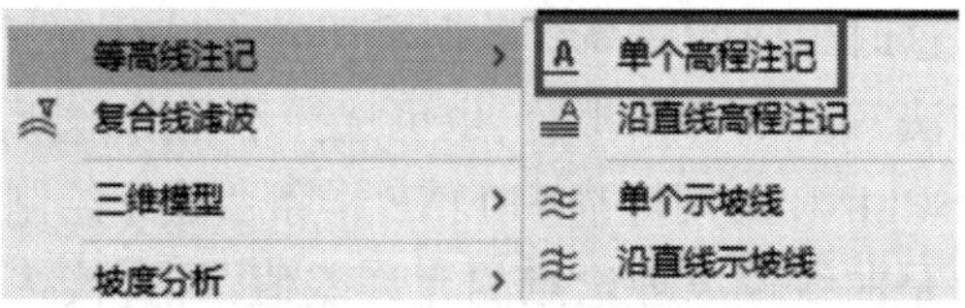

图 11-27　注记等高线命令区

提示：选择需注记的等高(深)线：移动鼠标至要注记高程的等高线位置，如图 11-28 所示的位置 A，按左键；依法线方向指定相邻一条等高(深)线：移动鼠标至如图 11-28 等高线位置 B，按左键。等高线的高程值即自动注记在 A 处，且字头朝 B 处。

2. 等高线修剪

左键点击“等高线修剪”,弹出如图 11-29 所示的对话框。

首先选择是消隐还是修剪等高线,然后选择是整图处理还是手工选择需要修剪的等高线,最后选择地物和注记符号,单击“确定”后会根据输入的条件修剪等高线。

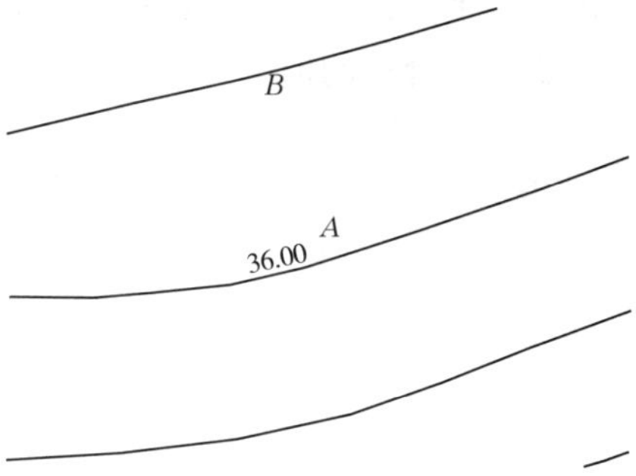

图 11-28　等高线高程注记

3. 切除指定二线间等高线

命令区提示:选择第一条线:用鼠标指定一条线,例如选择公路的一边。选择第二条线:用鼠标指定第二条线,例如选择公路的另一边。程序将自动切除等高线穿过此二线间的部分。

4. 切除指定区域内等高线

选择一封闭复合线,系统将该复合线内所有等高线切除。注意,封闭区域的边界一定要是复合线,如果不是复合线,系统将无法处理。

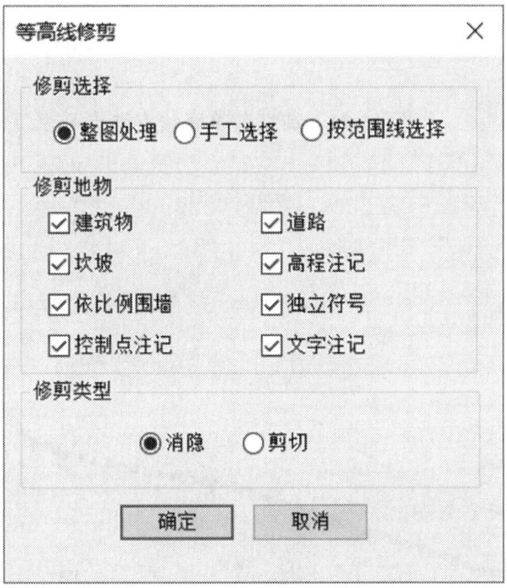

图 11-29　“等高线修剪”对话框

5. 等值线滤波

此功能可在很大程度上给绘制好等高线的图形文件减肥。一般的等高线都是用样条拟合的,这时虽然从图上看出来的节点数很少,但事实并非如此。以高程为 38 的等高线为例说明,如图 11-30 所示。

选中等高线,会发现图上出现了一些夹持点,千万不要认为这些点就是这条等高线上实际的点。这些只是样条的锚点,要还原它的真面目,请做下面的操作:用“等高线”菜单下的“切除指定二线间等高线”,然后查看结果,如图 11-31 所示。

在等高线上出现了密布的夹持点,这些点才是这条等高线真正的特征点,所以如果看到一个很简单的图在生成了等高线后变得非常大,原因就在这里。如果你想将这幅图的尺寸变小,用“等值线滤波”功能就可以了。执行此功能后,系统提示如下:请输入滤波阀值:

<0. 5 米>。这个值越大,精简的程度就越大,但是会导致等高线失真(变形),因此用户可根据实际需要选择合适的值。一般选系统默认的值就可以了。

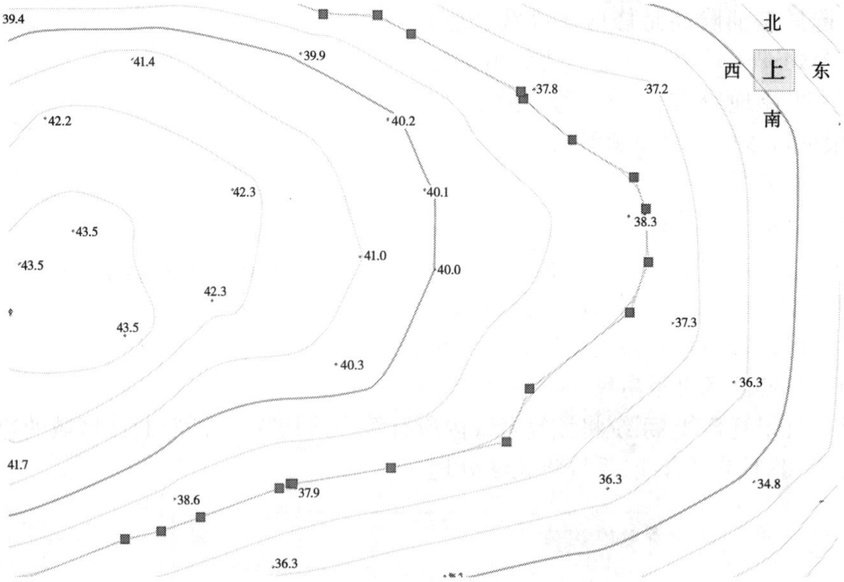

图 11-30　剪切前等高线夹持点

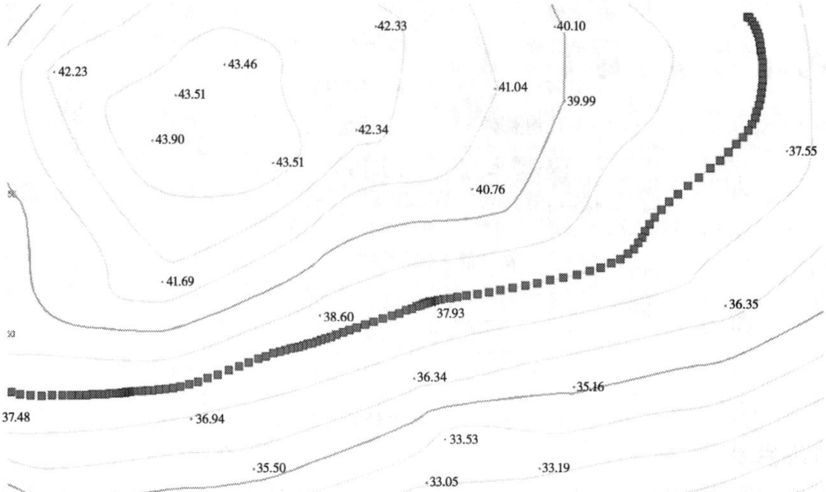

图 11-31　剪切后等高线夹持点

(五)绘制三维模型

建立了 DTM 之后,就可以生成三维模型,观察一下立体效果。移动鼠标至“等高线”项,按左键,出现下拉菜单。然后移动鼠标至“绘制三维模型” 项,按左键,根据提示选择对应的高程点数据,如图 11-32 所示。

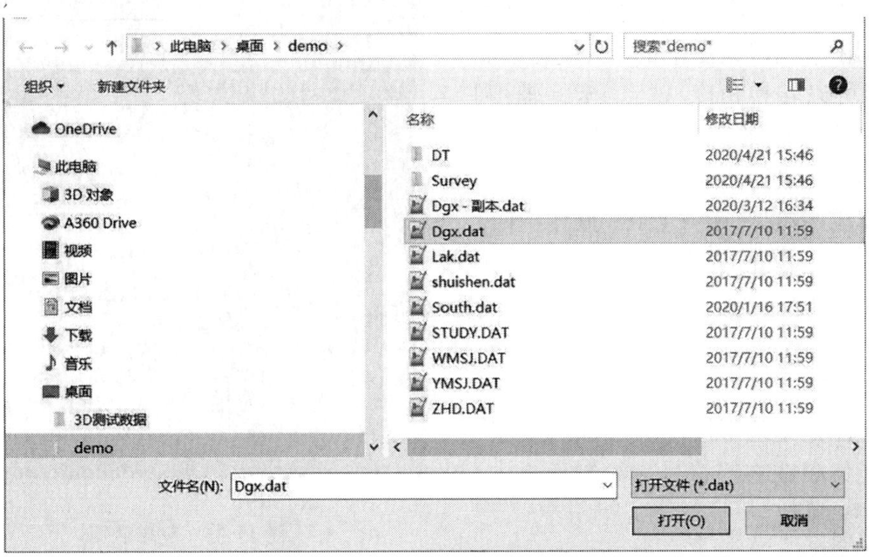

图 11-32　**输入高程点数据文件名**

然后命令行提示:输入高程乘系数<1. 0>:输入 5。如果用默认值,建成的三维模型与实际情况一致。如果测区内的地势较为平坦,可以输入较大的值,将地形的起伏状态放大。因本图坡度变化不大,输入高程乘系数将其夸张显示。输入格网间距,三维格网的宽度以达到合适的效果,如图 11-33 所示。

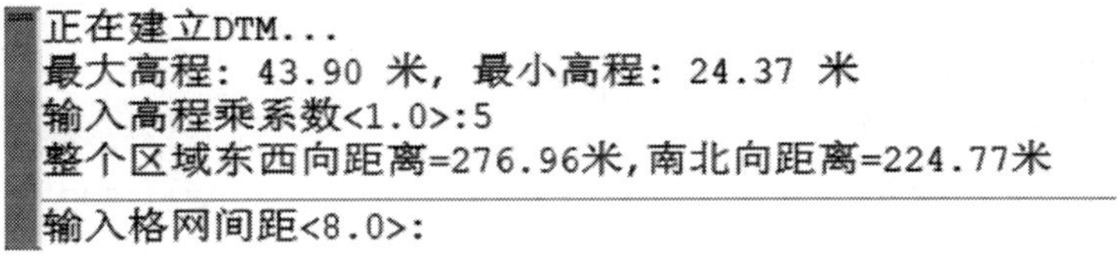

图 11-33　**输入合适的格网间距**

是否拟合?(1)是 (2)否 <1>回车,默认选 1,拟合。这时将显示此数据文件的三维模型,如图 11-34 所示。

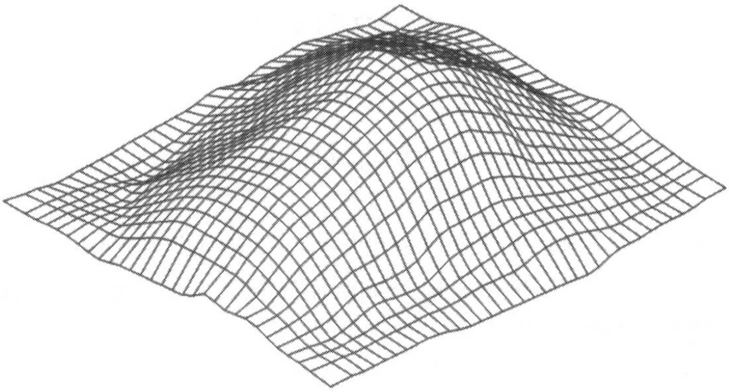

图 11-34　**三维效果**

另外,利用“低级着色方式”“高级着色方式”功能还可对三维模型进行渲染等操作,利用“显示”菜单下的“三维静态显示”功能可以转换角度、视点、坐标轴,利用“显示”菜单下的“三维动态显示”功能可以绘出更高级的三维动态效果。这些功能的具体应用参见《南方 CASS 操作指南》中相关介绍。以上即是绘制等高线的全过程。

四、标注文字注记

文字注记是地形图不可或缺的要素,注记功能集中在右侧符号库绘制面板中,如图 11-35 所示。

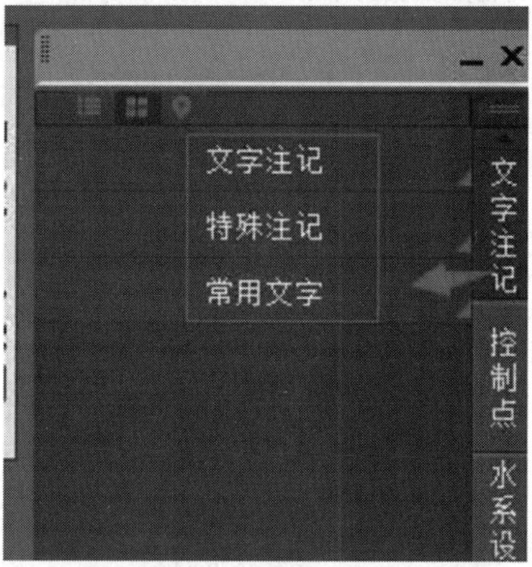

图 11-35 菜单截图

五、编辑图形

完成平面图和等高线的绘制,文字注记标注后。接下来将根据制图规范,对图形进行编辑整理。所有编辑功能,集中在“地物编辑”菜单中。可根据需要选择菜单,对图形进行编辑,如图 11-36 所示。

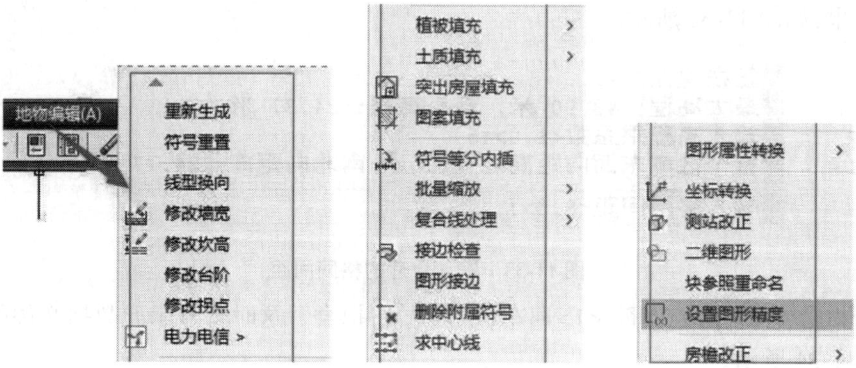

图 11-36 地物编辑菜单截图

六、廓整饰图

编辑完成的图形,最后参照国标图式加绘图名、接合表、比例尺、文字说明等。

操作如下:

(1)点击菜单“绘图处理→批量分幅→建立格网”,建立分幅格网,如图 11-37 所示。

(2)点击菜单“绘图处理→批量分幅→批量输出到文件”,将格网内的图形自动生成符合国标图式的分幅图,如图 11-38 所示。

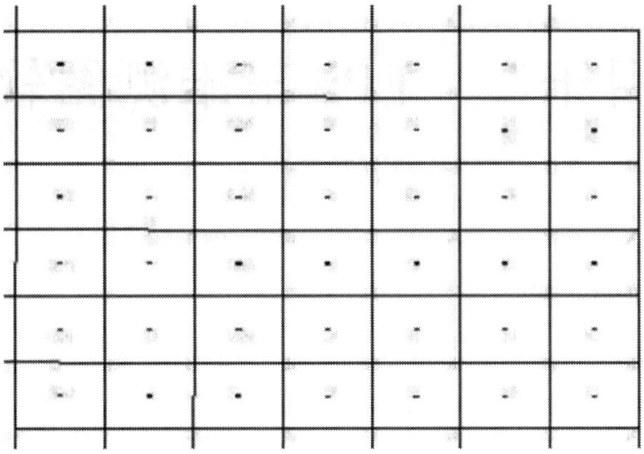

图 11-37　建立的分幅格网示例

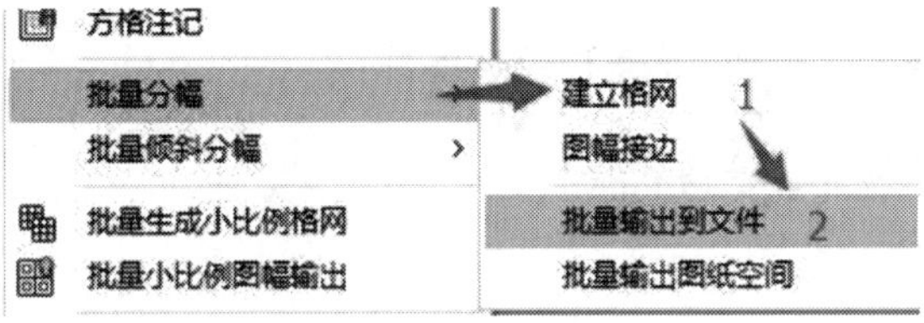

图 11-38　菜单截图

项目十二　EPS 三维测图软件

知识目标：

- 掌握等高线绘制原理；
- 掌握地物类型；
- 掌握地形图的定义。

能力目标：

- 能利用软件进行数据下载；
- 能利用软件绘制地形图，并进行图形整饰；
- 能利用高程数据进行等高线绘制。

思政目标：

- 培养学生自觉使用国产正版软件的意识，增强学生的民族自豪感。

EPS2016 三维测图是一款由清华山维推出的专业的三维测图工具。该软件适用于 GIS 数据生产、处理、建库更新的测绘与地理信息系统领域，集数据采集、成图、编辑处理到数据入库、更新的一系列测绘数据生产于一体，有效节省用户时间。该版本经过破解处理，免加密狗就能永久免费使用。可以用于工程界多个领域，航测内业成图，绘制等高线，加载三维模型。

EPS 软件基础平台主要包括编辑平台、脚本处理、数据监理、数据转换等模块。功能主要包括创建或打开 EDB 工程、对象的绘制、数据编辑处理、数据质检、成果输出打印等基本的 GIS 数据生产各个环节所需功能。

EPS 软件基础平台通用功能是指平台提供的有关图形与属性录入、编辑、处理的各专业通用的基本功能，平台通用功能数量大(数百个)，覆盖面广，按应用特点共分 8 大类，如图 12-1 所示。

序号	分类名称	主要内容
1	数据接口	工程数据加载与保存、平台公共交换格式数据输入与输出、其他平台的外部格式数据输入与输出
2	图形绘制	实体对象生成、插入系列功能，各种实用绘图工具
3	交互编辑	对象选择方法、基本图形编辑功能、属性编辑功能、符号编辑功能
4	批量处理	扩展编辑处理、悬挂点处理、拓扑构面、叠置分割、缓冲区处理
5	常用工具	选择过滤、查图导航、数据检查、空间量算、查询统计、坐标转换、脚本定制
6	显示漫游	自由缩放、定比缩放、书签设置，实体显示控制、参照系显示控制
7	打印输出	打印区域设置、打印机设置、打印效果设置，输出到位图（栅格化）、输出印刷格式
8	系统设置	显示环境设置、投影设置、模板定制、应用程序界面定制

图 12-1　EPS 基础平台主要功能

任务一　EPS2016 软件安装

打开安装包后，滚动鼠标滑轮，找到“Eps. exe”程序（见图 12-2），直接双击鼠标左键打开，可以将此安装包放到 C/D/E 任意一个盘，然后将“Eps. exe”程序鼠标右键找到发送到桌面快捷方式，以后打开软件直接在桌面双击软件图标就可以了。

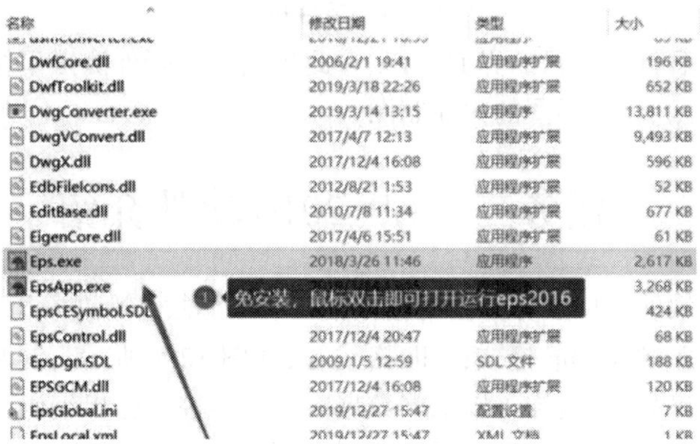

图 12-2　双击安装程序

如图 12-3 所示为软件打开后的主界面，在这里可以新建工程，打开工程，加载添加软件的不同模块，最近打开过的项目也会显示在主界面右侧。

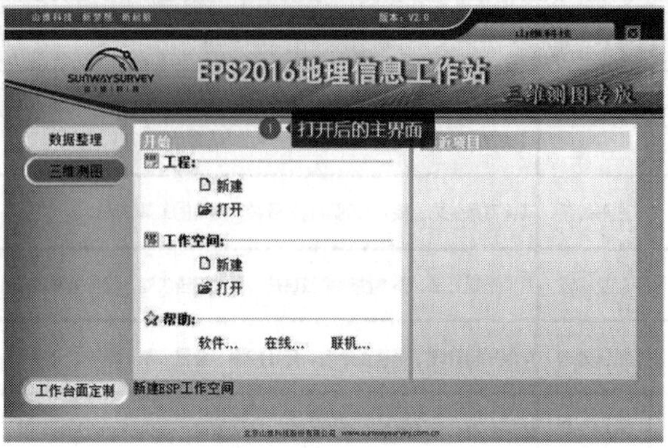

图 12-3　软件主界面

图 12-4 为软件的授权状态,EPS2016 为永久授权状态,无需再授权,软件下载后直接就能正常使用,所有模块的功能已授权。

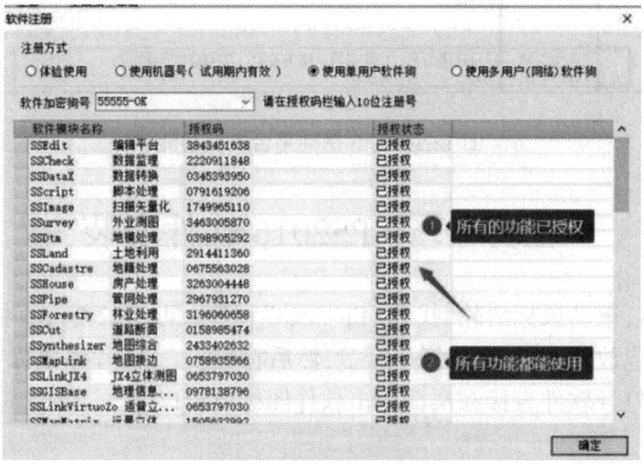

图 12-4　软件授权图

软件新建项目后打开项目的界面,可以在此界面导入野外测点坐标,也可以加载三维模型及正射影像,然后进行地形图的内业制图。

任务二　EPS2016 软件介绍

EPS 基础平台软件支持多种数据的输入输出,而且能实现数据几乎无损地输出到其他多种平台,比如 CAD 格式,shp 格式,mdb 格式等,如图 12-5 所示。同时 EPS 软件还支持以脚本定制的方式输出数据,这样可以根据数据的一些特性来输出编码、颜色等不同属性到新的数据格式,并保证新格式的数据能适应相关软件对数据的要求。比如输出有 CASS 属性的数据等。

EPS 基础平台软件操作(见图 12-6)以系统定制快捷键(见图 12-7)和鼠标联合操作为主,能大大提高作业员绘图和编辑的效率,让绘图工作变得如此轻松。软件提供的脚本二次开发功能,让使用者通过简单的几行程序编写就能实现计算机自动处理,大大提高作业效

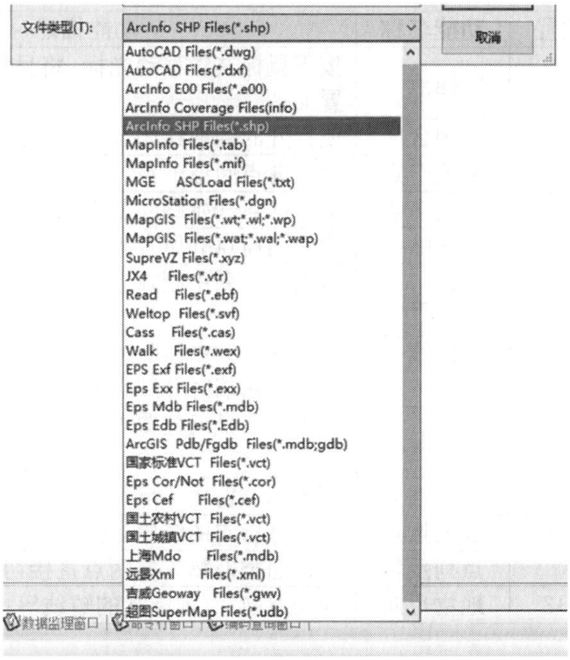

图 12-5　EPS 软件数据输入输出格式

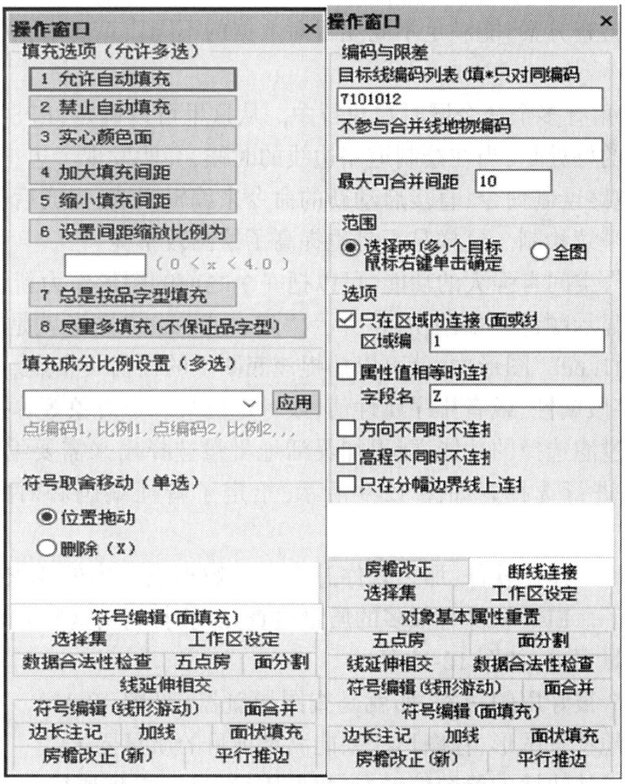

图 12-6　EPS 软件操作界面中的提示和帮助

率，特别是数据整理编辑的效率。软件的数据质检功能，允许用户根据软件的数据检查元规

状态	键盘位置	功能名称	功能描述
选择	Shift	拖点	按下鼠标左键移动光标，将目标点拖到其他位置
	C	闭合	使打开的当前线闭合，闭合的当前线打开
	X	回退一点	从当前点回退一点
	Shift+X	回退多点	从当前点开始删除多点(到光标指向点)
	Ctrl+T	删除	删除当前点列所有点(删除当前对象)
	W	抹点	从当前点列中删除光标指向点，不分解当前对象
	Shift+W	抹线	从当前点列中删除光标指向线段，若被删除线段不在两端时分解当前对象
	Ctrl+W	打断	在光标点最近位置处将当前地物打断(圆无效)
	E	任意插点	在光标位置插入点
	Shift+E	线上插点	在光标指向的线段上插入一点
	Z	点列反转	线、面类地物首尾两点直接切换
	Shift+Z	地物反向	地物方向，(如陡坎的短线等)

图 12-7　EPS 软件快捷键示意图

则定制自己的数据检查方案，能满足不同项目对数据的不同质量要求，满足数据建库的各种质量需求。

图 12-6 的右下角有多个命令同时在执行中。从这里可以确定，EPS 软件是多命令同时执行的软件。这样的好处是，当在绘制道路边线的时候，突然发现旁边一个围墙需要编辑一下，可以不用中断道路绘制命令，直接启动新的命令来编辑围墙，完成后，再回到道路绘制命令接着刚才的地方继续绘制。这样是不是也提高了绘图效率呢。

EPS 软件的工作空间有强大的功能，可以把一个之前的图形作为新绘制图形的底图，且可以自定义底图的显示颜色。如图 12-8 所示，“JZ 大学. edb”图形就是以底图形式和灰色颜色显示的，在“test1. edb”图形中，就可以捕捉该底图上的任何一个点。EPS 对象属性表功能，能批量赋予某字段属性，或者排序属性值，或者定位某一个对象等等操作。

EPS 还有一个过滤选择的功能，能更加灵活地批量选择出来需要编辑的对象。可以给定多个限定条件来进行选择。如图 12-9 所示，给定了特征编码和对象长度来进行过滤选择。

EPS 软件是图库一体化软件，那么软件怎么保证数据满足库的要求呢？这就需要用到图形质量检查功能了。EPS 软件有很多的质量检查元规则，利用这些元规则，可以自由定制数据库对数据的质量要求，如图 12-10 所示。

EPS 软件还有个很好用的功能，那就是查图导航器(见图 12-11)。查图导航器能帮助质检人员快速方便地检查图形，让图形成果能满足项目的质量要求。

有了上面提到的从快捷的绘图编辑，到数据质量保证，再到质检的查图导航，这一系列功能，满足了线划图生产的各个环节的功能需求，能让生产的数据成果最大程度地满足项目对数据质量的要求。

图 12-8　把图形作为底图来辅助绘图

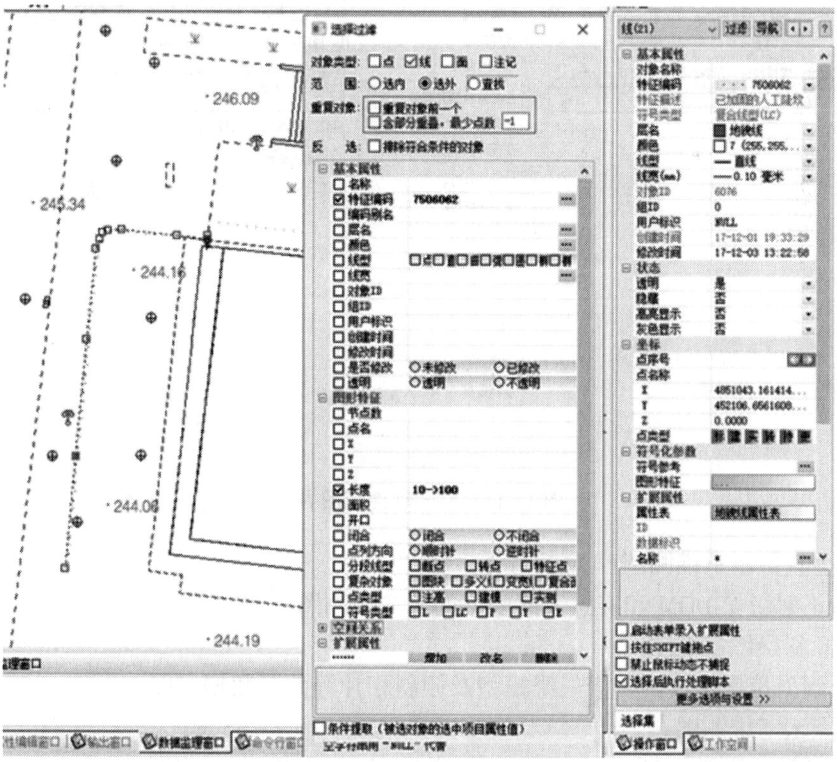

图 12-9　EPS 软件过滤选择

EPS 三维测图模块，有以下四大子功能模块，分别支持单镜头航测成果测图、多镜头航测成果测图、点云数据成果测图以及虚拟现实测图。

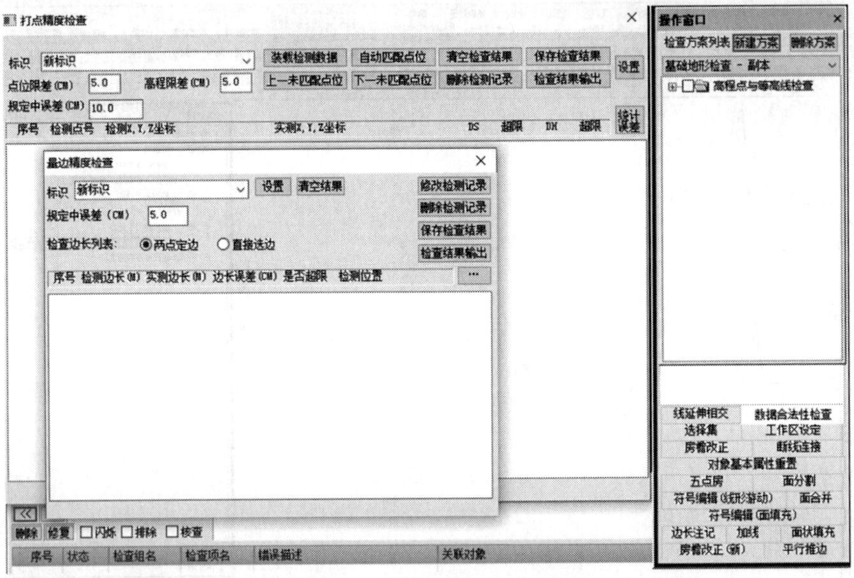

图 12-10　EPS 数据合法性检查定制

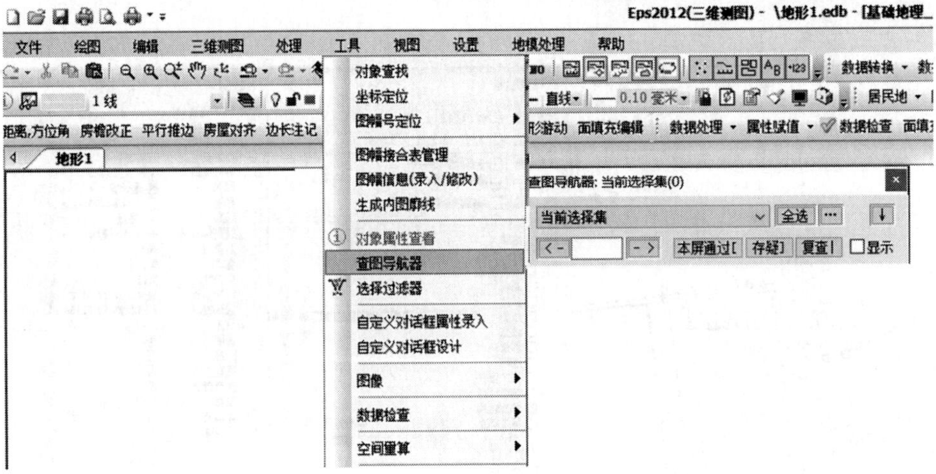

图 12-11　EPS 软件查图导航器

(1)垂直摄影三维测图。

基于正射影像 DOM 和实景表面模型的源数据测图。

(2)倾斜摄影三维测图。

基于倾斜摄影生成的实景三维模型及倾斜相片等的源数据测图。

(3)点云三维测图。

基于各种地面激光扫描、机载 Lidar、测量车、无人机、slam 等点云及全景相片的数据测图。

(4)虚拟现实立体测图。

采用立体眼镜,基于倾斜摄影生成的实景三维模型的源数据虚拟现实立体测图。

EPS 三维测图软件支持 EPS 平台的所有操作和快捷键(少部分快捷键属于三维测图独有)操作。菜单如图 12-12 所示,EPS 矢量成果和实景三维模型叠加见图 12-13。

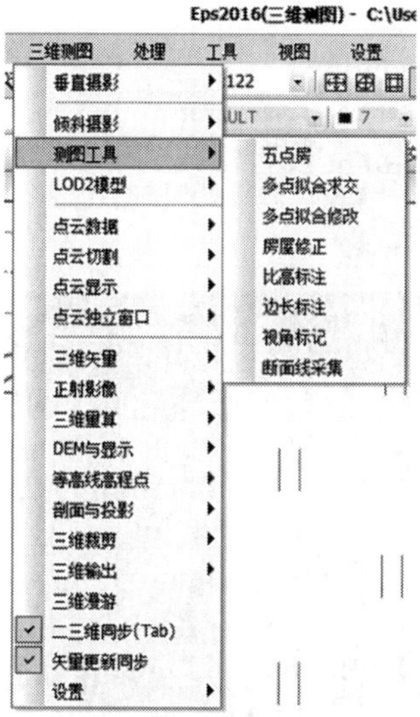

图 12-12　EPS 三维测图下拉菜单

图 12-13　EPS 矢量成果和实景三维模型叠加

菜单的排布从上到下分别是垂直摄影、倾斜摄影、点云测图功能以及三维测图通用功能。垂直摄影需要的航测数据成果是 TDOM 影像和 DSM 影像 2 个成果。倾斜摄影需要的航测数据成果是 osgb 格式的实景三维模型数据,EPS 支持业内多款软件生产的 osgb 模型成果。点云测图支持 las 格式和自定义格式的数据,经 EPS 软件转换后调入使用。EPS 软件为了保证矢量采集的精度,提供了进度控制辅助功能,根据不同精度需求,可以自己设置精度辅助的面宽度及颜色等。

EPS 三维测图软件提供矢量高程调整功能(见图 12-14),方便调入外部矢量后,对矢量高程进行贴表面模型的调整,能快速完成调入矢量数据和实景三维模型数据的叠加。

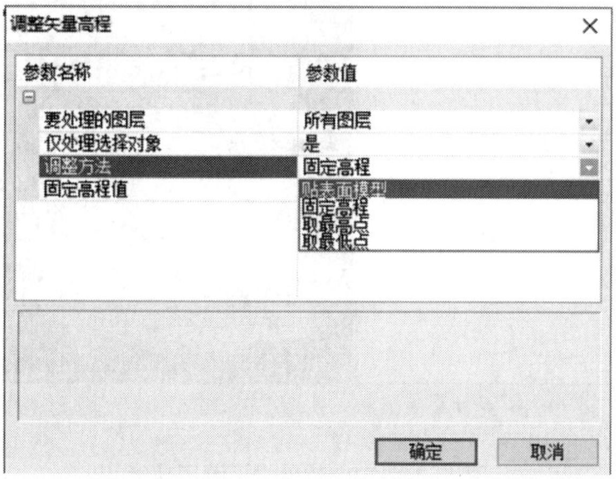

图 12-14　EPS 软件调整矢量高程

EPS 三维测图软件提供切片正摄影像功能(见图 12-15),这样在生产倾斜模型时,可以不用再单独生产正摄影像成果,就可以直接在软件里实时展示正摄影像,让矢量的采集变得更加快捷。

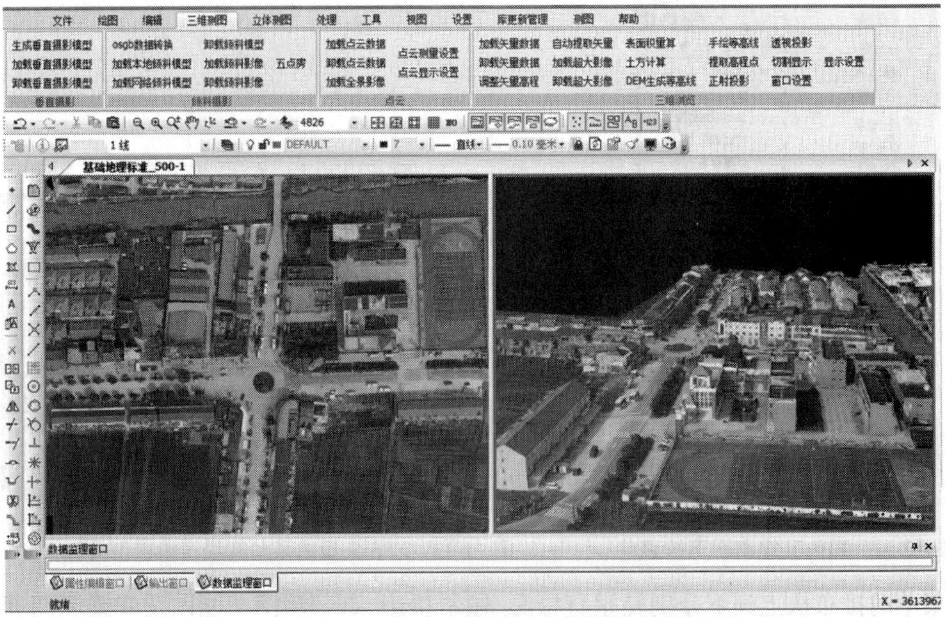

图 12-15　EPS 软件切片正摄影像功能

EPS 三维测图提供立面测图功能(见图 12-16),能对任意的实景三维模型建筑进行立面平行投影和立面图采集、编辑、导出。

图 12-16　EPS 软件立面测图功能

垂直摄影加载模型后,其他所有绘图操作都和基础平台绘图操作完全一样,同一个对象可以在二维窗口绘制,也可以到三维窗口绘制,还可以随时切换不同窗口进行绘制。这样就能解决只有真正摄影像时很难判断坡度和陡坎等地物的麻烦,让绘图变得简单明了。

倾斜航测加载模型后,房屋的采集可以直接以墙体为依据,一步到位,能把房屋矢量及基本属性一次采集完成。EPS 三维测图软件采集房屋有 2 种方式:一种适合采集直角房屋,另一种适合任意夹角房屋。软件为了保证采集精度,给定了精度控制显示面,方便控制采集精度。同时,有些房屋拐角多的,可以使用房屋修正功能(见图 12-17),来编辑各种凹凸图形房屋。

图 12-17　**房屋修正功能**

倾斜航测三维测图,房屋之外的矢量采集,就和垂直摄影测图模块一样,可以在模型的数据基础上,直接绘制即可。

点云三维测图是基于点云数据进行矢量的采集。EPS 三维测图以点云为基础数据进行矢量采集和垂直航摄与倾斜航摄测图模式一样简单方便。激光点云数据有影像航测所得点云数据不具备的地物反射强度信息,基于激光点云这一特点,软件提供半自动化的采集方式。软件提供多个基于激光点云的自动搜索算法,来实现半自动化的交互绘图,这样能大大提高矢量采集效率。特别是在新型高精度电子地图数据的采集中,必将发挥出其应有的优势。EPS 软件基于激光点云搜索方案管理见图 12-18。

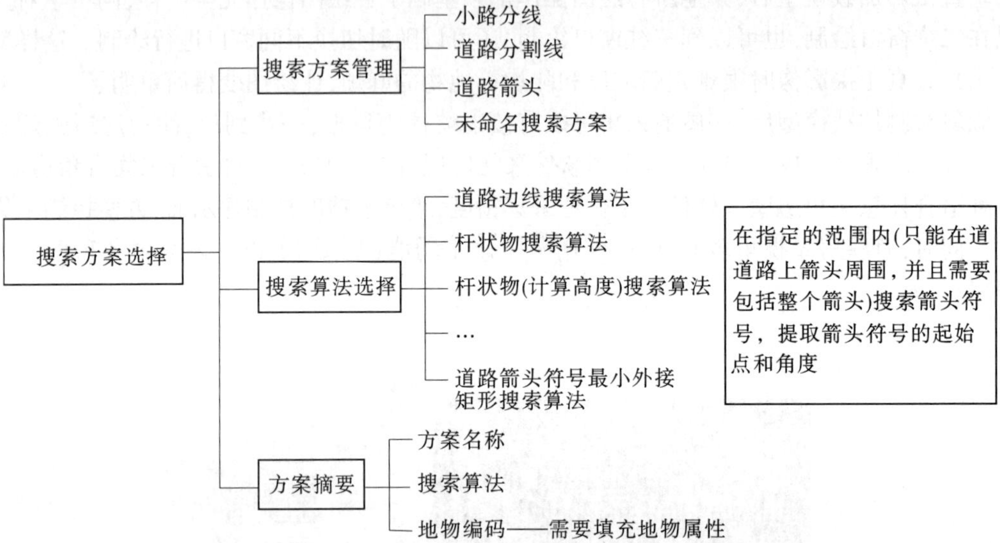

图 12-18　EPS 软件基于激光点云搜索方案管理

第四篇 线路测量

项目十三 测量员施工放样软件

知识目标：

- 掌握三维绘图的流程；
- 掌握三维图形制作过程。

能力目标：

- 能利用软件进行房屋绘制；
- 能利用数据完成三维图形绘制。

思政目标：

- 深入了解国产软件的特点、优势，增强学生的民族自信心。

测量员是一款路桥隧施工测量软件，具备里程坐标正反算、隧道超欠挖、边坡放样、结构物放样等路桥隧施工放样常用功能，通过蓝牙连接全站仪，软件可将全站仪观测数据实时传输到软件进行诸如隧道超欠挖、边坡放样等操作，且具备图形化的显示，极大地方便了施工现场的放样操作，是一款功能强大、齐全、实用的测量软件。测量员软件界面见图 13-1。

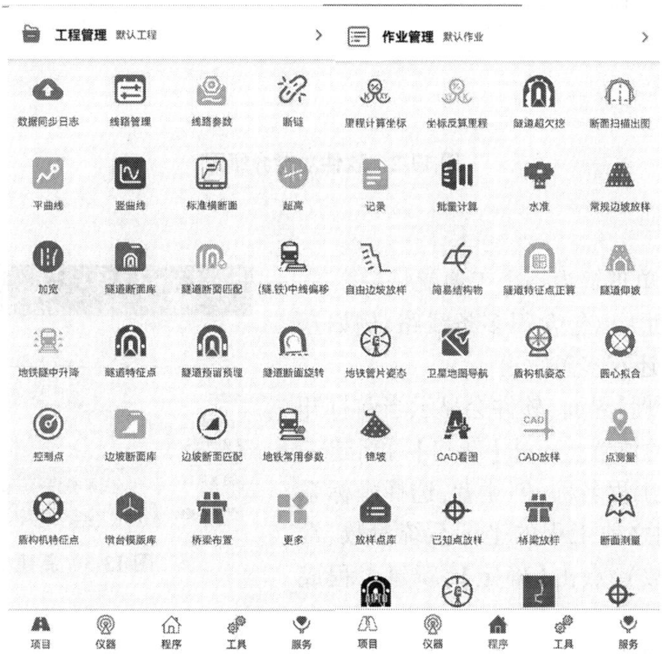

图 13-1 软件界面图

任务一　线路数据设计

一、软件基本功能

软件包括工程管理、线路测量、线路设置、隧道工程、放样信息、地铁等几个功能,具体的信息如图 13-2 所示。

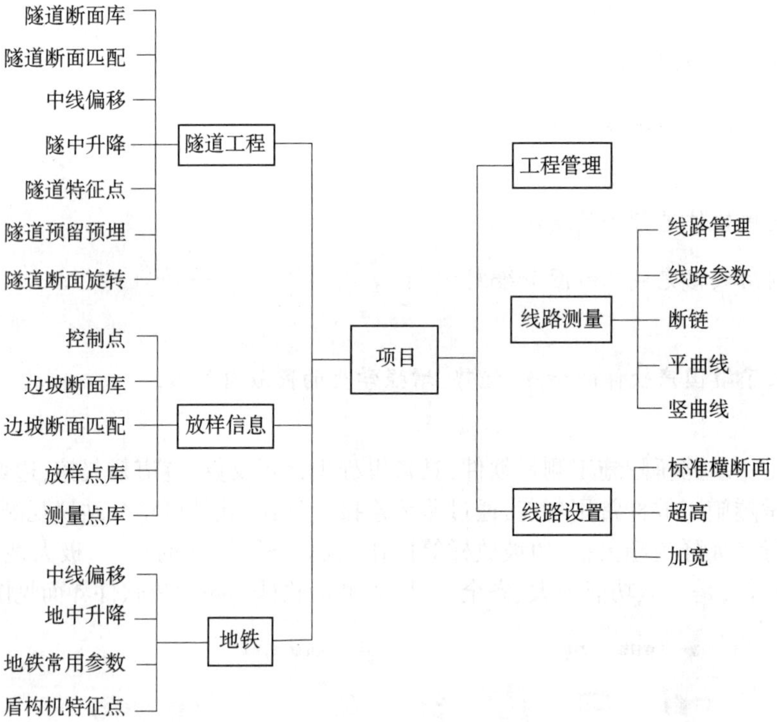

图 13-2　软件功能介绍图

二、工程管理

工程,可以简单理解为一个工地就是一个工程。一个工程里面可以包含很多条线路,例如互通立交,除主线外还有多条匝道。

进入【工程管理】界面,软件会显示当前打开的工程和所存储的位置。点击【新建】可新建一个新的工程,输入工程名称、创建者,选择坐标系统参数类型(套用之前工程的坐标系统参数、常用的坐标系统参数),点击【确定】,新建工程成功,如图 13-3 所示。

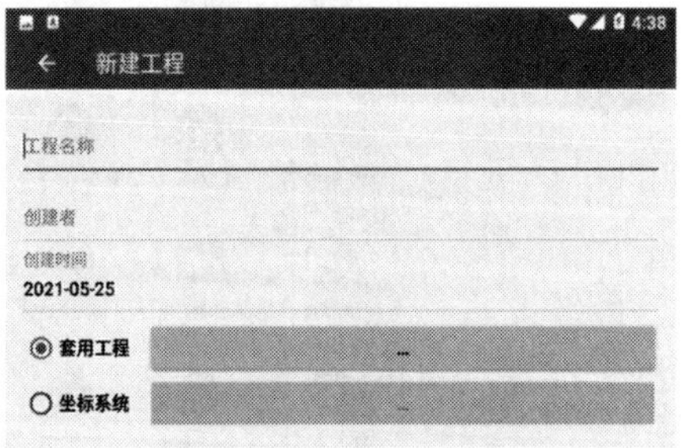

图 13-3　新建工程图

(一)套用工程

如果之前建立有其他工程,可以继承另一个工程中的坐标系和转换参数。这样在一个工地来回作业时，不需要做点校正，只需要做基站平移校正即可。

(二)坐标系统

新建工程时，用户可以选择工程的坐标系统。选中坐标系统，进入坐标系统库，选择工程所需的坐标系。此处如果没有所需的坐标系，可以选择“新建自定义”添加需要的坐标系。

坐标系统除了确定目标椭球，还需要设置中央子午线和转换参数等，用户可以在仪器界面点击 RTK 坐标系统，进行详细的设置，如图 13-4 所示。

图 13-4　新建工程设置图

三、线路参数

线路参数是一个重要的基础设置，它决定了当前这条线路以什么方式来计算，高程设计线的位置等，建议后期不要随意改动。

平曲线要素的输入方法有两种：交点法、线元法。

交点法的参数输入少，简单，但适用性一般。线元法适用性强，基本适用于所有线路，但是输入麻烦。

线路名称：建议不要以标段名作为线路名，而要以具体的路段作为线路名，例如分离式路段可以以左幅、右幅作为线路名，还有隧道、大型桥梁可以单独作为一个线路。

桩号前缀：如果不填，默认为 K。

高程设计线就是竖曲线，也就是图纸中三角符号的位置，也是超高起算的位置。测量员软件的高程计线位置有 6 种情况：平面设计线、中分带边缘、弯道内侧、弯道外侧、设计线左侧、设计线右侧。

整体式路基，按照设计说明，高程设计线的位置一般会选择中分带边缘，偏移量输入高程设计线至平面设计线的距离，也就是中分带的一半宽度，如图 13-5 所示。

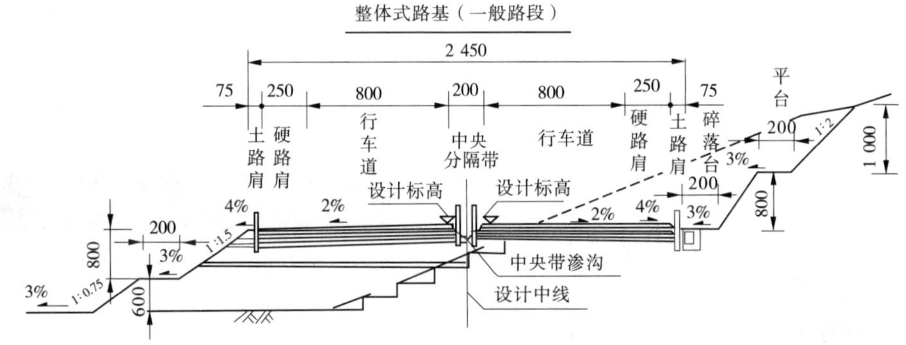

图 13-5　整体式路基图

分离式路基,高程设计线的位置可以选择设计线左侧或设计线右侧,偏移量输入高程设计线至平面设计线的距离,请输入正数,如图 13-6 所示。

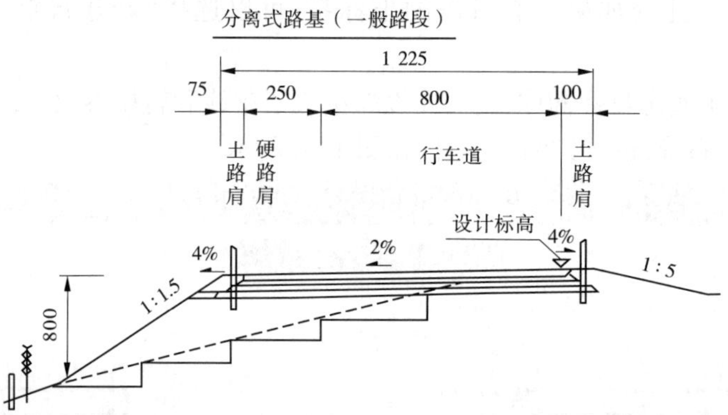

图 13-6　分离式路基图

四、交点法设置平曲线

平曲线要素的输入方法有两种:交点法、线元法,如图 13-7 所示。交点法的参数输入少,简单,但适用性一般。线元法适用性强,基本适用所有线路,但是输入较复杂。

如果哪一端不设缓和曲线(即直线直接接圆曲线,一般图纸上缓和长度一栏会为 0),哪边没有哪边输入 0,两边都不设缓和曲线,L_{s1}、L_{s2} 都输入 0。若存在不完整缓和曲线(常见于匝道、山区线路,判断公式:$A^2 = RL_s$),L_{s1}、A_1 和 L_{s2}、A_2 都要输入。

在输入过程中,最后一个输入的交点不能实时显示切线长、交点里程。因为切线长、交点里程是根据上一个交点和下一个交点综合运算出来的,只有输入下一个交点,才能计算并显示出切线长和交点里程。

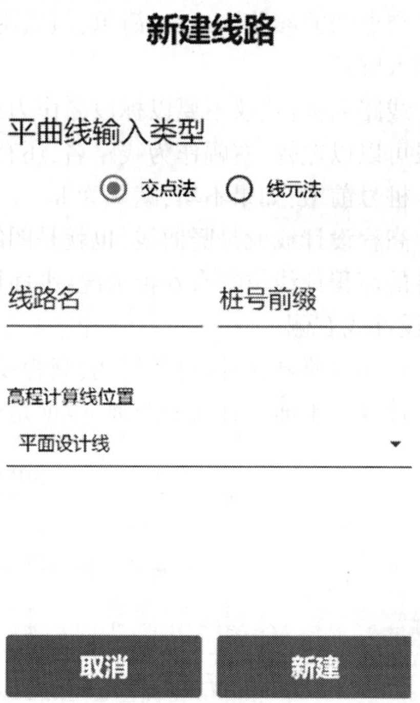

图 13-7　新建线路图

折线点

折线点是中间没有圆曲线,两端连接两条直线的点。如果交点半径为 0 一般就是折线点。

终点

终点必须在直线上或 ZH、HZ 点上。

(一)案例数据

交点法设置平曲线案例见图 13-8。

交点法输入平曲线							
起点		K140+104.092	N: 60895.424		E: 6154.298		
交点	JD14	K140+525.771	N: 61047.797	E: 5761.111	半径R: 1800	Ls1: 227.556	Ls2: 227.556
						A1: 640	A2: 640
交点	JD15	K141+384.441	N: 61610.506	E: 5104.238	半径R: 1700	Ls1: 218.882	Ls2: 218.882
						A1: 610	A2: 610
交点	JD16	K142+055.398	N: 61824.844	E: 4459.155	半径R: 2500	Lc:471.593	
交点	JD17	K142+650.736	N: 62115.86	E: 3938.185	半径R: 2000	Ls1: 231.2	Ls2: 231.2
						A1: 680	A2: 680
终点	EP	K142+901.656	N: 62181.458	E: 3693.219			

图 13-8　设置平面线案例

(二) 软件操作流程

在软件内选择“平曲线”,依次新建起始点、交点、终点,完成线路数据录入。起始点、终点必须录入,本数据案例交点需要录入 4 次,每个交点录入元素有:编号、半径(圆曲线半径)、交点北坐标、交点东坐标、入缓和曲线长度、出缓和曲线长度。数据录入界面见图 13-9。

图 13-9　数据录入界面

(三) 检核数据是否输入正确的方法

1. 交点里程的检查

(1) 查看计算的交点里程是否和设计要素表一致;

(2) 注意校正起点里程。

2. 逐桩坐标表检查

在程序界面点击【批量计算】,生成逐桩坐标表,与设计提供的图纸进行对比。

如果上述数据和图纸不一样,请认真检查数据输入是否正确;检查考虑是否包含不完整缓和曲线,请把 L_s、A 参数输入完整,观察软件提示或者使用公式 $A^2 = RL_s$ 检查是否包含不完整缓和曲线。

(四) 交点法导入格式

点击右上角的导入选项可以通过测量员 Excel 格式、测量员 txt 格式、道路之星数据界面导出的平面设计线 Excel 格式进行平曲线参数导入,省去手动输入的烦琐。

平曲线参数(交点法)导入格式如图 13-10 所示。

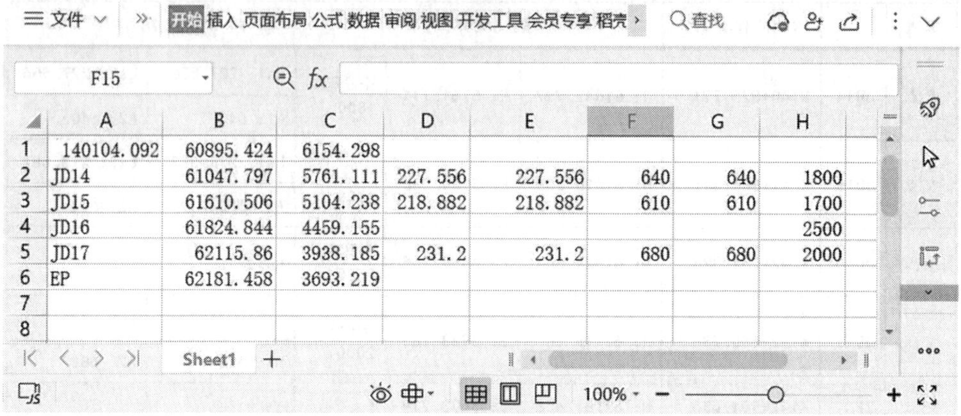

	A	B	C	D	E	F	G	H
1	140104.092	60895.424	6154.298					
2	JD14	61047.797	5761.111	227.556	227.556	640	640	1800
3	JD15	61610.506	5104.238	218.882	218.882	610	610	1700
4	JD16	61824.844	4459.155					2500
5	JD17	62115.86	3938.185	231.2	231.2	680	680	2000
6	EP	62181.458	3693.219					
7								
8								

图 13-10　数据录入格式

Excel(.xls/.xlsx)格式

起点桩号,起点 X 坐标,起点 Y 坐标

交点名,X 坐标,Y 坐标,Ls1,Ls2,A1,A2,R

交点名,X 坐标,Y 坐标,Ls1,Ls2,A1,A2,R

终点 X 坐标,终点 Y 坐标

文本(.txt)格式

起点桩号,起点 X 坐标,起点 Y 坐标

交点名,X 坐标,Y 坐标,Ls1,Ls2,A1,A2,R

交点名,X 坐标,Y 坐标,Ls1,Ls2,A1,A2,R

终点 X 坐标,终点 Y 坐标

交点法数据格式见图 13-11。

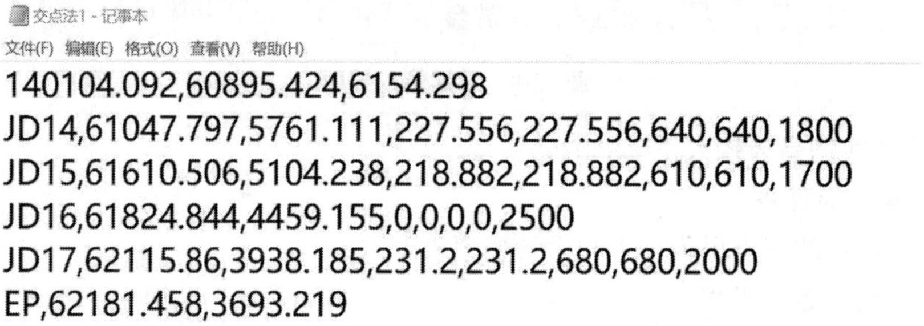

交点法1 - 记事本
文件(F) 编辑(E) 格式(O) 查看(V) 帮助(H)

140104.092,60895.424,6154.298
JD14,61047.797,5761.111,227.556,227.556,640,640,1800
JD15,61610.506,5104.238,218.882,218.882,610,610,1700
JD16,61824.844,4459.155,0,0,0,0,2500
JD17,62115.86,3938.185,231.2,231.2,680,680,2000
EP,62181.458,3693.219

图 13-11　交点法数据格式

五、线元法设置平曲线

(一)线元法输入一般平曲线

线元类型:直线段、圆曲线、入缓和曲线、出缓和曲线、不完整缓和曲线(卵形曲线)、直线段(坐标法)、圆曲线(坐标法)。

线元法参数:开始里程、结束里程、起始坐标、起始方位角、半径、转向。

当添加下一个线元的时候,软件会自动将上一线元的结束点作为下一线元的开始点,因此添加下一线元时,软件会自动显示起始里程、起始坐标、起始方位角,当然这些数据可以自己修改。有时候软件自动生成的起始坐标、起始方位角和图纸上稍微有差别,可以手动修改成和图纸一样的数据,这样便于减小累计误差,增大计算精度。

(二)数据检验方法

每输入一个线元,可以根据底部显示的终点坐标和终点切线方位角来判断上一线元的输入是否正确,有的图纸给的方位角数据较少,需要每隔几个线元才能检验方位角。

注意事项:

(1)桩号以实数形式输入,如 K1+234.567 输入 1234.567。

(2)本软件支持负桩号,只需在桩号前加负号。如-1234.567,代表在 K0+000 前 1 234.567 m 处,即为 K-1+234.567。

(三)案例

1. 案例 1

线元法设置平曲线案例数据如图 13-12 所示。

转角	第一缓和曲线起点		第一缓和曲线终点及圆曲线起点		圆曲线半径	第二缓和曲线起点及圆曲线终点		第二缓和曲线终点	
右19° 24′07.2″	桩	K140+104.092	桩	K140+331.648	1800	桩	K140+713.624	桩	K140+941.179
	N	60895.424	N	60982.087		N	61177.788	N	61322.131
	E	6154.298	E	5943.935		E	5616.734	E	5440.87
	方	291° 10′58.6″	方	294° 45′16.7″		方	306° 57′47.9″	方	310° 35′05.8″
左22° 12′18.4″	桩	K140+941.179	桩	K141+160.061	1700	桩	K141+600.018	桩	K141+818.9
	N	61322.131	N	61460.905		N	61676.828	N	61750.273
	E	5440.87	E	5271.656		E	4889.738	E	4683.589
	方	310° 35′05.8″	方	306° 53′47.1″		方	292° 04′06.1″	方	288°22′47.4″
右10° 48′29.2″	桩	K141+818.9	桩		2500	桩		桩	K142+290.493
	N	61750.273	N			N		N	61940.179
	E	683.589	E			E		E	4252.686
	方	288° 22′47.4″	方			方		方	299°11′16.6″
左14° 11′48.6″	桩	K142+290.493	桩	K142+521.693	2000	桩		桩	K142+901.656
	N	61940.179	N	62049.004		N		N	62181.458
	E	4252.686	E	4048.738		E		E	3693.219
	方	299° 11′16.6″	方	295° 52′34.5″		方		方	284° 59′28″

图 13-12　线元法设置平曲线案例数据

数据解算过程如下:

(1)新建线路,平曲线线路类型选择线元法;

(2)平曲线,新建类型有直线段、圆曲线、入缓和曲线、出缓和曲线、不完整缓和曲线;

(3)根据数据,第一步新建入缓和曲线,然后新建圆曲线,再新建出缓和曲线,见图 13-13;

(4)数据录入完成后进行检查。

平曲线参数录入见图 13-14。

2. 案例 2

线元法设置平曲线案例数据如图 13-15 所示。

数据解算流程如图 13-16 所示。

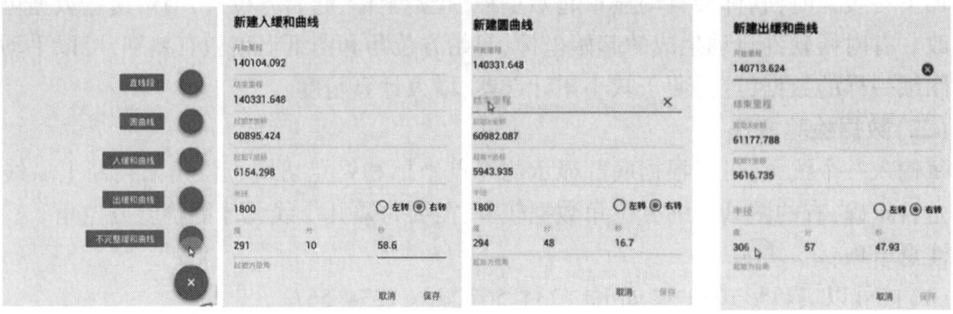

图 13-13　数据录入流程图

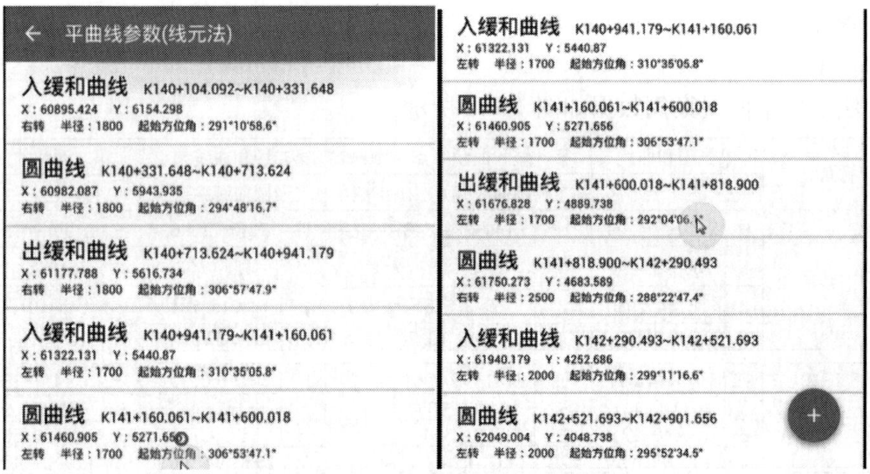

图 13-14　平曲线参数录入图

点号	交点坐标		交点桩号	转角值	曲线要素值(cm)						
	N (X)	E (Y)			半径	缓和曲线长度	缓和曲线参数	切线长度	曲线长度	外距	校正值
FD	3532762.86	36368100.134	K129+459.21								
JD129	3532385.04	36368182.114	K129+845.82	39° 53′30.5″ (Z)	600	160	309.839	298.338	577.746	40.178	18.93
JD130	3532021.89	36368649.176	K130+418.52	30° 42′04.5″ (Y)	812.45	140	337.258	293.292	575.342	31.1	11.242
JD131	3531199.04	36368972.193	K131+291.26	40° 59′28.5″ (Z)	600	150	300	299.517	574.259	42.107	20.319
						140	289.828	295.062			
JD132	3530846.57	36369647.101	K132+032.35	35° 04′38.7″ (Y)	600	140	289.828	260.373	512.33	30.784	12.773
						150	300	264.729			

点号	曲线主点桩号					直线长度及方向		
	第一缓和曲线起点	第一缓和曲线终点或圆曲线起点	曲线中点	第二缓和曲线起点或圆曲线	第二缓和曲线终点	直线段长(m)	交点间距(m)	计算方位角
FD								
JD129	K129+547.49	K129+707.49	K129+836.36	K129+965.23	K130+125.23	88.28	386.613	167° 45′27.7″
JD130	K130+125.23	K130+265.23	K130+412.90	K130+560.57	K130+700.57	0	591.63	127° 51′57.1″
JD131	K130+991.75	K131+141.75	K131+283.88	K131+426.01	K131+566.01	291.18	883.982	158° 34′01.7″
						205.97	761.405	117° 34′33.1″
JD132	K131+771.98	K131+911.98	K132+023.14	K132+134.31	K132+284.31			
						279.3	736.026	152° 39′41.8″

图 13-15　平曲线案例数据图

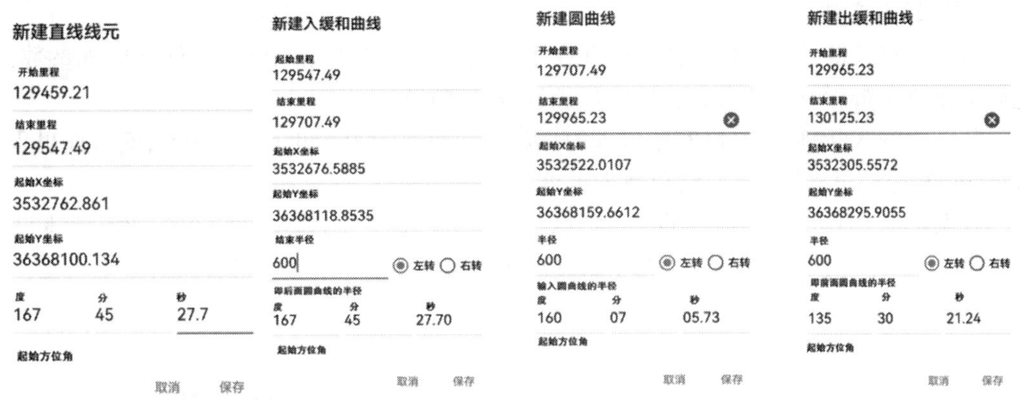

图 13-16　新建直线元素图

数据录入完成后，检查平曲线参数。在设置功能下还可以对缓和曲线计算方法进行修改。平曲线参数线元图见图 13-17。

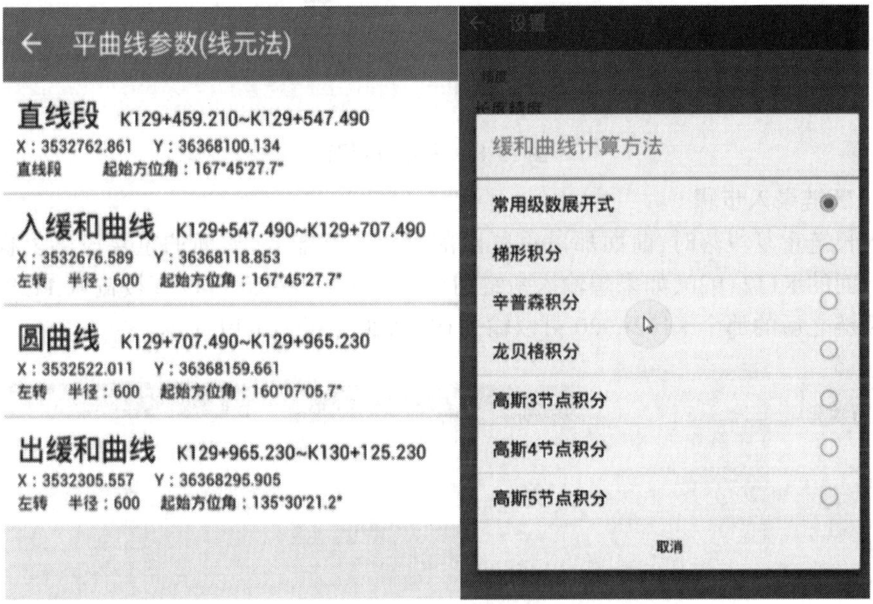

图 13-17　平曲线参数线元图

六、断链

（一）断链的定义

断链指的是因局部改线或分段测量等原因造成的桩号不连续的现象，其主要有两种情况：一种是前面桩号大于后面桩号，另一种是前面桩号小于后面桩号。

第一种，前面桩号大于后面桩号，比如：K112+943. 305 ＝ K112+900. 001，会发现桩号重复，这种情况，就称为长链，长多少呢？就是两桩号之差，43. 304 m。

第二种，前面桩号小于后面桩号，比如：K115+309. 227 ＝ K115+320. 001，会出现桩号有间断，这种情况，就称为短链，短的距离，同样是两桩号之差，10. 774 m。

总结成一句简短的话，就是：桩号重叠为长链，桩号间断为短链。

(二)输入方法

软件支持长链、短链,也支持同时存在多个断链。建议先输入断链再输入其他参数,避免后期更改断链影响其他参数,当然也可以后输入断链。

软件中输入断链时,是以实数输入的,例如 K1+234.000 = K1+238.000,断链前里程输入 1234,断链后里程输入 1238;负数表示负桩号。

在实际应用中,要特别注意长链,因为有桩号重叠,比如 K112+943.305 = K112+900.001,会出现两个 K112+920、两个 K112+940 重复的桩号,就一定要搞清楚哪个是断链点之前的,哪个是断链点之后的,如图 13-18 所示。

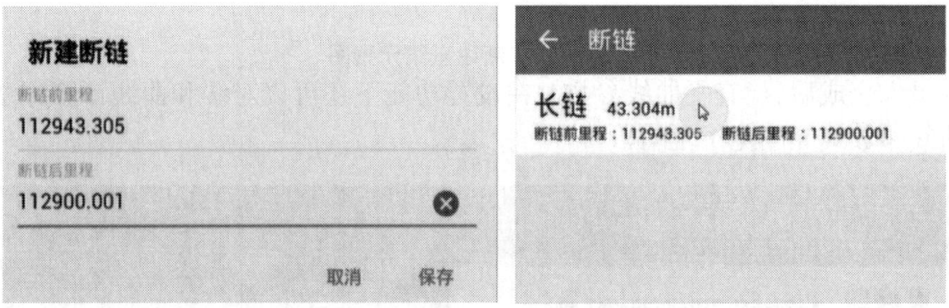

图 13-18 断链设置图

(三)断链录入步骤

输入长链重复段落时,前面那段重复段落里程正常输入,后面的重复段落里程前要加 0,例如上面的 K112+920,如果想输入断链前的那个 K112+920 可以直接输入 112920,如果想输入断链之后的那个 K112+920 可以输入 0112920,如图 13-19 所示。

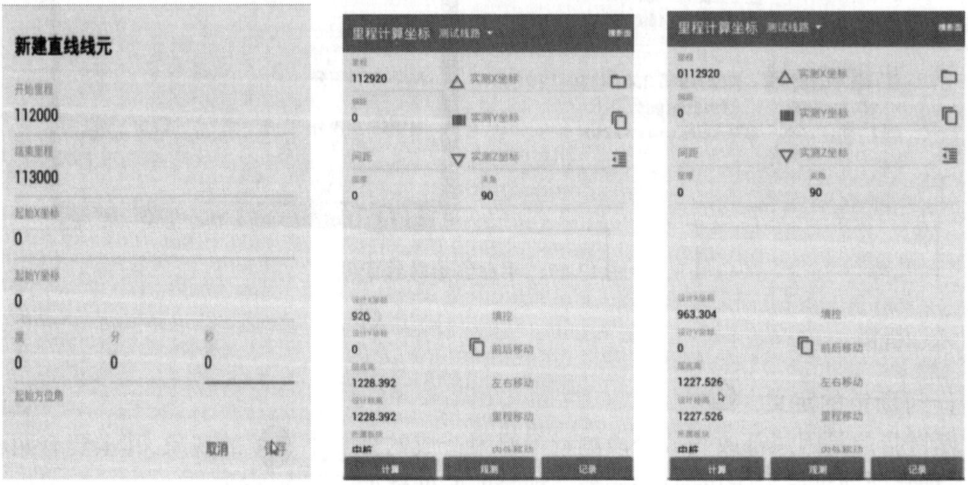

图 13-19 断链设计图

在例如平曲线、竖曲线、超高、加宽、断面里程匹配等需要输入其他包含里程的参数时,像有的竖曲线变坡点里程在长链重复段落的后面那段,输入变坡点里程时前面需要加 0。

任务二　竖曲线、横断面设计

一、竖曲线

(一)竖曲线输入步骤

竖曲线的输入步骤:先输入起始点、再输入变坡点或折线点,最后输入终点。

1. 起始点

起始点必须在直线上或变坡点上。

2. 变坡点

变坡点是竖曲线中坡度发生变化的地方。如果变坡点高于两侧点,竖曲线为凸型竖曲线;如果变坡点低于两侧点,竖曲线为凹型竖曲线。

用户只需要输入变坡点里程、高程、半径即可,其他参数软件会自动计算出来,例如前后坡度、切线长、外距、凸凹,这些不需要输入。

变坡点如果处于长链重复段落的后面段落,里程前要加0,例如0145784。

半径需要输入正数,软件会自动判断凸凹,不用通过半径判断凸凹。

3. 折线点

折线点是竖曲线中间没有抛物线,两端连接两条直线的点。在一般线路中很少遇到,如果变坡点半径为0,一般就是折线点。

4. 终点

终点必须在直线上或变坡点上。

(二)竖曲线数据复核方法

(1)观察软件自动生成的切线长和外距,与图纸对照。

(2)逐桩计算设计高程,与图纸对照。

(3)为什么计算变坡点里程处的高程和变坡点高程不一样?

因为计算的高程是竖曲线上的高程,这个高程和变坡点高程间相差一个外距,复核高程时请对比图纸中的设计标高,不要对比变坡点高程。

竖曲线要素计算见图13-20。

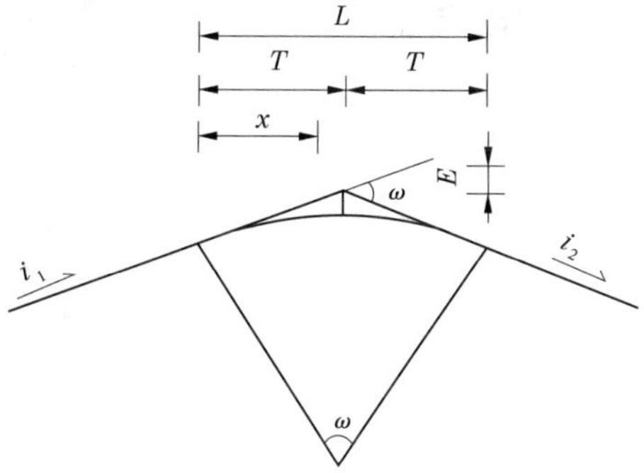

图13-20　竖曲线要素计算图

二、竖曲线计算方法

竖曲线的线形有用圆曲线的,也有用抛物线形的,如图13-21所示。通常在公路设计中,圆曲线和抛物线这两种线形的计算结果几乎没有差别,但在设计和计算上,抛物线则比圆曲线方便得多,因此设计上一般采用二次抛物线作为竖曲线。

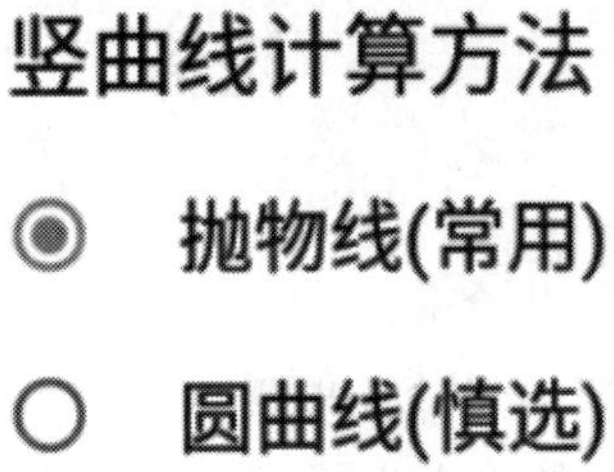

图13-21　竖曲线计算方法图

竖曲线原始数据如图13-22所示。

序号	桩号	高程	半径
1	K142+000	562.0	
2	K145+500	580	1000
3	K142+800	600	
4	K143+000	610	

图13-22

竖曲线计算流程如图13-23和图13-24所示。

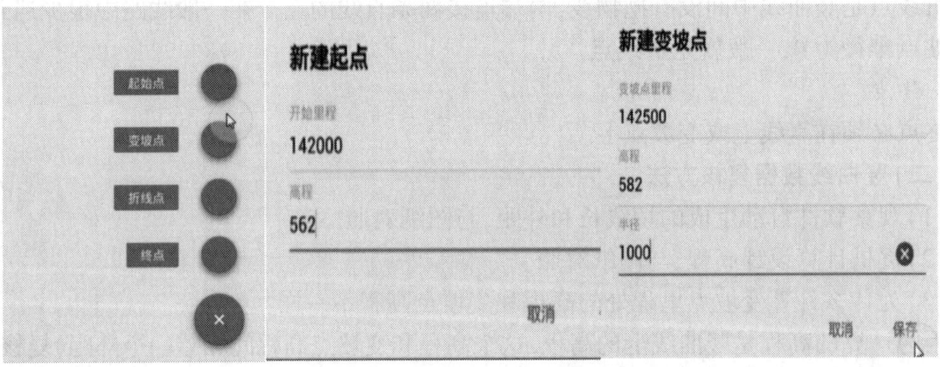

图13-23　竖曲线计算流程图(一)

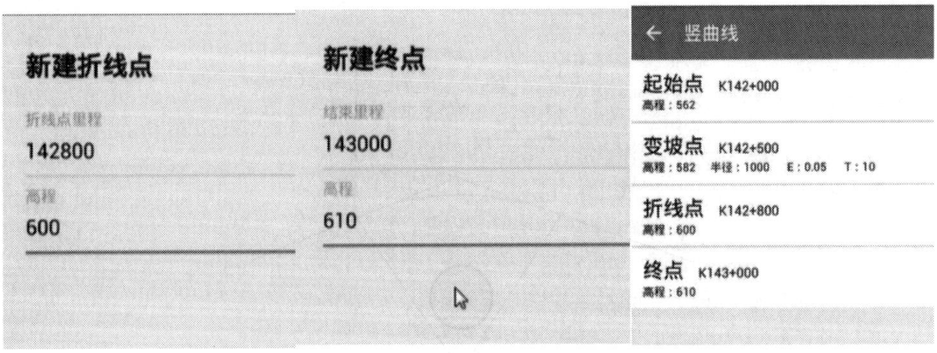

图13-24　竖曲线计算流程图(二)

三、案例

（一）案例数据

竖曲线案例数据见图 13-25。

序号	变坡点桩号	变坡点高程	竖曲线				纵坡		变坡点间距(m)	竖曲线间直线段长(m)
			凸半径(m)	凹半径(m)	切线长(m)	外距(m)	+	-		
1	K139+850	688.926						-2.000	750.000	140.000
2	K140+600	673.926	25000		250.000	1.250		-4.000	800.000	302.500
3	K141+400	641.926		22000	247.500	1.392		-1.750	700.000	242.500
4	K142+100	629.676		120000	210.000	0.184		-1.400	700.000	266.000
5	K142+800	619.876	28000		224.000	0.896		-3.000	1100.000	676.000
6	K143+900	586.876		80000	200.000	0.250				

图 13-25

（二）数据录入后的信息

数据录入后（见图 13-26），进行检核，在里程计算坐标功能下，检查里程坐标。

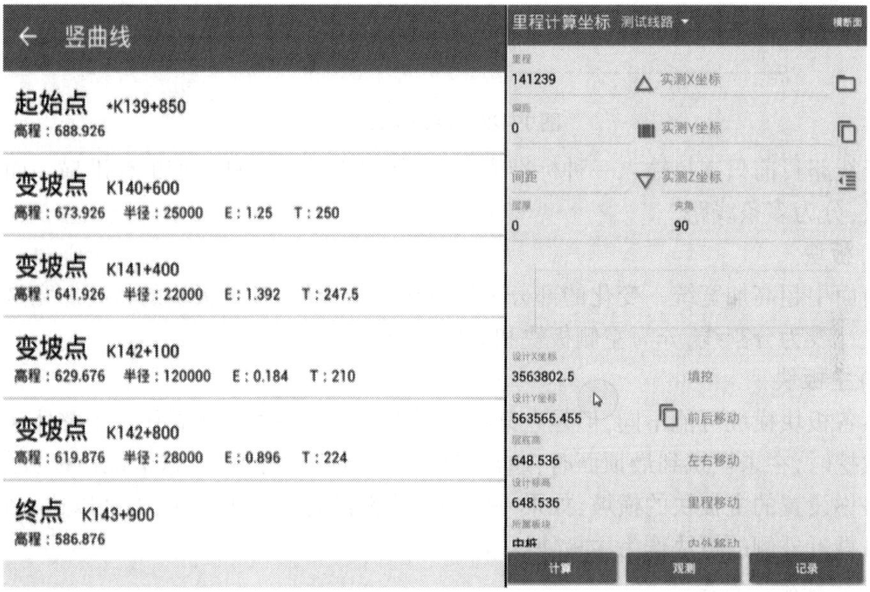

图 13-26　数据录入图

（三）竖曲线导入格式

右上角的导入选项可以直接通过测量员 Excel 格式、测量员 txt 格式、道路之星数据界面导出的纵断面设计线 Excel 格式进行竖曲线参数导入，省去手动输入的烦琐。

竖曲线参数导入格式（见图 13-27）：

	A	B	C	D
1	36250	296.212		
2	36550	295.612	3000	
3	37150	280.462	5000	
4	38150	274.462	5000	
5	39400	274.462		
6				

图 13-27　竖曲线数据文件格式图

测量员 Excel(. xls/. xlsx)格式
开始里程,高程
变坡点里程,高程,半径(折线点不输入半径)
结束里程,高程

四、标准横断面

标准横断面是明确规定了断面路幅内行车道、人行道、路肩等各组成部分的位置和宽度,以及路面横坡等信息的横断面,如图 13-28 所示。

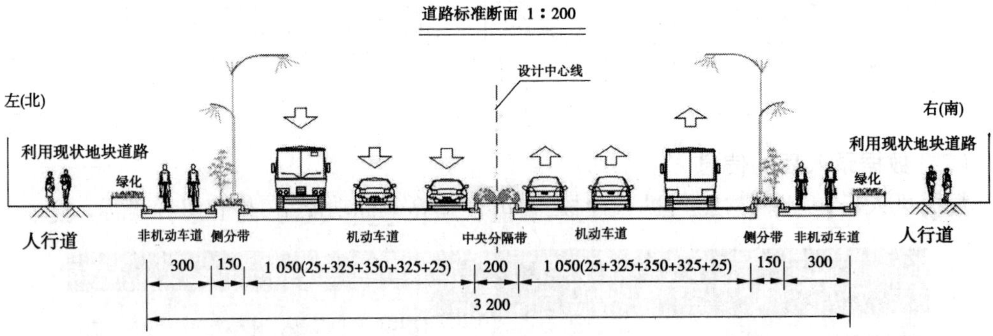

图 13-28　道路标准断面

一条线路目前只支持输入一种标准横断面,如果设计有多种类型的标准横断面,建议把线路分段,分为多条线路。

(一)板块

横断面中超高加宽统一变化的部分可以看作一个板块,各个板块的超高加宽是独立的。以平面设计线为分割线,分为左侧板块和右侧板块。

(二)主板块

虽然各板块横坡可能不同,但是在某些情况下可以将一侧板块看作一个整体来放样,例如路基填挖时,在未填筑到最顶面时,通常采用统一横坡进行填挖,这个统一横坡怎么确定呢?就是你设置的主板块的横坡,如果一侧的板块都没有勾选主板块,那么以这一侧标准宽度最长且靠近外侧的板块作为主板块。

(三)板块标准宽度

在没有应用加宽的情况下,板块的默认宽度。

(四)板块标准横坡

在没有应用超高的情况下,标准横坡就是板块的默认横坡。软件规定:横坡从设计线向两侧下坡为负,上坡为正。这与轻松测量、道路之星相同。

(五)高差(道牙)

高差是指下一个板块与上一板块之间的高差(道牙、路缘石的高度)。

(六)镜像

将一侧板块复制到另一侧,减少输入量。

五、市政Ⅰ型

市政Ⅰ型图如图 13-29 所示。

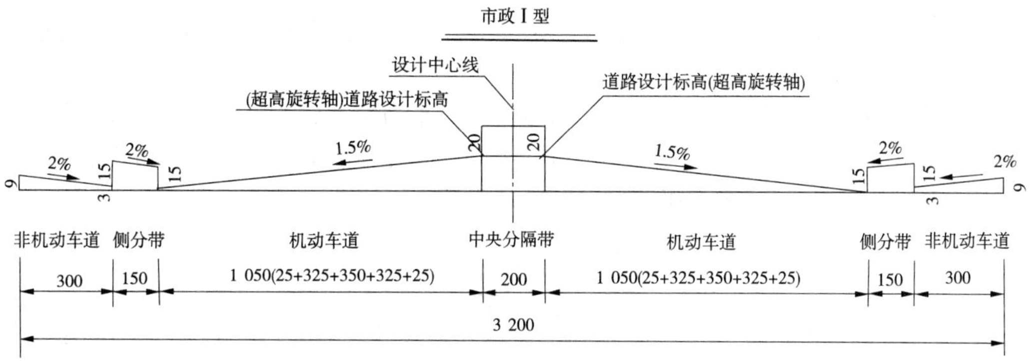

图 13-29　市政Ⅰ型图

设计标高和设计中线间(包含设计标高处)不要设置与上板块高差,如果需要可以在放样时使用负层厚来实现。设计操作步骤图如图 13-30、图 13-31 所示。

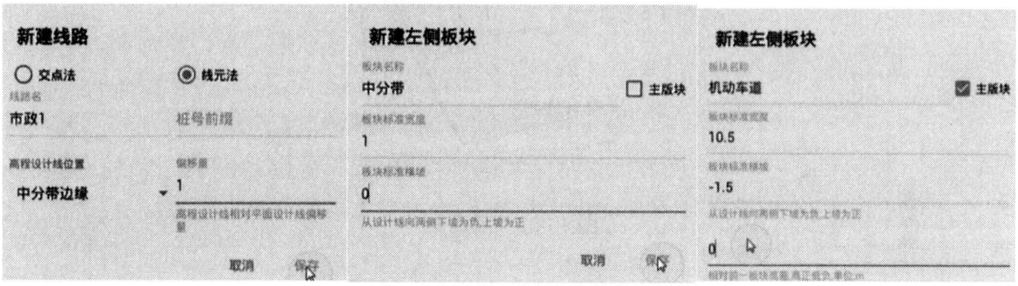

图 13-30　设计操作步骤图(一)

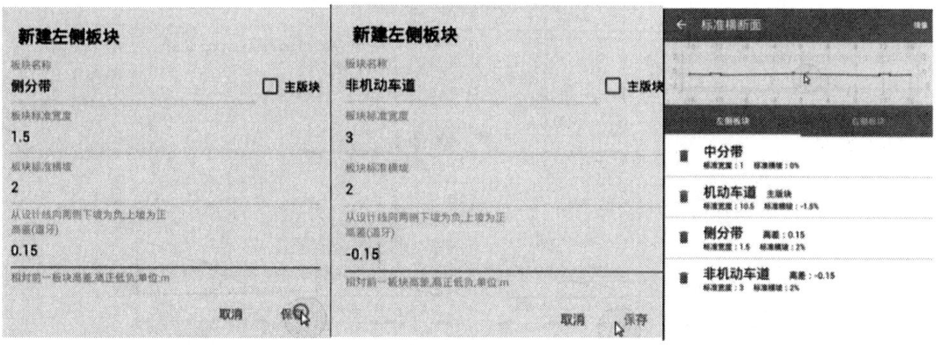

图 13-31　设计操作步骤图(二)

左侧录入完成后,右侧板块可以采用镜像功能完成。

任务三　超高、加宽设计

超高就是为了让汽车在曲线上行驶时能够获得一个指向曲线内侧的横向分力,以克服离心力对行车的影响。超高简单来说就是线路转弯时,一侧抬高或一侧降低来克服离心力,表现在软件中就是横坡的变化。

圆曲线上所产生的离心力是常数,超高横坡度应是与圆曲线半径相适应的全超高。而在缓和曲线上曲率是变化的,其离心力也是变化的,因此在缓和曲线上应是逐渐变化的超高,如图 13-32 所示,超高横断面图如图 13-33 所示。

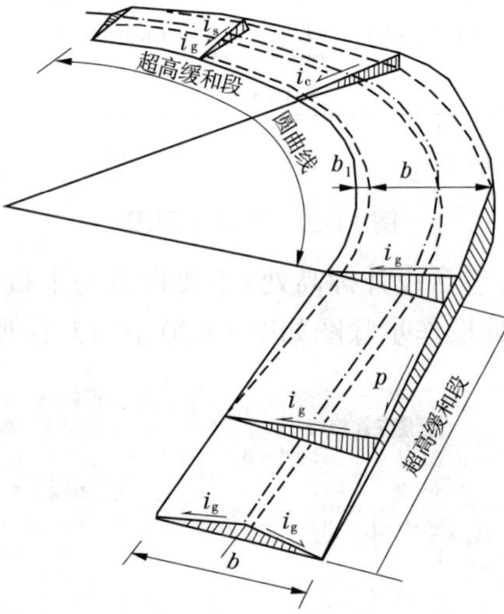

图 13-32　超高图

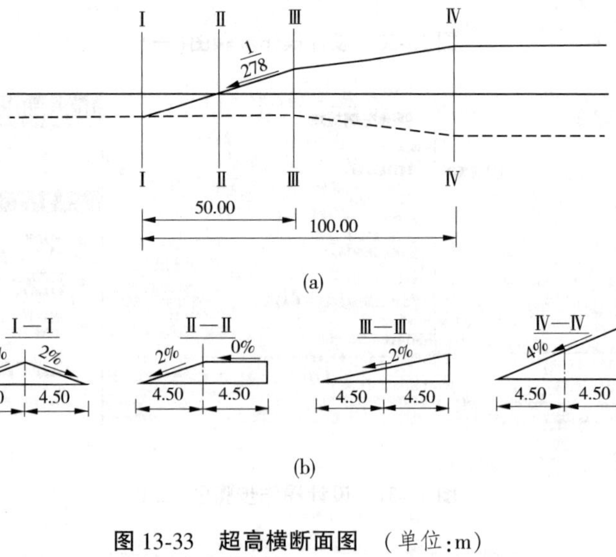

图 13-33　超高横断面图　(单位:m)

水平基线代表路中心线,并认为基线的路面横坡度为 0。

实线代表路线前进方向的右侧路面边缘线，虚线表示左侧路面边缘线，若高于水平基线，代表路面边缘高于路中线，反之低于路中线。实线、虚线到水平基线的距离代表横坡的大小。上述方法不代表所有图纸，但是类似，有可能是实线、虚线代表的左右侧相反。还有些图纸直接给出了两条实线分别代表左右侧的横坡值。在没有超高变化表的情况下，可以通过纵断面图中的超高设计图来提取里程与横坡，输入后记得复核并及时更正。

一、超高输入方法

首先需要提取超高变化点数据，所谓超高变化点，就是前后横坡不相等、横坡发生变化的点。

(一)超高变化点提取方法

(1)通过横坡变化表提取。

(2)通过纵断面图中超高设计图提取。

(二)渐变方式

渐变方式支持线性渐变、三次抛物线渐变。设计说明中一般会明确说明超高变化方式。

(三)超高计算规则

在程序计算时，先确定所求板块，然后将待计算的桩号与该板块的变化点桩号逐个比较，存在以下几种情况：

(1)没有相应板块的数据，取该板块标准横断面的标准横坡；

(2)在第一个超高变化点桩号之前，取第一个超高变化点的横坡；

(3)在最后一个超高变化点之后，取最后一个超高变化点的横坡；

(4)在两个超高变化点之间，按前一个超高变化点定义的渐变方式，根据里程和两个超高变化点计算横坡。

(四)超高导入方式

如果线路长，超高变化复杂，可以将超高数据编辑成 txt 文本，导入测量员电脑版，然后同步至手机。如果导入失败，建议检查是否存在里程重叠。

二、超高案例

整体式路基横坡如图 13-34 所示，从横坡变化中提取超高数据。

段落起点	段落终点	左幅/%	右幅/%
K140+620.000	K140+861.179	-2.000	-2.000
K141+021.179	K141+600.180	2.000	2.000
K141+720.000	K142+360.000	2.000	-2.000
K142+521.693	K142+901.656	2.000	2.000

图 13-34

此路基横坡规定为：路基横断面从左至右，上坡为正，下坡为负。

软件中横坡规定：从设计线向两侧，下坡为负，上坡为正。

所以在软件录入中，左幅比例，正负调换。

横断面板块录入完成后,选择“超高”功能,在行车道上进行超高设置,首先设置左幅里程为 K140+620 的超高,由于软件与案例坡度变化设定不一致,所以横坡进行换号为+2%。

案例中超高渐变方式为三次抛物线方式。超高设计数据录入见图 13-35。

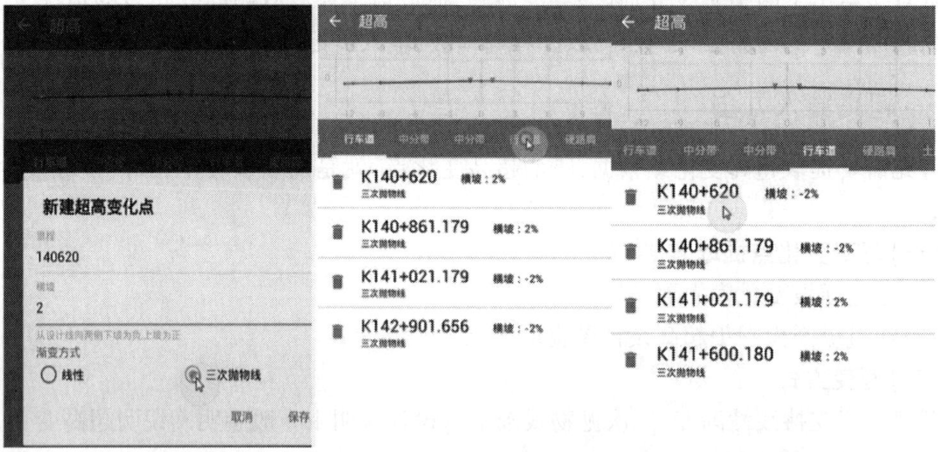

图 13-35　超高设计数据录入图

三、加宽设计形式

(一)转弯加宽

汽车在曲线行驶时,后车轮轨迹半径比前车轮轨迹半径小,而在直线上行驶时,前后轮轨迹重合,汽车在曲线上行驶时所需宽度比直线上大,因此需要对线路曲线段进行加宽,如图 13-36 所示。

(二)紧急停车带加宽

公路、隧道上布置的紧急停车带存在加宽,此处的道路宽度比正常的道路宽度大,如图 13-37 所示。

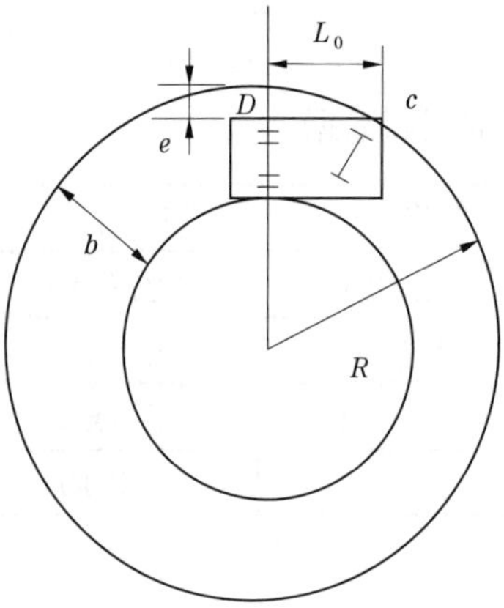

图 13-36　汽车加宽设计图

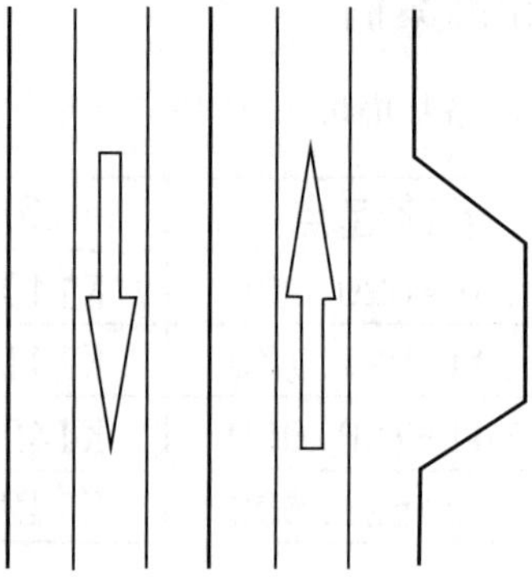

图 13-37　停车带加宽图

(三)线路分离加宽

在一些线路分离处,如匝道、线路交会处,分离之前或者会合之后,线路宽度会发生变化,以便线路平滑的顺接。

四、加宽输入方法

首先从图纸中提取加宽变化点数据,所谓加宽变化点(简称变化点),就是前后宽度不相等、宽度发生变化的点。加宽变化点里的宽度为原宽度与加宽值的和,即加宽变化点宽度=原宽度+加宽值。

(一)渐变方式

渐变方式支持线性渐变、三次抛物线渐变、四次抛物线渐变。

(二)加宽计算规则

在程序计算时,先确定所求板块,然后将待计算的桩号与该板块的变化点桩号逐个比较,存在以下几种情况:

(1)没有相应板块的加宽数据,取该板块标准横断面的标准宽度;

(2)在第一个变化点桩号之前,取第一个变化点的宽度;

(3)在最后一个变化点之后,取最后一个变化点的宽度;

(4)在两个变化点之间,根据里程和两个变化点宽度,按前一个变化点定义的渐变方式计算所求宽度。

(三)加宽导入方式

如果线路长,加宽变化复杂,可以将加宽数据编辑成 txt 文本,导入测量员电脑版(见图 13-38),然后同步至手机。如果导入失败,建议检查是否存在里程重叠。

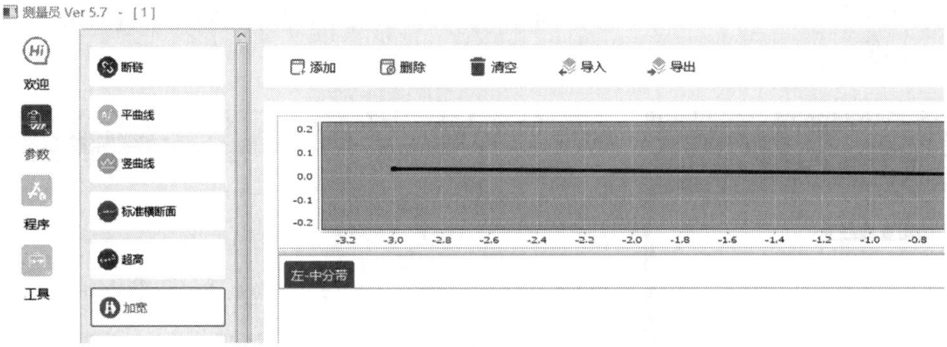

图 13-38　加宽导入图

五、加宽案例

如图 13-39 所示为加宽案例数据图。

具体数据录入流程如下:

(1)设计标准横断面,左幅设计 3 个板块,右幅设计 3 个板块。加宽变化点在右幅板块 3 处。

(2)选择“加宽”功能,新建加宽变化点,分析图纸可以看出,加宽变化点有四个,如图 13-40 所示。

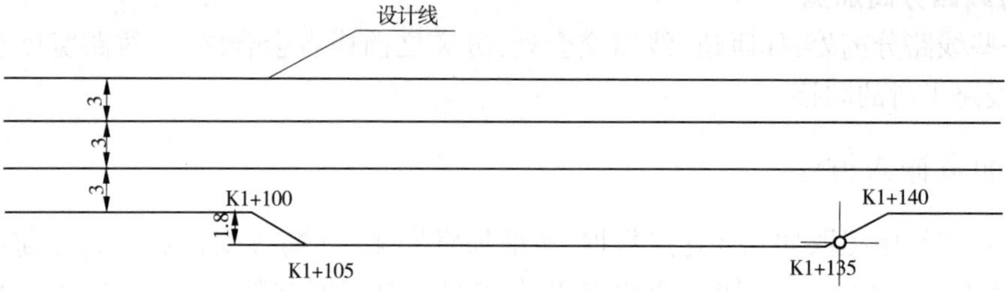

图 13-39　加宽案例数据图

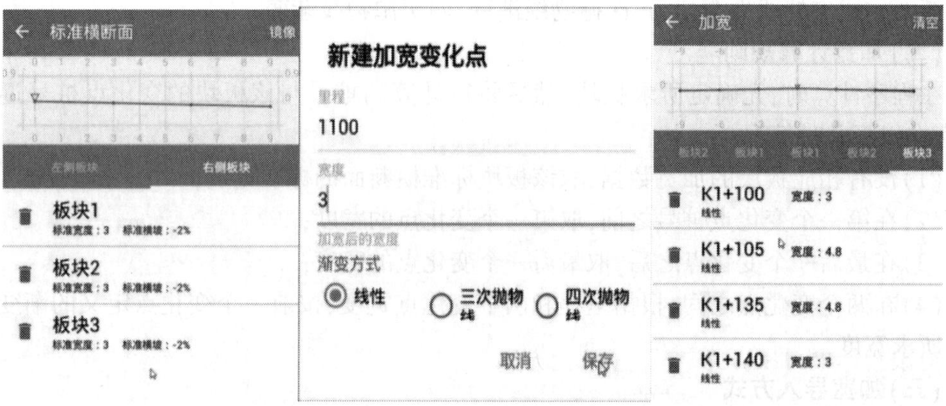

图 13-40　加宽数据录入图

(3)检核,新建一个线元,里程由 0 变化到 10 000,然后在“里程计算坐标”功能下进行计算,首先验证里程桩为 K1+000,偏距录入 8(距设计线的距离),然后点击【计算】按钮,查看所属板块宽度为 3,如图 13-41 所示。

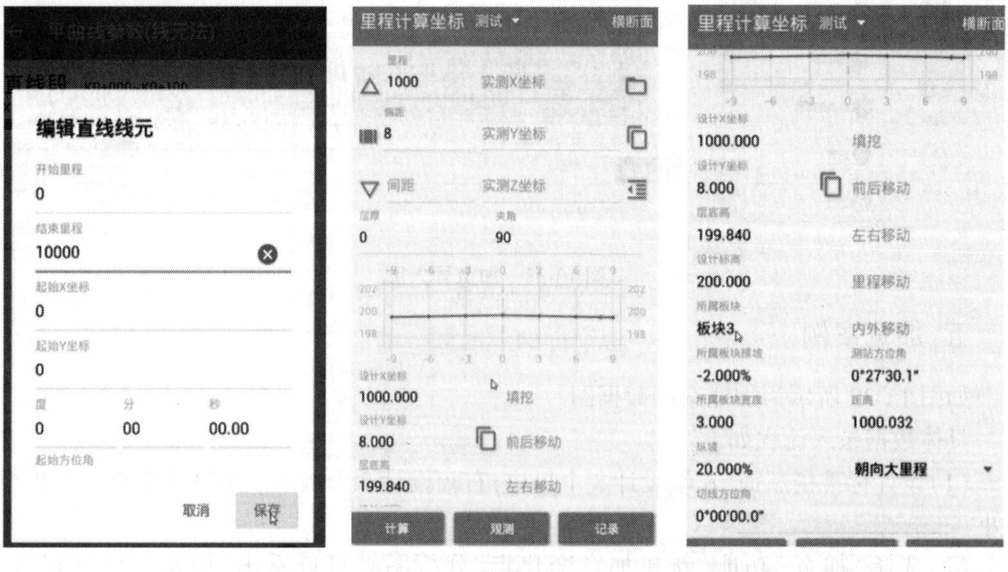

图 13-41　里程计算坐标图

(4)验证里程为 K1+104,所属板块宽度变为 4.44。

(5)计算边桩,选择偏距旁按钮,选择“右板块 3 边桩(9)”,如图 13-42 所示。

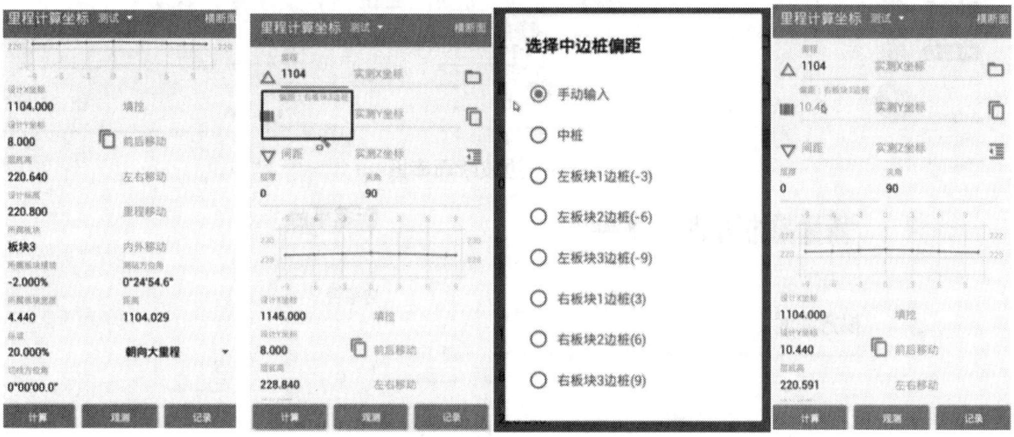

图 13-42　边桩计算图

任务四　边坡断面库、墩台模板设计

边坡大体上可以分为填方边坡、挖方边坡。填方边坡的坡面、平台比路基边缘低,由路基一层层填筑而成;挖方边坡的坡面、平台比路基边缘高,由开挖土石方而成。

边坡大致由边沟、坡面、平台组成。挡土墙也可以当作边坡来放样。

一、边坡断面库手动输入边坡

点击右下角【新建】按钮,输入易于区别的断面名称和水平、竖向偏移量,点击【保存】并继续,输入边坡断面参数。

水平偏移量和竖向偏移量是指输入的边坡断面起点和路面边缘的水平距离和竖向距离。例如挖方断面,如果输入的边坡断面包含侧沟,且直接连接路面边缘,两个偏移量输入 0 即可。

边坡断面以路基最外侧板块边缘作为起算点,以相对起算点偏距、高差作为坐标数据,由内向外,以边沟、坡面、平台为元素,前后衔接组成。

边坡断面只需要编辑右幅断面即可,如计算时遇到左幅断面,软件会自动将断面镜像,并应用到左幅。

软件操作流程如下:

(1)选择“边坡断面库”,新建填方边坡,录入边坡断面名称。按设计数据,依次录入坡面、平台、坡面、平台,如图 13-43 所示。

(2)新建挖方边坡,依次新建边沟、碎落台、坡面、平台、坡面,如图 13-44、图 13-45 所示。

(3)录入完成后界面如图 13-46 所示。

二、边坡断面导入边坡 CAD 图

除了手动编辑边坡断面的各个元素,还可以导入 DXF 格式的 CAD 图,但导入的断面无

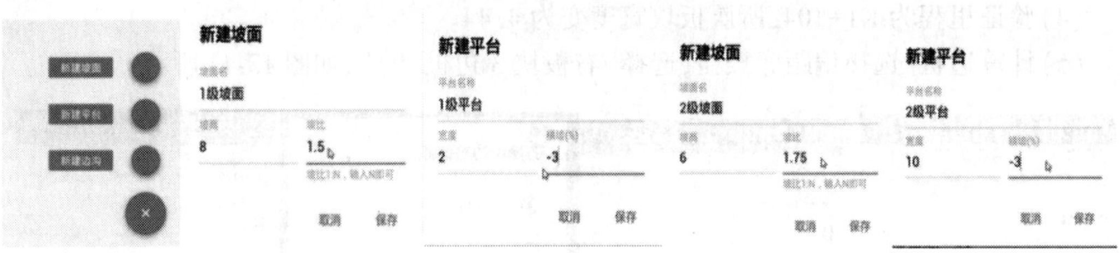

图 13-43　边坡断面库图

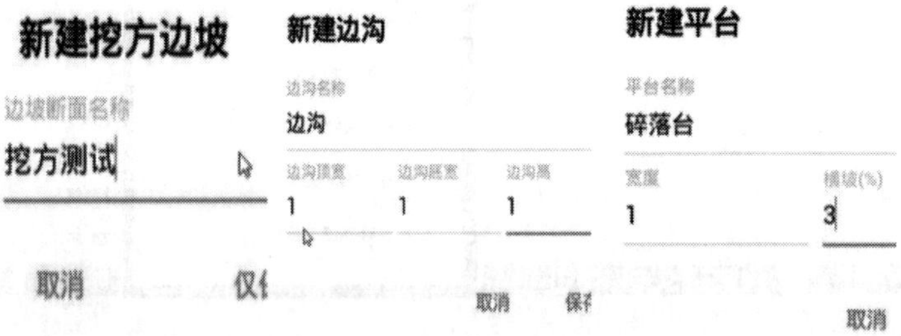

图 13-44　新建挖方边坡图(一)

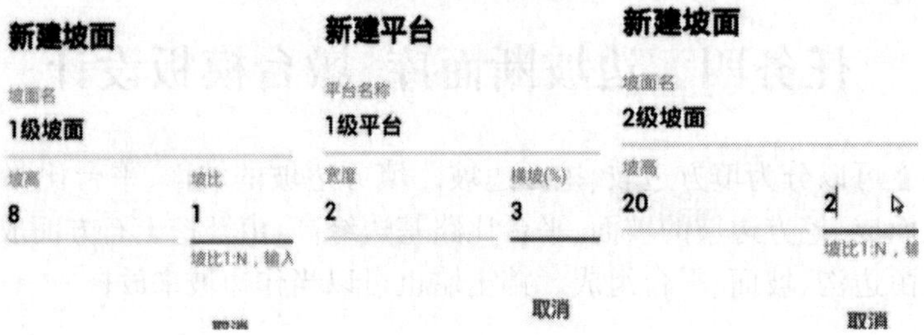

图 13-45　新建挖方边坡图(二)

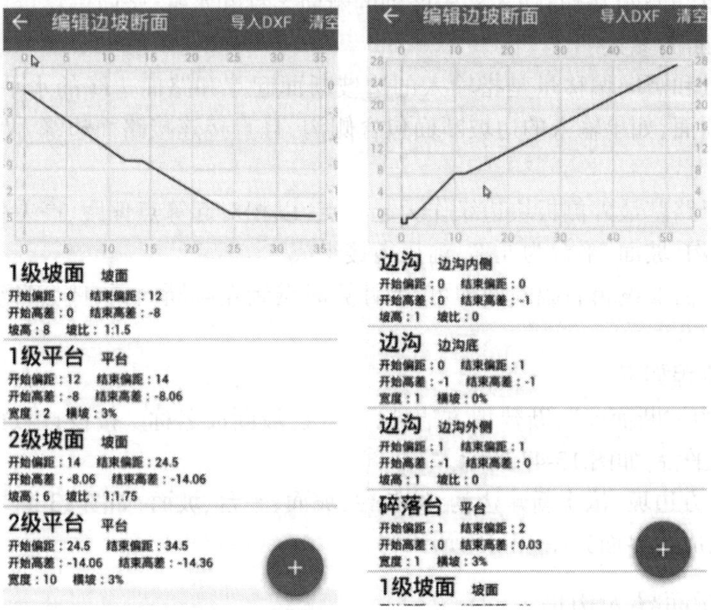

图 13-46　编辑边坡断面图(一)

法再次编辑,请在 CAD 中编辑完成后再导入。挡墙使用导入 CAD 图的方法编辑。软件可以直接导入 CAD 断面图,但是导入之前需要对 CAD 图进行一些处理,具体步骤如下:

(1)确定 CAD 图坐标系是世界坐标系(WCS),CAD 坐标系默认是世界坐标系,如果不是 WCS,执行下面的命令来修正:输入命令:ucs,回车-->选择世界(W),即输入 W,回车。

(2)只需要编辑右幅边坡断面,如果 CAD 中断面图是左幅的,请镜像到右侧。将断面图以边坡起点为基点,移动至 CAD 坐标系原点(0,0)的位置。

(3)选中所有多段线执行炸开操作。

(4)将断面图另存为 DXF 格式,并复制到手机中。

(5)点击断面元素编辑页面右上角的 dxf 按钮,找到断面图,点击并导入后软件会提示找到的线元的长度,根据线元的长度大小与实际情况换算缩放比例。例如,平台的宽度是 2 m,图纸上量得的长度是 200,可以输入缩放前:200,缩放后 2(输入 100:1 也可以),这样导入后就是真实宽度了。

三、边坡断面导入 DXF

导入边坡断面无法进行个别元素的删除操作。

挡土墙只能采用导入的方法进行编辑(见图 13-47),挡土墙在导入前要将左侧图镜像为右侧图。

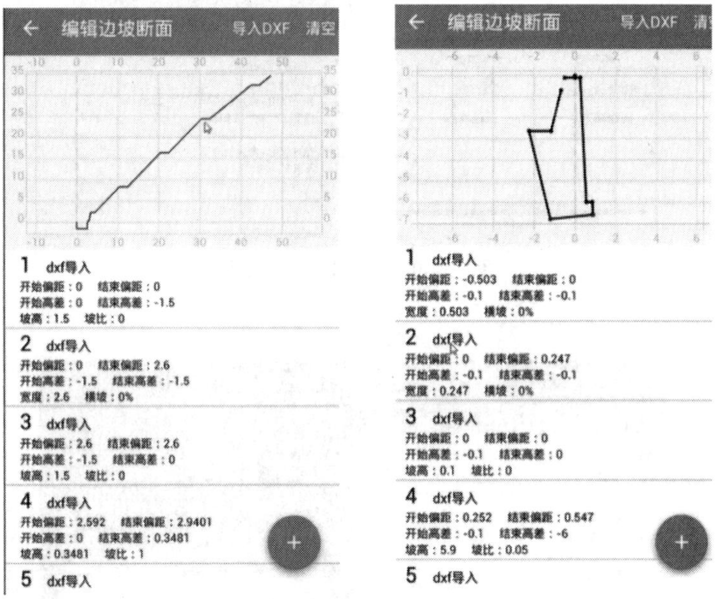

图 13-47　编辑边坡断面图((二)

边坡数据编辑完成后,可以使用边坡数据进行放样,功能有两种:一种是常规边坡放样,另一种是自由边坡放样。常规边坡放样数据依据线路,选择放样的边坡是自动、左幅、右幅 3 种选择。

(1)边坡断面如果是填方边坡断面,则选择填方测试;如果是挖方断面,则选择挖方测试;如果不确定是填还是挖,则如图 13-48 所示,全面选中。

(2)断面朝向指测量员在实地操作仪器时,是面朝向线路前进方向还是后退方向。

(3)复制测量数据,则计算出当前仪器需要左右移动和上下移动的数据。

(4)如果需要查看到特征点或坡角线,可以选择界面右侧三个点,会显示“特征点、坡面”。

在边坡匹配过程中如果想知道仪器当前所在位置是什么样类型的边坡,还需要完成边坡匹配,如图 13-49 所示。

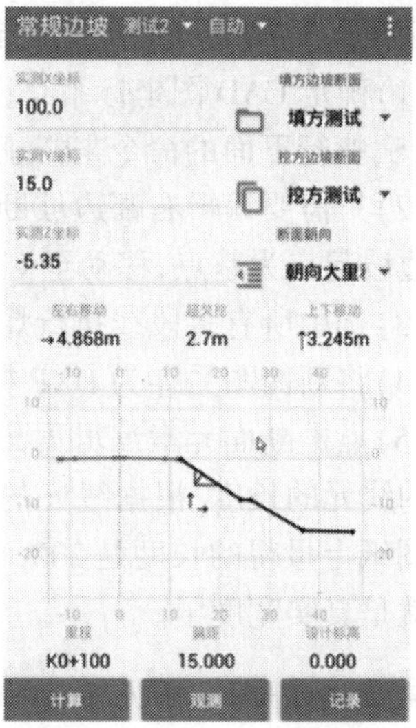

图 13-48　常规边坡图

四、墩台模板库

墩台模板库是指输入具有固定特征点的结构物模板,例如桥梁桩基、承台、墩身、盖梁、桥台和涵洞角点等。在【桥梁布置】里面调用这些结构物模板,然后通过【程序】→【桥梁放样】放样结构物在线路上的真实位置。

进入墩台模板库界面,点击右下角的+号,新建墩台模板,如图 13-50 所示。

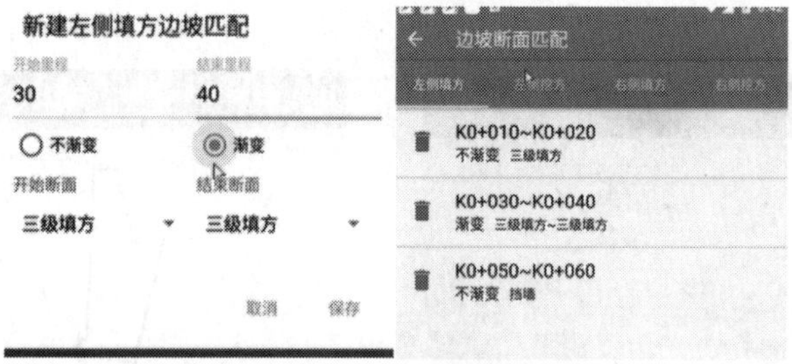

图 13-49　新建边坡匹配图

图 13-50　墩台模板库图

新建墩台模板时，模板名称建议尽量短，但又能体现出与其他模板的区别，例如 14×6 m 承台、23#涵洞。

任务五　桥梁涵洞设计

一、桥梁

桥梁结构物多为矩形，夹角建议保持默认 90°，如果为斜交，可以在【桥梁和布置】里面输入斜交角度。

墩台布置选择正做，点击【保存】，进入【特征点】界面。

在【特征点】界面点击右下角的+号，特征点有圆柱、角点两种类型，圆柱适用于桩基，承台、墩身、盖梁、桥台等结构物轮廓可以选择角点。

以桩基输入为例，在设计提供的“桥墩构造图”里找到平面图，确定桩基之间的位置关系，为 6×5 m，那特征点输入如图 13-51 所示。

如果为对称图形，可以勾选镜像，沿横纵轴镜像复制。点击某一个特征点，可以修改点名方便区分放样，也可以左滑进行删除。

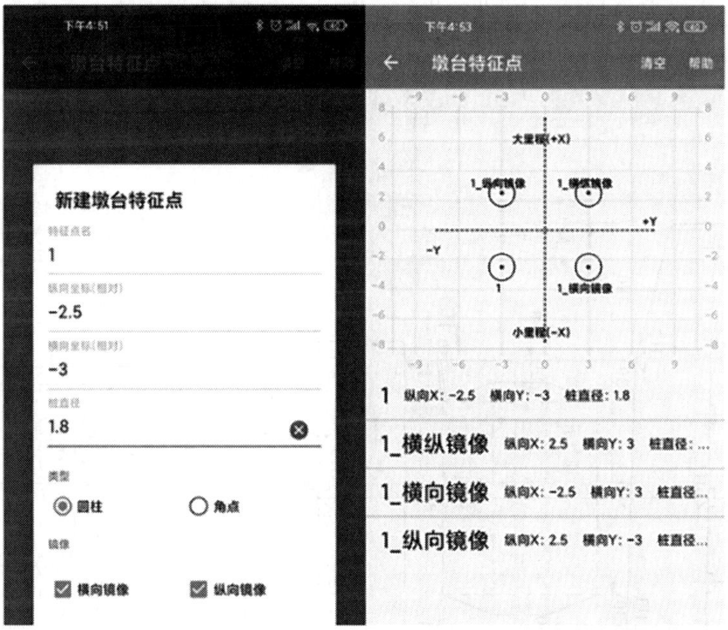

图 13-51　新建墩台图

承台、墩身和盖梁的输入方法和桩基相同，只需要将特征点类型改为角点，确定轮廓尺寸进行输入就可以了，如图 13-52 所示。

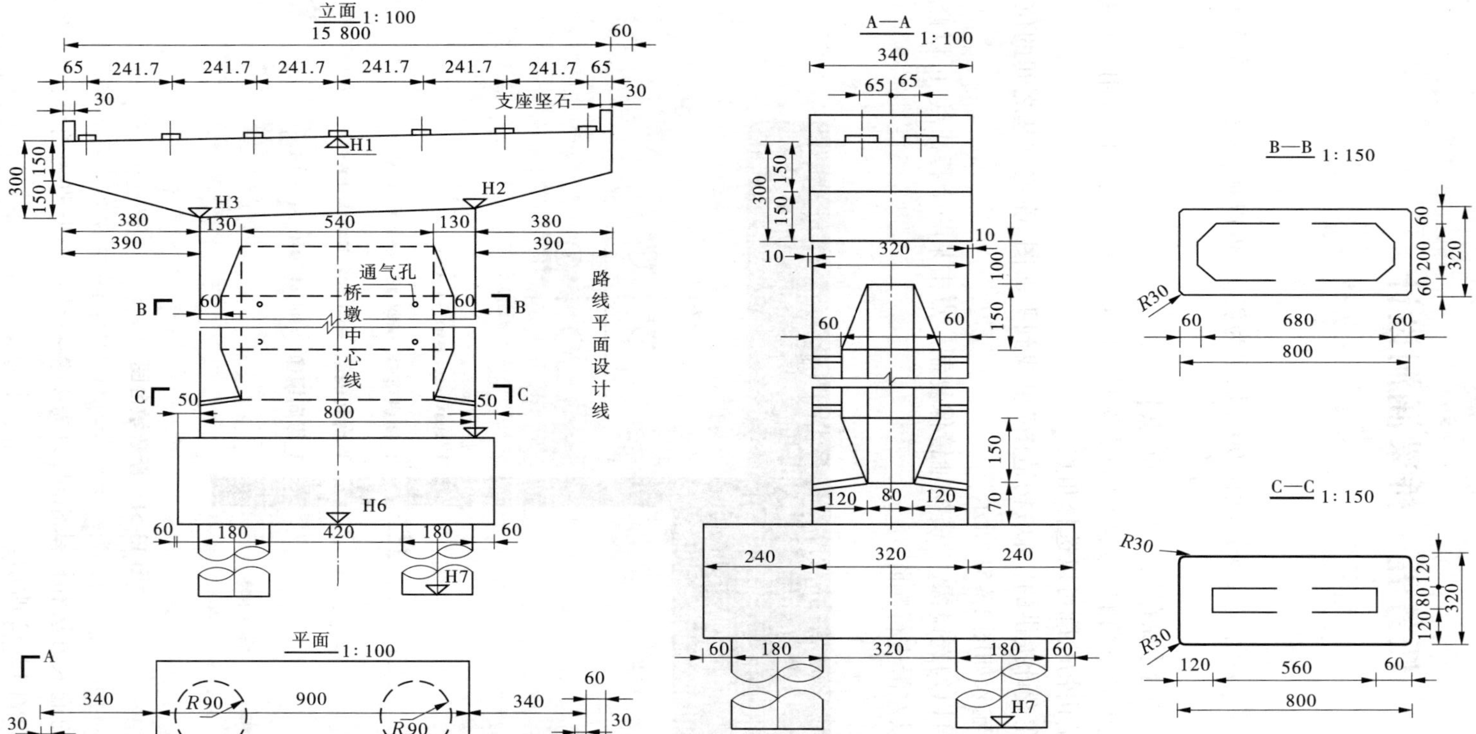

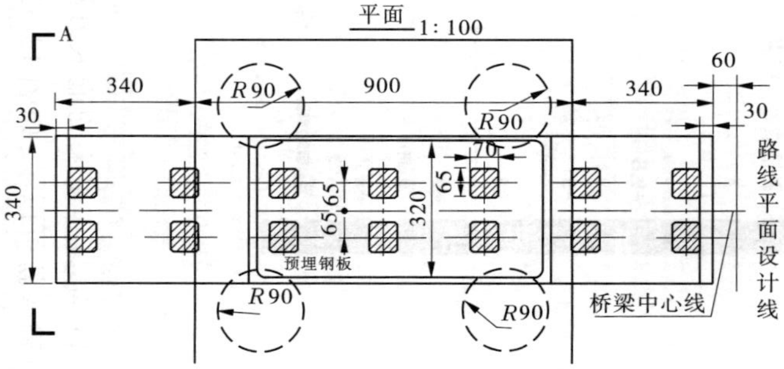

注：1.本图尺寸均以cm计。
2.结构外露锐角部位应做成3 cm×3 cm倒角。
3.横坡由墩柱变高来调整，注意横坡方向。
4.盖梁横坡和桥面横坡相同，是以靠近路线设计线内侧高外侧低为正，反之为负。
5.本桥墩为固结墩，墩梁固结外露板厚为15 mm。
6.本桥按嵌岩桩设计的桩基进入中风化岩层深度不小于2.0D。
7.施工时注意，若实际地质情况与设计采用不符，应通知相关单位，调整基装设计。
8.桥墩施工前应核查设计标高、基桩坐标无误后方可放样、施工。

图 13-52 桥墩构造图

二、涵洞设计

(一)正交涵洞

正交涵洞的模板输入和上面桥梁结构物的输入方法相同,夹角保持默认 90°,墩台布置选择正做,点击【保存】,进入【特征点】界面。输入涵洞两侧 4 个角点的位置就可以了。

(二)斜交(斜做)涵洞

斜交涵洞分为斜交正做和斜交斜做。斜交正做的输入方法和正交涵洞相同,角点布置方法分为正做、斜做垂距、斜做斜距,具体见图 13-53,垂距和斜距的区别在于输入墩台特征点纵向坐标时的量距方式不同,垂距指特征点到横轴的距离是垂距如图 13-53(b)中的 4. 33,斜距是指特征点到横轴的距离是斜距,如图 13-53(c)中的 5. 0。

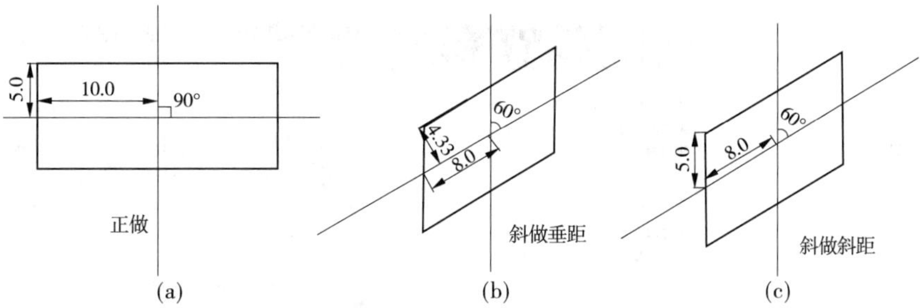

图 13-53 涵洞设计图

(三)墩台特征点

墩台特征点的难点在于不同类型横向坐标和纵向坐标的输入,坐标左负右正、上正下负。下面给出几个案例。

(1)正做时横向和纵向比较好理解,比如图 13-53(a)中,左上角的点的横向坐标输入 -10,纵向坐标输入 5。

(2)如果墩台模板里选的是斜交垂距,那么输入图 13-53(b)中左上角的点时,横坐标输入-8,纵坐标输入 4. 33,垂距的意思就是角点到横轴的垂距。

(3)如果墩台模板里选的是斜交斜距,那么输入图 13-53(c)中左上角的点时,横坐标输入-8,纵坐标输入 5,斜距的意思就是角点到横轴的斜距。

三、设计案例

桥梁墩台设计线垂直方向一排 4 个墩台,左侧 2 个、右侧 2 个。第一个桩台距设计线 9. 55 m(圆柱中心线至设计线的距离),第二个桩台距设计线 2. 95 m。桩为直径为 1. 5 m 的圆柱,如 13-54 所示。

桩柱有里程和偏距,里程在平面图上查看。

打开“墩台模板”功能,点击新建墩台模板,输入墩台模板名称,夹角和布置方法。夹角指模板与线路的夹角。

墩台模板建成后,选择“桥梁布置”,新建桥梁,新建墩布置,录入墩名称,墩台模板选择前面建的“单排 4 柱”;轴线桩号录入里程桩;轴线夹角录入 90;墩轴线偏移录入 0;高程为设计高;先偏移后旋转,先旋转后偏移,如图 13-55 所示。其一般适用于墩台与设计线有夹角的情况。

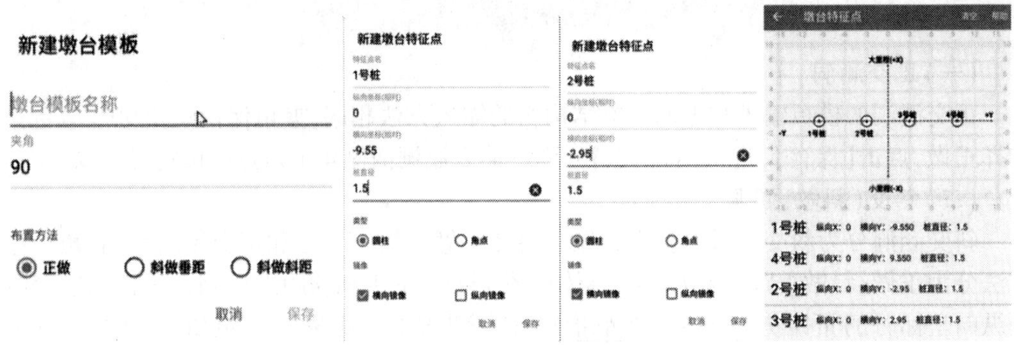

图 13-54 墩台模板新建过程图

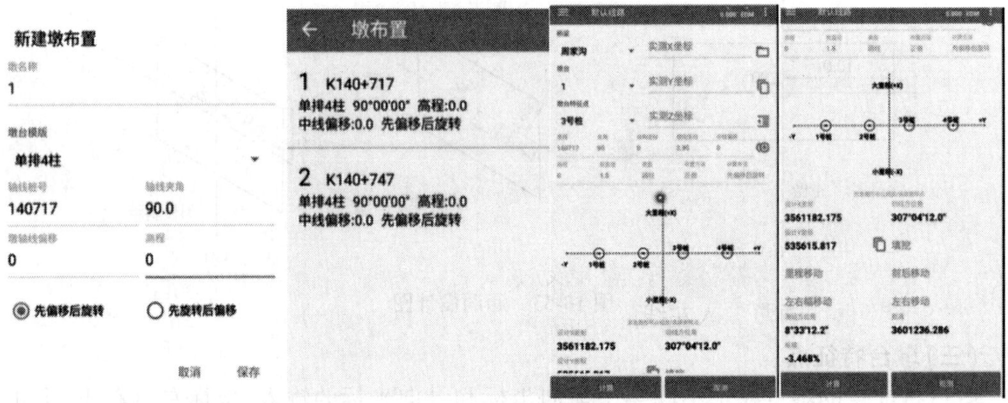

图 13-55 墩布置图

在计算放样数据,进入“程序”→“桥梁放样”,选择前面新建的桥梁、墩台及墩台特征点,连接仪器就可以根据软件提供的偏移量进行放样。

如果检验数据,可以使用里程计算坐标进行检验。3 号桩的里程是 140717,偏距是 2. 95,如图 13-56 所示。根据计算的设计坐标与墩台模板计算的坐标进行比较。

四、桥梁布置

如果想把墩台模板库里的模板和具体桥墩匹配起来,就需要进行墩布置,类似于模板里程匹配参数。

进入桥梁布置界面,点击右下角的+号,输入桥梁名称新建桥梁。

在墩布置界面点击右下角的+号新建墩布置,输入墩名称,例如 1#墩、0#台等。在下面调用具体的墩台模板,使它匹配到当前这个桥墩,这样当放样桥墩时软件可以调用某个墩台模板来计算角点坐标。

定义桥墩的中心线里程和轴线夹角,其中夹角输入格式为度分秒格式,例如 12°34′56″输入 12. 3456。默认情况下会使用所选墩台模板内的夹角作为默认轴线夹角,当然用户也可以修改。高程不参与计算,只是起到提醒作用,用户可以自定义输入。

此外,桥梁放样计算时,是采用墩布置中的轴线夹角计算的,而不是墩台模板中的夹角,当然,如果两者一样就不用讨论了。

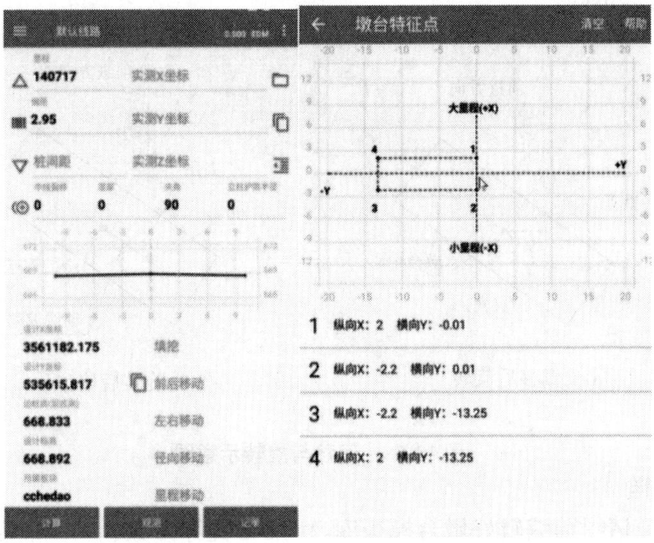

图 13-56　墩台特征点图

(一)墩轴线偏移

桥墩轴线偏移一般包含两个值：

一是墩台模板的纵轴线与线路中心线的距离。在双线铁路里，墩台轴线通常在左右线平分线处，而平曲线通常输入左线的交点数据，墩轴线偏距通常为线间距的一半，通常先偏移后旋转。但是线间距经常发生变化，需要计算出各桥墩轴线桩号的线间距，一般设计会提供，但如果没有提供需要自己计算，计算有些麻烦，简单的做法是：输入隧铁中线偏移参数，将线间距的一半和里程输入到隧铁中线偏移参数里，然后在桥梁放样界面点击中线偏移后面的按钮，选择读取隧铁中线偏移参数，软件会自动计算墩轴偏移量。这样就不需要在墩轴线偏移里面考虑线间距了。

另一个是 E 值，即桥梁在曲线段每个桥墩的横向偏移值，设计一般都会提供，如图 13-57 所示。将以上两值相加填入墩轴线偏移即可。

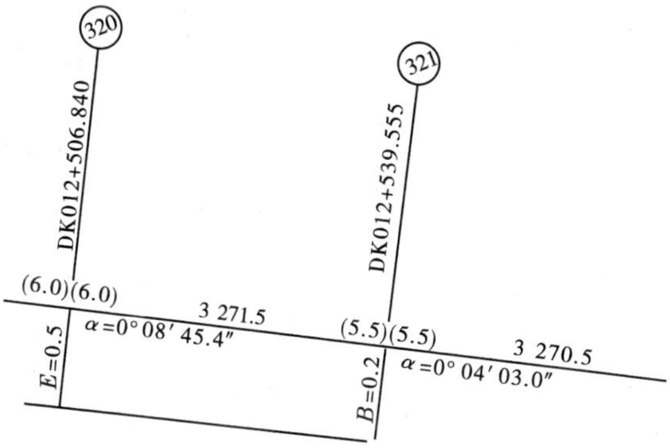

图 13-57　墩轴线偏移图

(二)偏移和旋转

关于偏移和旋转的先后顺序请看图 13-58 示意，如果墩轴线偏移不为 0，偏移旋转顺序不同,计算结果就会不同。

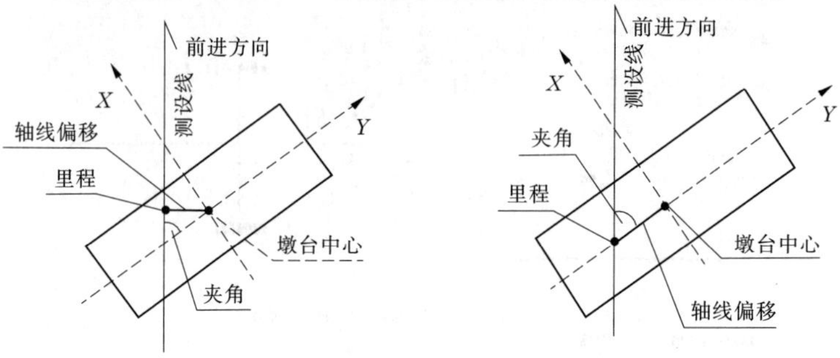

(a)先偏移后旋转　　(b)先旋转后偏移

图 13-58　偏移与旋转示意图

(三)桥梁放样

桥梁放样之前请提前编辑好墩台模板库、桥梁布置等参数,否则桥梁放样界面的桥梁、墩台、特征点下拉列表将为空。

除能从下拉列表选择特征点,还可以双击图形放大,在图形中选择特征点。

关于墩轴线偏移,此处介绍一种特殊情况,在双线铁路里,墩台轴线通常在左右线平分线处,而平曲线通常输入左线的交点数据,墩轴线偏距通常为线间距的一半,通常先偏移后旋转。但是线间距经常发生变化,还需要先计算出轴线桩号处的线间距,这有些麻烦,简单的做法是:输入隧铁中线偏移参数,将线间距的一半和里程输入到隧铁中线偏移参数里,然后在桥梁放样界面点击中线偏移后面的按钮,选择读取隧铁中线偏移参数,软件会自动计算墩轴偏移量。

桥梁设计图见图 13-59。

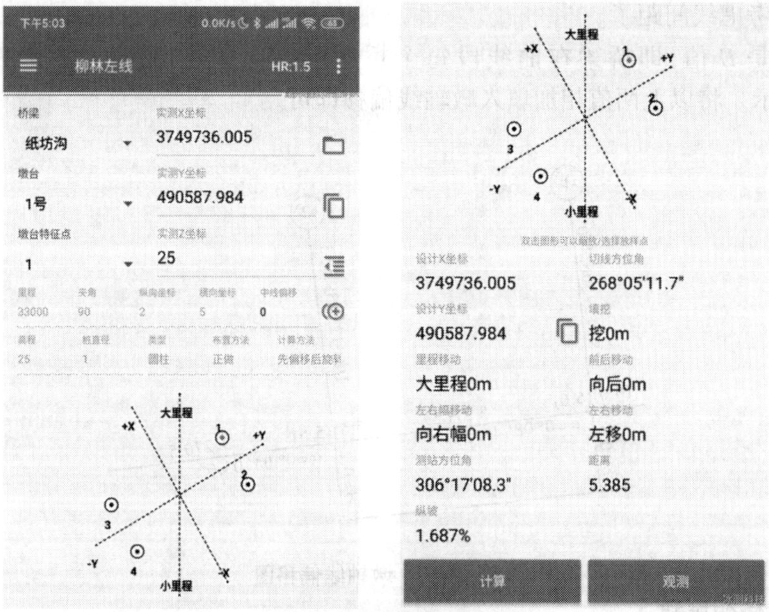

图 13-59　桥梁设计图

任务六　隧道断面库

隧道断面库是隧道断面的集合,包含开挖、初支、二衬 3 种类型断面,各类型断面相互独立,互不干扰。断面可以通过手动编辑,也可以导入 DXF 格式的 CAD 图。

在编辑前用户需要熟悉设计标高(竖曲线)、线路中心(平曲线)、隧道中线三条线之间的位置关系。

一、新建断面

新建开挖断面如图 13-60 所示。

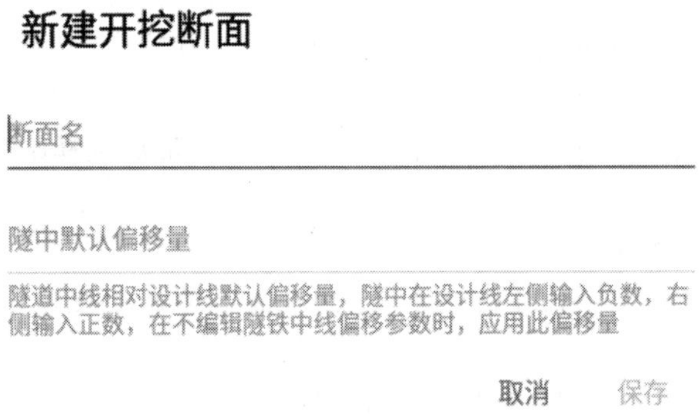

图 13-60　新建开挖断面图

保存:保存断面名和隧中默认偏移量,并跳转到隧道断面编辑界面,编辑断面数据。

(一)断面的修改与删除

修改:点击要修改的断面,修改后,点击【保存】使修改生效。

删除:点击断面前的删除按钮。

注意:断面库中的断面会被其他参数引用,例如隧道断面匹配参数,删除断面后,其他参数中对该断面的引用将失效,计算时有可能得不到想要的断面。

隧道断面库如图 13-61 所示。

图 13-61　隧道断面库图

新建断面并保存后,可以继续编辑断面元素,断面元素可采用手动编辑线元和直接导入DXF格式的CAD图两种方法。

(二)手动编辑线元

本软件采用线元法思想,将断面轮廓看作多个圆弧、线段、圆的线元组成,线元法的好处是:线元任意组合,可以不闭合,适用性广。

断面线元分为3种:圆、线段、圆弧,其中圆弧线元有3种输入方法:

(1)起点—终点—转角:从起点到终点顺时针旋转输入正数,逆时针旋转输入负数,角度输入时采用实数形式输入,例如12°34′56.7″输入12.34567,12°3′4.5″输入12.03045。

(2)起点—终点—半径:注意半径不能小于起终点距离的1/2,否则违反几何构造。

(3)起点—圆心—转角。

编辑过程中高差指的是相对设计标高的高差,高于设计标高为正,低于设计标高为负;偏距指的是相对隧道中线的偏距,在隧道中线左侧为负,在隧道中线右侧为正;可以只输入左右侧中的一侧,然后通过镜像复制。

软件计算超欠挖时会在每段线元上计算一次超欠挖,最后选择绝对值最小的超欠挖值作为结果。

(三)导入CAD断面图

软件可以直接导入CAD断面图,但是导入之前需要对CAD图进行一些处理,具体步骤如下:

(1)确定CAD图坐标系是世界坐标系(WCS),CAD坐标系默认是世界坐标系,如果不是WCS而是用户坐标系(UCS),执行下面的命令来修正:输入命令:ucs,回车-->选择世界(W),即输入W,回车。

(2)将断面图以设计标高水平线与隧道中线的交点为基点,移动至CAD坐标系原点(0,0)的位置。

(3)选中所有多段线执行炸开操作。

(4)将断面图另存为DXF格式(DXF版本无要求),并复制到手机中(保存位置无要求,方便查找即可)。

(5)点击断面元素编辑页面右上角的dxf按钮,找到刚刚保存的dxf断面图,点击并导入后软件会提示找到的线元的类型、大小,根据线元的半径、长度大小与实际情况换算缩放比例。例如:二衬真实半径是5.5 m,而导入的断面图中二衬半径是55,需要将图纸中的半径缩小10倍才正确,此时可以在缩放前、缩放后分别填入10、1或者55、5.5。

二、隧道案例

如图13-62所示为隧道案例设计图。

(一)断面线元的修改与删除

修改:点击要修改的断面线元,修改后保存。

删除:向右滑动想删除的线元,出现删除按钮,点击删除。向右滑动时,上面的图形中会以红色显示当前滑动线元的图形。

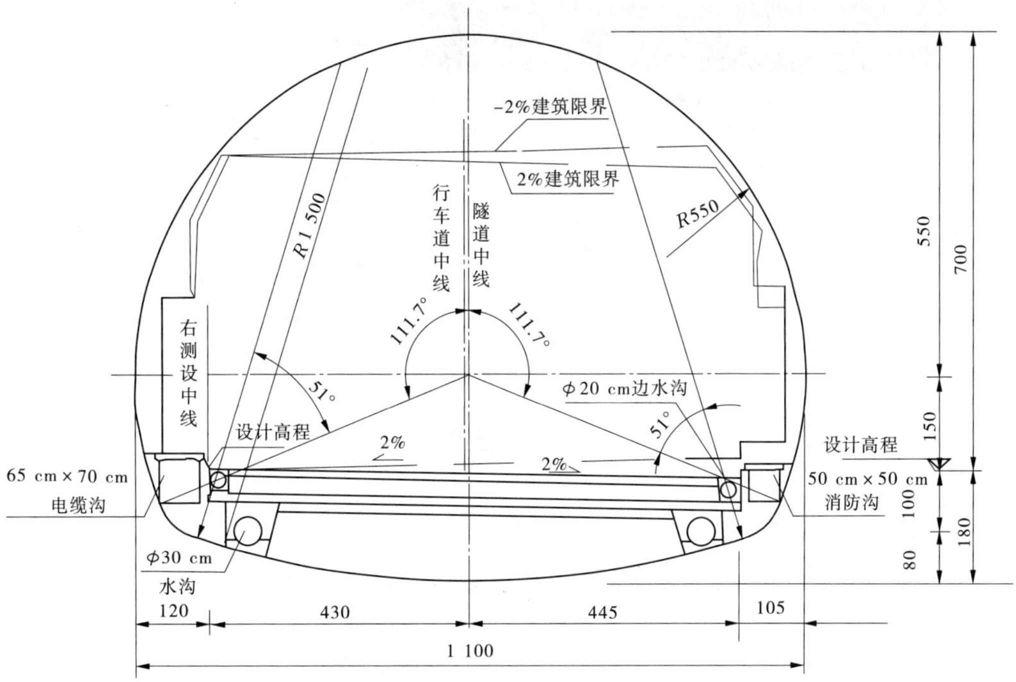

图 13-62　隧道案例设计图

(二)操作步骤

(1)新建线路。

(2)新建开挖断面(见图 13-63),隧道中默认偏移量是指隧道中线与设计线之间的距离。

(3)制作 dxf 文件,导线软件。

隧道断面编辑图见图 13-64。

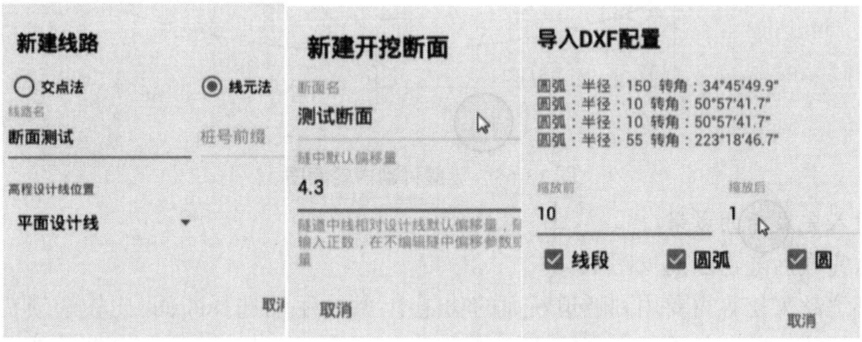

图 13-63　新建开挖断面图

(三)手动录入

隧道衬砌内轮廓图如图 13-65 所示。

1. 软件录入步骤

首先新建圆弧、设置开始高差为 7、开始偏距为 0、结束高差为-0. 53、结束偏距为-5. 112、转角-117. 42,如图 13-66 所示。顺时针输入正数,逆时针输入负数。

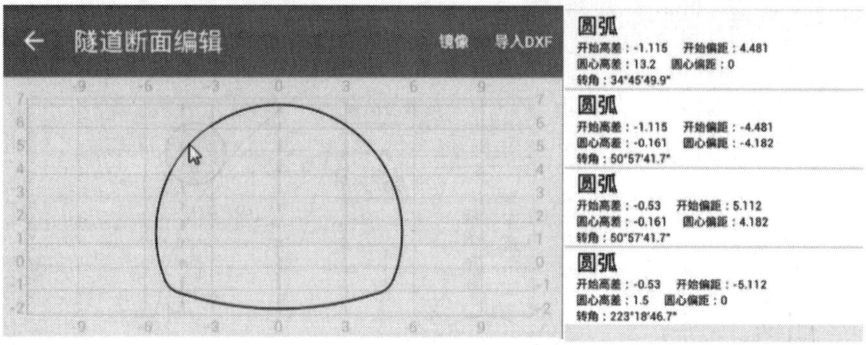

图 13-64　隧道断面编辑图

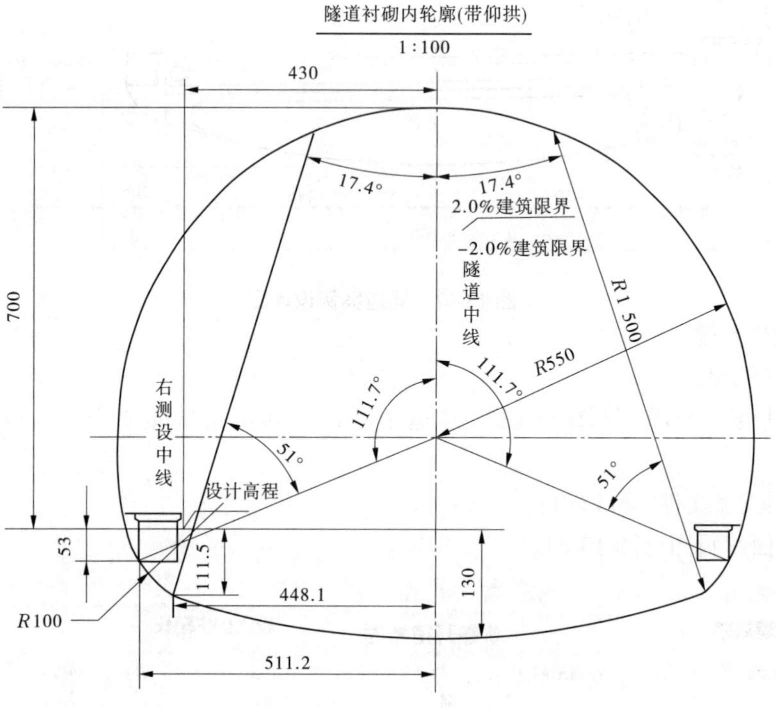

图 13-65　隧道衬砌内轮廓图

2. 录入完成后的成果

录入完成后隧道断面见图 13-67。

在隧道超欠挖等需要用到隧道断面的功能中,每次手动选择断面,比较烦琐费时,因此软件提供了隧道断面与里程匹配的功能,输入断面里程匹配后,软件会根据已知里程,自动查找匹配的断面进行计算。开挖、初支、二衬具有各自的断面里程匹配参数,相互独立。

隧道断面库相当于断面模板集合,而断面里程匹配参数的作用是将断面模板映射到里程上。

开始里程:所选断面匹配区间的开始里程,或断面渐变时的开始断面的里程。

断面突变:此断面和后面的断面间是突变的,即此开始里程和下一开始里程间都是这个断面,常用这种变化形式。

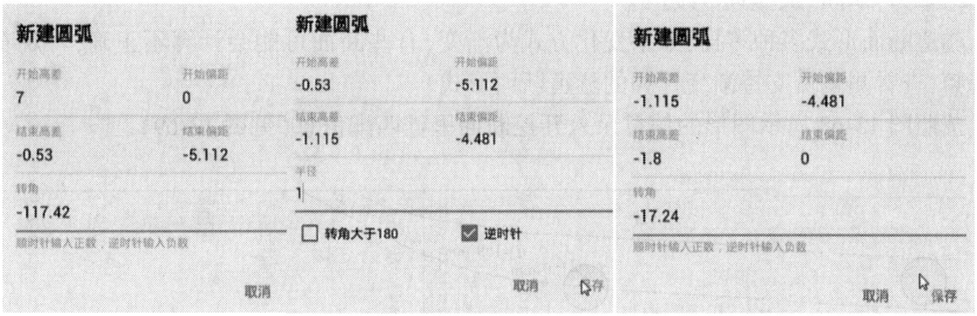

图 13-66　新建圆弧设置图

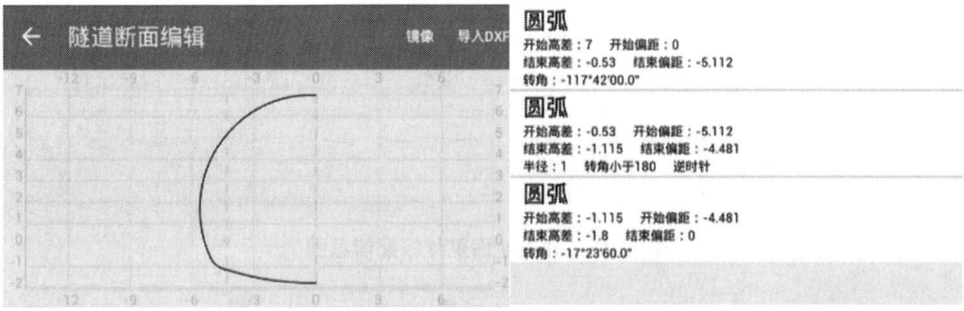

图 13-67　隧道断面编辑图

断面渐变：此断面和后面的断面间是渐变的，即此开始里程到下一开始里程间的断面是由此断面渐变为下一个断面。（喇叭形）

修改：点击要修改的断面里程匹配，直接修改保存。

插入：点击新建断面里程匹配，输入里程，选择断面，软件会根据输入的里程自动判断里程是否需要插入，然后提示。在本软件中断面里程匹配必须按照里程从小到大排序。

删除：点击断面里程匹配前面的删除按钮。

根据已知里程查找所需断面的逻辑，优先级从高到低：

（1）如果所选断面类型的断面库为空，提示错误，放弃计算。

（2）设置手动选择断面时，所选断面参与计算。

（3）在自动匹配情况下，当所选断面类型的断面库中只包含一个断面时，无论断面里程匹配列表是否有匹配或者是否匹配成功，都选这个断面参与计算。

（4）在自动匹配情况下，当所选断面类型的断面库存在多个断面时，按照下面规则寻找匹配的断面：

①在第一个匹配里程之前，取第一个匹配断面进行计算。

②在最后一个匹配里程之后，取最后一个匹配断面进行计算。

③在两个匹配里程之间，根据变化方式：

突变（常见）：选择前一个匹配的断面进行计算。

渐变：以前一个断面作为开始断面，后一个断面作为结束断面，程序在这两个断面计算超欠挖两次，然后把超欠挖结果按照前后里程和当前里程按照线性渐变计算最终超欠挖值，例如开始：横向-4，竖向 6，超 4，结束：横向-2，竖向 4，超 2，已知里程为中间里程时，最终超欠挖结果为:横向-3,竖向 5,超 3。

隧道断面形式多种多样,如果变化方式为渐变,有些断面可能会计算不正确,可观看有关视频,查看测量员支持渐变计算的隧道断面形式。

按照图 13-68 所示图形的信息录入开挖断面里程匹配信息(见图 13-69)。

图 13-68　开挖断面里程匹配信息图

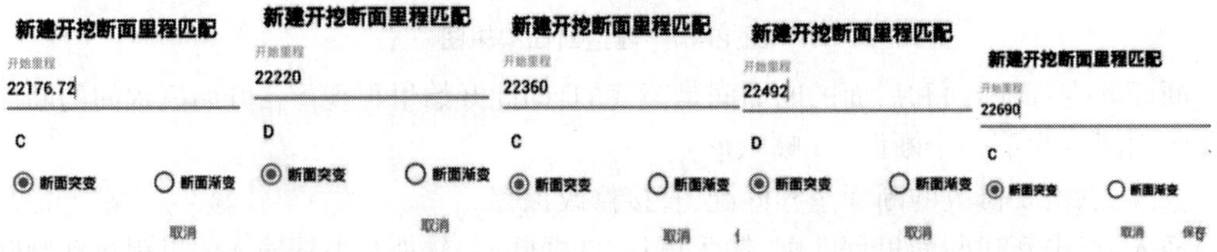

图 13-69　新建开挖断面里程匹配图

三、(隧、铁)中线偏移

列车在曲线轨道上行驶时,由于超高的存在,车辆向曲线内侧倾斜,因此在曲线地段的隧道断面内侧尺寸会增大。隧道断面半径也就会增大,并出现断面内侧得到有效的利用,而断面外侧不能充分利用的情形。如果将曲线地段隧道的施工中线相对于线路设计中线向内侧偏移某一个量,便可节省曲线隧道开挖断面尺寸,降低建造成本。

软件支持隧道或地铁等线路工程中线的线性渐变偏移,进入【中线偏移】界面,点击右下角的+号,新建中线偏移变化点,如图 13-70 所示。

(一)从图纸中提取隧中偏移变化点

偏移变化点里程:隧道中线开始偏移的开始里程,也是隧中偏移变化点的里程。

偏移量:输入的偏移量应为原偏移量和二次偏移量之和,比如:直线段时隧道中线偏移 2.2,到转弯处向右侧二次偏移了 0.17,那应输入 2.37,而不是 0.17;双线铁路偏移量通常为左右线间距的一半,通常以左线作为测设线,所以偏移量通常输入整数。

(二)隧中偏移

偏移渐变:此偏移变化点和后面的偏移变化点间是渐变的,即此开始里程到下一开始里程间的偏移量是渐渐变化的，绝大多数都是这种变化方式。

偏移突变：此偏移变化点到后面的偏移变化点间是突变的，即此开始里程和下一开始里程间都是这个偏移量，一般多见于地铁进出站口等特殊情况。

修改：点击要修改的隧中偏移变化点，直接修改保存。

插入：点击新建隧中偏移变化点，输入里程、偏移值，软件会根据输入的里程自动判断里程是否需要插入，然后提示。在本软件中隧中偏移必须按照里程从小到大排序。

删除：点击隧中偏移变化点前面的删除按钮。

图 13-70　新建中线偏移变化点图

(三)隧中偏移量的计算

下面是待求里程计算各个断面类型中线偏移量的逻辑，优先级从高到低。

(1)当隧中偏移参数为空时：

①手动选择断面时，结果偏移量为所选断面默认偏移量，当断面库为空时结果偏移量为0。

②自动匹配断面时，结果偏移量为匹配断面默认偏移量，当匹配失败时结果偏移量为0。

(2)当隧中偏移参数不为空时，按照下面规则计算结果偏移量：

①在第一个隧中偏移变化点开始里程之前，取第一个变化点偏移量作为结果偏移量。

②在最后一个隧中偏移变化点开始里程之后，取最后一个变化点偏移量作为结果偏移量。

③在两个隧中偏移变化点开始里程之间，根据变化方式以下两种情况：

突变：选择前一个隧中偏移变化点偏移量作为结果偏移量。

渐变(常用)：以前一个隧中偏移变化点作为开始值，后一个变化点偏移量作为结束值，按照已知里程和前后开始里程的比例关系，线性内插计算已知里程的偏移量作为结果偏移量。

(四)数据案例

如图 13-71 所示为隧道线路，如图 13-72 所示为隧道数据案例图。

ZH 里程 K141+000，HY 里程 K141+010，YH 里程 K141+090，HZ 里程 K141+100，D=017。隧道结构移动量在 ZH(HZ)点处为 0，HY(YH)点处为圆曲线移动量；ZH(HZ)点与 HY(YH)点之间的移动量为前两处移动量的线性内插值，圆曲线段偏移量相同。

新建隧中偏移变化点设置见图 13-73。

可以采用超欠挖进行测试数据是否正确，如图 13-74 所示。

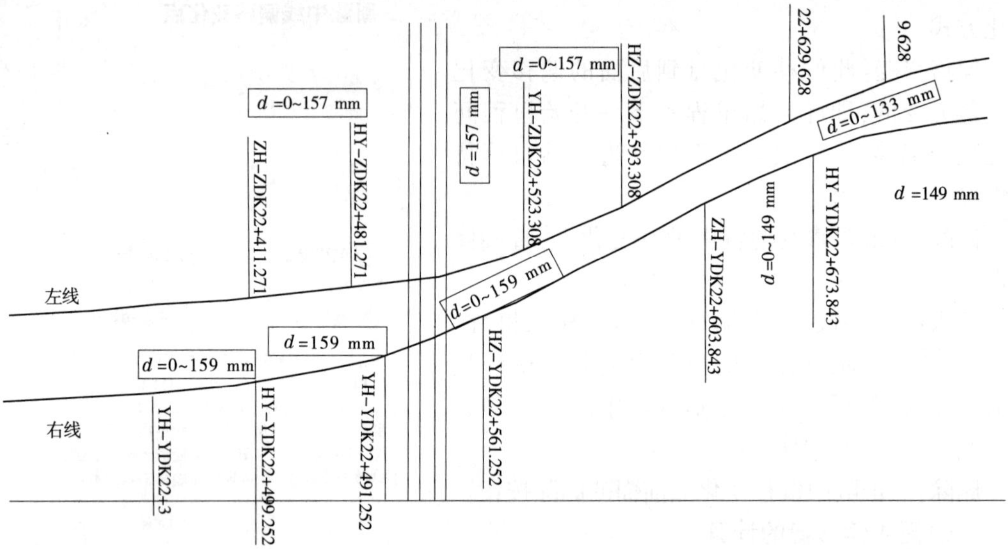

图 13-71　隧道线路图

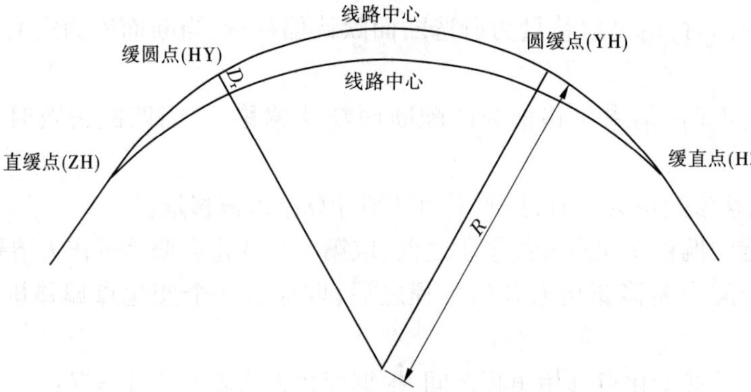

图 13-72　隧道数据案例图

图 13-73　新建隧中偏移变化点设置图

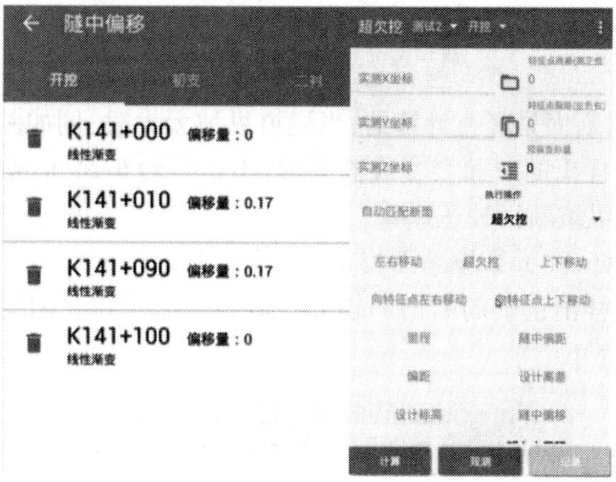

图 13-74　隧中偏移设置图

四、隧道超欠挖

进入隧道超欠挖界面(见图 13-75),点击观测或输入实测坐标点击计算,软件会显示测点超欠挖值和里程桩号等详细信息。

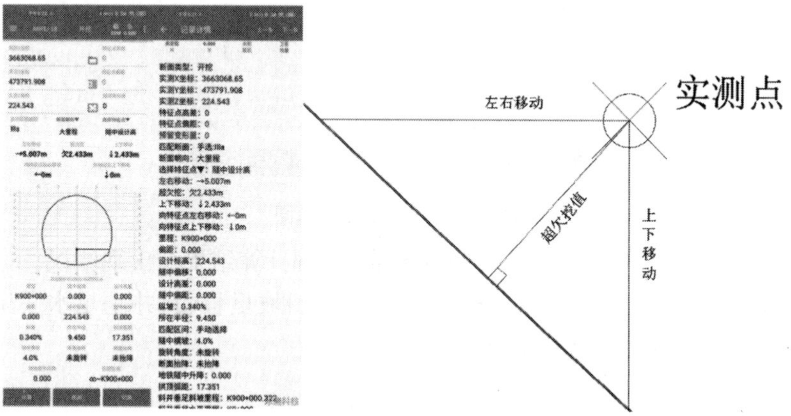

图 13-75　隧道超欠挖图

点击界面右上角的三点按钮,选择自动/手动断面,可以切换成手动选择隧道断面。

当计算完成后,点击“记录”,存储测点坐标、超欠挖值和其他详细信息。

超欠挖是指实测点到线元的垂直距离。

左右移动是指实测点水平移动到线元的距离。

上下移动是指实测点上下移动到线元的距离。

横断面会显示测点在断面上的位置和超欠挖情况。当测点超挖时,测点所属的线元会显示蓝色,欠挖时会显示红色。用户可以通过顶部选项切换隧道断面类型:开挖、初支、二衬。也可以点击右上角,设置超欠挖值单位:米、厘米、毫米。

当超欠挖值前面带有符号 * 时,代表计算出的超欠挖值并不是实测点到线元的垂直距离,多见于方变圆的渐变隧道段。

隧中横坡为隧道中线在标准横断面上所属板块的横坡值,一般是没有实际意义的,只有当隧道旋转时可以观看断面旋转量。

(一) 大纵坡断面

通常计算超欠挖时断面是竖直计算的,当隧道纵坡太大时,例如斜井,断面应该垂直于竖曲线(纵坡),否则放样出的断面会变成椭圆形,不符合台车尺寸,造成顶部或底部欠挖,这时可以选择进行“大纵坡断面校正”。

点击界面右上角,打开“大纵坡断面校正”,如图 13-76 所示。使用校正后,断面垂直于竖曲线(纵坡),即可放样出正确的断面。超欠挖值还是显示在之前的位置,只是后面会显示“校”字代表校正已打开。

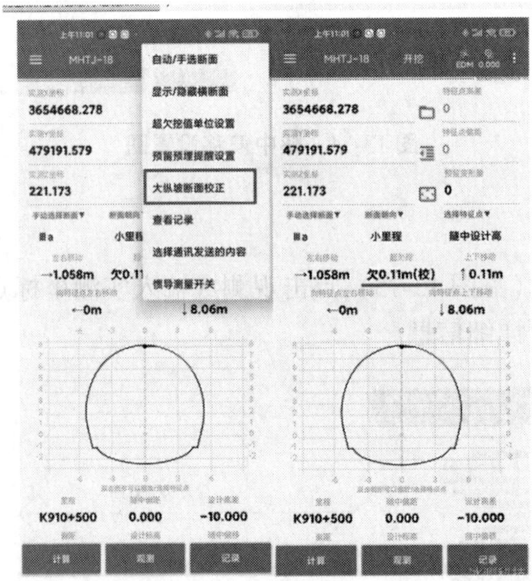

图 13-76　**大纵坡断面图**

注意:如不明白此选项含义请不要勾选校正,否则计算结果会出现错误。

界面底部显示有三个斜井里程,分别为斜井垂足斜坡里程、斜井垂足水平里程、斜井铅垂斜坡里程,它们的定义如图 13-77 所示。

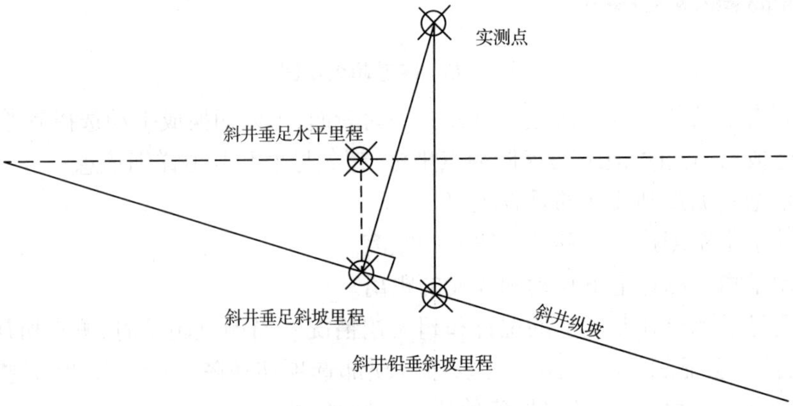

图 13-77　**斜井纵坡图**

(二)隧道仰坡

起坡点里程:隧道仰坡坡脚的里程,当仰坡有多级边坡时,输入测点所属边坡的坡脚里程。

起坡点高程:隧道仰坡坡脚的高程,当仰坡有多级边坡时,输入测点所属边坡的坡脚设计高程。

坡率:隧道仰坡的设计坡比,当仰坡有多种坡率时,输入测点所在的边坡设计坡率。

大概坡高:因为原始地形的多样性,经常会把大概坡高输大一些。

隧道进出口:根据仰坡所在的位置进行选择。

计算结果分析:显示的断面图为纵向截面图,左右移动是指实测点水平移动到坡面上的距离,超欠挖是指实测点到坡面的垂直距离;上下移动是指实测点上下移动到坡面上的距离。

隧道仰坡设置如图 13-78 所示。

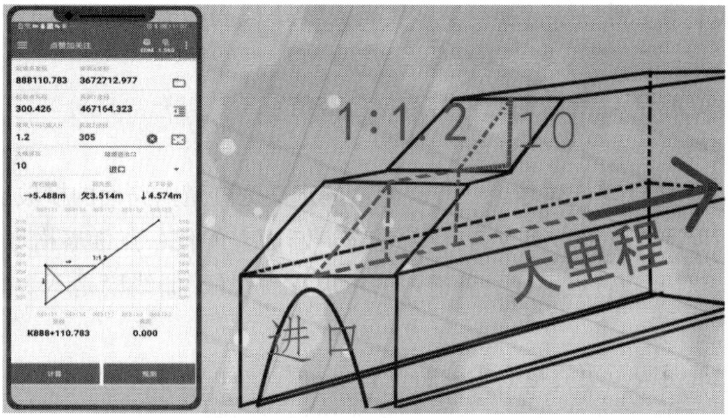

图 13-78　隧道仰坡设置图

(三)隧道特征点

隧道特征点是具有固定高差和固定隧中偏距的点。

(四)预留预埋

隧道在施工中需要设计很多预留预埋部件,包括消防柜、配电箱、紧急电话等。预留预埋件的类别和数量会在隧道预留预埋设计方案中有详细说明,APP 用户可以参考输入。

点击右下角的加号按钮,新建预留预埋部件。输入部件名称、具体里程和相关备注,比如部件尺寸、设计要求等,方便提醒用户。

一个预埋件可以同时属于多个工序,所以在新建预留预埋部件时需要确认并勾选当前部件属于开挖、初支、二衬哪个工序。

图 13-79　新建预留预埋部件

如果勾选"提醒"(见图 13-79),在隧道超欠挖界面观测到预留预埋部件安装里程附近时,APP 会弹窗提醒用户。

(五)导入格式

如果预留预埋部件较多可以批量导入,导入格式为 Excel,建议为 Excel03 版,格式如表 13-1 所示。

表 13-1　预留预埋部件数据表

名称	里程(数字)	备注	是否提醒	是否属于开挖	是否属于初支
消防窗口	132 988. 342	大小 50×60	0	1	0
人行通道	133 989. 333	10 m 夹角 45°	0	1	0

表格中每行代表一个预留预埋件,实际导入时不需要标题行(第一行),标题行只是起到解释作用。其中第 4 列“是否提醒”中 0 代表提醒,1 代表不提醒;后三列 0 代表属于,1 代表不属于。

导入类型为覆盖导入,导入后之前的数据会被清空。

(六)断面旋转

测量员 APP 支持计算旋转隧道。旋转隧道的定义为隧道内路面的横坡或超高,是由隧道整体绕隧道高程设计点旋转而成的,也就是隧道断面上的任一点随着横坡的变化也发生改变,但其位置相对于旋转点不变。隧道内的横坡在直线段、曲线段是不一样的,且曲线段一般存在一定的超高。

如果设计图纸明确标明隧道内轮廓的位置不仅与设计平曲线和竖曲线有关,还与隧道路面的横坡有关时,则需进行隧道断面旋转抬降的相关设置。

隧道断面旋转抬降的设置有全旋转、部分旋转和只抬降圆心不旋转 3 种。在设置之前需要先编辑标准横断面和超高参数,这样软件才可以根据超高参数来进行计算。隧道断面库只需要编辑一个超高为 0 时,也就是不旋转的隧道断面(切记:隧道断面一定要以设计标高水平线与隧道中线的交点为基点输入,否则会出现计算错误的情况)。

如图 13-80 所示,选择旋转设置为“全旋转”,隧道断面将会根据超高参数来计算全线的断面数据。

若选择旋转设置为“部分旋转”,当横坡处于最小横坡与最大横坡之间时,断面会随着超高一起旋转;当横坡小于最小横坡时,断面按照最小横坡时旋转;当横坡大于最大横坡时,断面按照最大横坡时旋转。输入横坡时省略%,例如 2%输入 2 即可。请谨慎设置此选项,若设置错误可能造成超欠挖计算错误。

若选择旋转设置为“只抬降圆心不旋转”,隧道轮廓尺寸不变,圆心随超高抬高降低,断面不旋转。请谨慎设置此选项,若设置错误可能造成超欠挖计算错误。

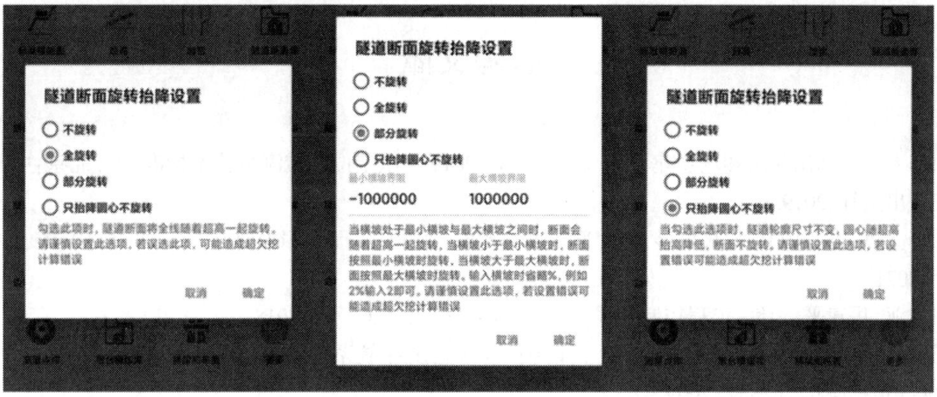
隧道断面旋转抬降设置
不旋转
全旋转
部分旋转
只抬降圆心不旋转
勾选此项时，隧道断面将全线随着超高一起旋转，请谨慎设置此选项，若误选此项，可能造成超欠挖计算错误
取消
确定
隧道断面旋转抬降设置
不旋转
全旋转
部分旋转
只抬降圆心不旋转
-1000000
1000000
当横坡处于最小横坡与最大横坡之间时，断面会随着超高一起旋转，当横坡小于最小横坡时，断面按照最小横坡时旋转，当横坡大于最大横坡时，断面按照最大横坡时旋转，输入横坡时省略%，例如2%输入2即可，请谨慎设置此选项，若设置错误可能造成超欠挖计算错误
取消
确定
隧道断面旋转抬降设置
不旋转
全旋转
部分旋转
只抬降圆心不旋转
当勾选此选项时，隧道轮廓尺寸不变，圆心随超高抬高降低，断面不旋转，请谨慎设置此选项，若设置错误可能造成超欠挖计算错误
取消
确定

图 13-80

参考文献

[1] 中华人民共和国住房和城乡建设部. CJJ/ T 73—2019 卫星定位城市测量技术标准[S]. 北京:中国建筑工业出版社,2019.

[2] 中华人民共和国住房和城乡建设部. GB 50026—2020 工程测量标准[S]. 北京:中国计划出版社,2021.

[3] 田林亚,岳建平,梅红. 工程控制测量[M]. 武汉:武汉大学出版社,2018.

[4] 霍夫曼 · 韦伦霍夫,利希特内格尔,瓦斯勒. 全球卫星导航系统 GPS,GLONASS,Galileo 及其他系统[M]. 北京:测绘出版社,2009.

[5] 孔祥元,郭际明. 控制测量学[M]. 武汉:武汉大学出版社,2015.

[6] 孔祥元,郭际明,刘宗泉. 大地测量学基础[M]. 武汉:武汉大学出版社,2021.

[7] 武汉大学测绘学院测量平差学科组. 误差理论与测量平差基础[M]. 北京:测绘出版社,2023.

[8] 潘正风,程效军,成枢,等. 数字测图原理与方法[M]. 武汉:武汉大学出版社,2009.

[9] 周建郑. 工程测量学[M]. 郑州:黄河水利出版社,2015.

[10] 张正禄. 工程测量学[M]. 武汉:武汉大学出版社,2020.